THE NEW PRINCIPLES OF CULINARY

최신 식품조리원리

머리말

식품은 우리 신체의 성장 발달과 생명을 유지하는 데 중요할 뿐만 아니라 우리의 삶의 질을 향상시키고 풍요롭게 해줍니다. 더욱이 최근에는 의학이 발달되어 인간의 평균수명이 연장되면서 현대의학으로는 해결되지 않는 질병의 치료와 예방을 안전한 먹거리를 통해 해결하고자 하고 있습니다. 따라서 식품의 영양성분과 특성, 적절한 조리과정 등에 대한 관심이 날로 높아지고 있습니다.

조리원리는 식품의 물리화학적, 영양학적인 특성을 이해하고 조리과정 동안 식품이 가진 특성을 좋게 발현시켜 최종적으로 좋은 음식을 만들기 위한 조리과학을 목적으로 하는 학문입니다.

따라서 식품영양과 조리를 전공하는 사람은 조리과학적인 개념을 도입하고 체계적인 조리 과정과 기술의 습득이 필요합니다.

이 책에서는 조리과학적인 이론을 기초로 각 식품의 성분과 조리원리를 체계적으로 습득하여 조리에 응용할 수 있도록 쓰고자 했습니다.

식품을 공부하는 학생들에게 조리원리에 대한 이해를 돕는 책이 되길 바라며, 책이 나오기까지 수고를 아끼지 않으신 도서출판 효일의 사장님과 편집부 여러분께 감사드립니다.

저자 씀

CONTENTS

CHAPTER 01 식품 선택과 관능 특성

CHAPTER 02 조리방법

CHAPTER 03 식품의 성분

CHAPTER 04

전분과 곡류

CHAPTER 05

밀가루와 반죽

CHAPTER 06

유지류

CHAPTER 07

육류와 가금류

CHAPTER 11

채소 및 과일류

CHAPTER 12

콩류

CHAPTER 13

당류

CHAPTER 01

식품 선택과 관능 특성

학습목표

1. 조리원리의 개념을 이해할 수 있다.
2. 식품의 선택에 영향을 주는 요인들에 대해 이해할 수 있다.
3. 식품의 관능적 특성과 관능평가에 대해 이해할 수 있다.

CHAPTER 01

식품 선택과 관능 특성

식품은 인간의 생명을 유지하는 데 필요한 영양소를 제공해주지만 그 영양적 가치는 외관으로는 감지할 수 없다. 그러므로 식품 섭취의 궁극적인 목표는 영양소 공급이지만 식품의 선택은 색, 맛, 냄새, 기호도 등의 관능적 요인에 의해 결정되므로 이는 매우 중요하다.

이 장에서는 식습관에 영향을 주는 요인과 식품의 품질 특성을 결정하는 관능 특성에 대하여 알아본다.

01 조리원리의 개념

1. 식품의 중요성

식품은 한 가지 이상의 영양소(nutrient)를 함유하면서 유해물질이 없는 것을 말하며, 영양소를 함유하고 있는 식품을 섭취하여 인간은 생명과 건강을 유지할 수 있다.

음식은 색, 향기, 맛, 모양과 조직감 등을 통하여 사람에게 먹는 즐거움과 만족을 느끼게 해주며, 최근에는 식품에 존재하는 비영양 성분들이 다양한 생리활성을 가지고 있어 식품의 섭취만으로도 면역기능 강화, 성인병 예방과 수명연장 등의 수단이 되고 있다. 따라서 소비자들은 음식의 섭취로 영양뿐 아니라 건강을 향상시키는 데 관심이 증대되어 식품산업에서도 이에 부응하는 다양한 기능성 식품의 개발을 주도하고 있다.

2. 식품과 조리

조리원리는 음식의 조리과정에서 일어나는 반응을 과학적으로 설명하고 식품의 물리화학적 구조를 이해함으로써 화학적 성분의 종류, 성질에 대한 지식과 조리조건이 이들 성분에 미치는 영향에 관한 지식을 습득하여 조리과정을 조절하는 것을 말한다.

조리과학자들은 조리단계에서 일어나는 변화에 대한 연구를 통하여 현재 많이 사용하고 있는 조리법과 전통적인 조리법을 과학적으로 검토하여 그 원리를 이해함으로써 보다 좋은 조리방법을 찾아내고자 끊임없이 노력하고 있다.

따라서 식품의 조리나 가공 시에 나타나는 여러 현상을 물성학적, 화학적, 관능적 측면에서 다각적으로 평가하여 조리와 과학의 관계에 대해 확실하게 이해하고 그 원리를 조리에 적용할 수 있어야 하겠다.

02 식품의 선택

식품 선택은 식품의 유용성, 소득, 문화, 건강, 사회적 기피, 종교와 유전적 성향 등에 의해 영향을 받으며, 이러한 요인은 소비자들의 식품에 대한 행동과 습관을 발달시킨다.

소비자들은 식품을 선택할 때 우선 식욕을 느끼고 입맛에 맞는 음식을 찾게 된다. 즉 다양한 관능적 인지나 자극, 맛, 향, 외관, 입 안에서의 느낌 등에 의해 식품의 품질과 맛을 판단하게 된다.

1. 식습관에 영향을 주는 요인

(1) 사회문화적 요인

사람은 생물학적 존재로 생명을 유지하기 위해 음식이 필요하다. 배고픔을 극복하기 위해 기본적으로 음식에 대한 욕망을 가진다. 한편 사람은 사회적 존재로 다른 사람들과 함께 살고 일하며 자신을 사회에 적응시켜 나가는 법을 배운다. 가족구성과 구성원 간의 상호 관계는 식습관의 발달에 영향을 준다. 그러나 가족에 의해 형성된 식습관은 자라면서 다양한 사회 경험을 통해 변화할 수 있다.

문화는 우리의 식행동을 만들어 가는 데 중요한 요인으로 작용한다. 음식을 다른 음식과 혼합해서 먹는 방식에 영향을 주어, 각 문화마다 식품 섭취 패턴이 현저하게 다르다. 또한 한 문화 안에서도 모든 사람의 식사 패턴이 동일한 것은 아니며 개인이나 속한 집단에 따라 다르게 나타난다. 식품에 대한 지식은 다른 문화나 소수민족의 음식 패턴을 이해하고 평가하는 데 도움을 준다.

(2) 식품의 유용성

지리적 위치와 기후는 재배할 수 있는 식품의 형태를 결정하며, 이러한 특정 식품의 유용성은 그 지역 주민의 식사 패턴에 크게 영향을 준다. 예를 들면 다시마, 미역 등의 해조류 섭취가 용이한 바닷가를 끼고 있는 지역은 내륙지역보다 해조류를 이용한 다양한 조리법이 발달되어 있다.

교통수단과 식품의 가공 · 유통시설이 발달되면서 지리와 기후의 영향은 크게 감소하였고, 사시사철 마트에서 계절에 관계없이 신선한 채소와 과일을 구입할 수 있게 됨으로써 계절 식품의 개념이 사라지고 있다.

(3) 경제성

시장과 마켓에 다양한 식품이 있어도 경제력에 의해 식사 패턴이 제한을 받고 변화할 수 있다. 식품 구입비가 감소하게 되면 비싼 식품의 소비도 감소하며 식품 구입비가 자유로우면 더 편리하고 조리가 간편한 식품의 선택이 증가하고 외식 횟수가 많아진다.

(4) 영양과 건강에 대한 지식

건강한 삶을 영위하기 위하여 영양을 건강의 중요한 일부로 인식하는 사람들이 증가하고 있다. 한국인을 위한 식사지침인 식품구성자전거는 일반인에게 영양섭취기준에 만족할 만한 식사를 제공할 수 있도록 식품군별 대표 식품과 섭취 횟수를 이용하여 식사의 기본 구성 개념을 설명한 것이다(그림 1-1, 표 1-1).

식품구성자전거는 6개의 식품군에 권장식사패턴의 섭취 횟수와 분량에 맞추어 바퀴 면적을 배분한 형태로, 다양한 식품 섭취를 통한 균형 잡힌 식사와 수분 섭취의 중요성, 그리고 적절한 운동을 통한 비만 예방이라는 기본 개념을 나타내고 있다. 식품군별 대표식품의 1인 1회 분량을 기준으로 섭취 횟수를 활용하여 개인별 권장섭취패턴을 계획하거나 평가할 수 있다.

【그림 1-1】 식품구성자전거

【표 1-1】 식품군별 대표식품의 1인 1회 분량

식품군	1인 1회 분량
곡류	밥 1공기(210g), 국수 1대접(건면 100g), 식빵(대) 2쪽(100g), 감자(중) 1개 (130g)*, 시리얼 1접시(40g)*
고기 · 생선 달걀 · 콩류	육류 1접시(생 60g), 닭고기 1조각(생 60g), 생선 1토막(생 60g), 달걀 1개(60g), 두부 2조각(80g), 콩(20g)
채소류	콩나물 1접시(생 70g), 시금치나물 1접시(생 70g), 배추김치 1접시(40g), 오이소박이 1접시(60g), 버섯 1접시(생 30g), 물미역 1접시(생 30g)
과일류	사과(중) 1/2개(100g), 귤(중) 1개(100g), 참외(중) 1/2개(200g), 포도(중) 15알(100g), 오렌지주스 1/2컵(100g)
우유 · 유제품류	우유 1컵(200g), 호상요구르트 1/2컵(100g), 액상요구르트 3/4컵(150g), 아이스크림 1/2컵(100g), 치즈 1장(20g)*
유지 · 당류	식용유 1작은술(5g), 버터 1작은술(5g), 마요네즈 1작은술(5g), 설탕 1큰술(10g), 커피믹스 1봉(12g)

* 다른 식품들 1회 분량의 1/2 에너지를 함유하고 있으므로 식단 작성 시 0.5회로 간주함

(5) 종교

음식은 많은 종교적 신념에서 중요하게 여겨져 종교에 따라 금기로 여기는 식품과 조리방법 등이 있어 식품 섭취 패턴에 영향을 준다.

03 식품의 관능 특성

1. 향미

인생에서 수백만 종의 향기를 경험하는데 이러한 향미(flavor)는 식품의 주요 특성이다. 인지된 향미는 비강 내 후각기관, 혀의 미뢰, 입 안의 감촉과 음식물이 입 안에 있을 때 톡 쏘는 느낌, 뜨거움, 차가움 등의 자극에 대한 통합된 반응이다. 우리가 일반적으로 향미라 하는 것은 맛(taste)과 냄새(odor)에 의해 평가되는 것이다. 향기(aroma)라 하는 것은 일반적으로 기분 좋은 냄새만을 의미한다.

(1) 맛과 냄새

일반적으로 향미와 맛이라는 용어가 동일하게 사용되기도 하지만 엄밀히 말하면 맛은 향미의 일부이다. 맛은 미뢰에서 인지되는 감각을 의미하며 단맛, 신맛, 짠맛, 쓴맛의 4원미가 있다. 그러나 우리는 맛을 인지할 때 어느 정도 냄새 감각을 포함하게 된다. 맛을 인지하는 미뢰는 혀의 유두라 불리는 돌기에 존재한다(그림 1-2).

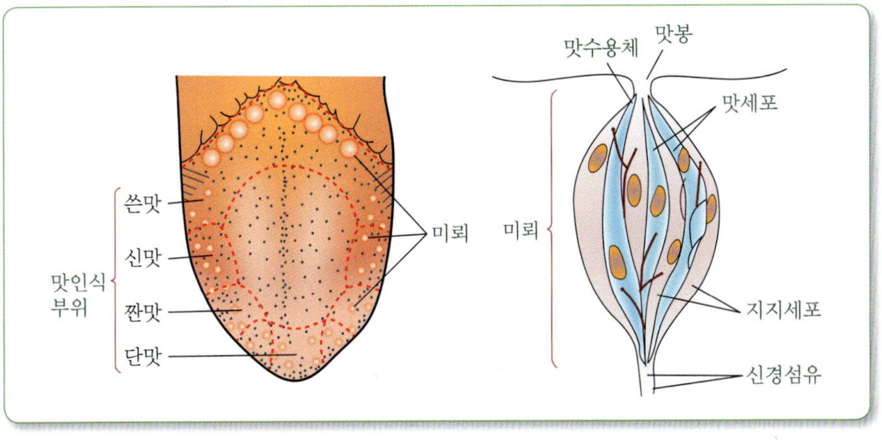

【그림 1-2】 혀의 표면 모양과 맛의 인지

실제 맛의 감각은 단맛, 신맛, 짠맛과 쓴맛을 가지는 용액이 미뢰에 연결되어 있는 맛봉 내 맛수용체에 닿으면서 생기게 된다. 이 신호가 맛세포에서 뇌에 도달하면 뇌가 특정한 맛을 인지하고 해석하게 된다. 후각기관은 비강의 위에 있으며(그림 1-3) 후각기관을 자극하려면 물질은 기체 상태로 존재해야 한다. 입안 음식의 기체분자가 후각기관으로 들어오면 뇌를 자극하여 냄새를 인지하게 된다. 후각은 미각보다 약 10,000배 정도 예민하여 소량의 농도로도 인지가 가능하다.

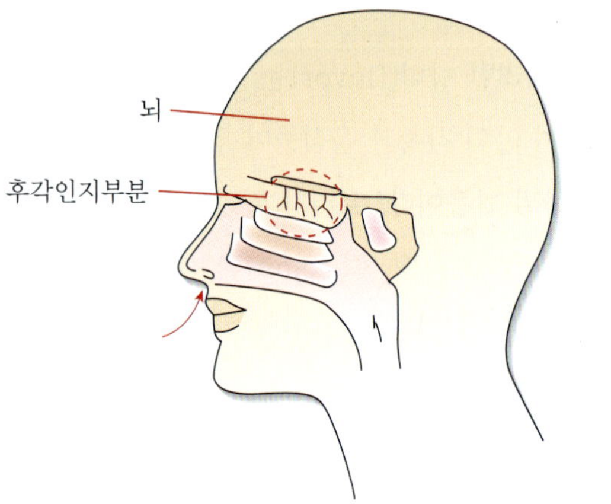

▶기체 상태로 음식의 향을 가진 분자가 코의 후각기관을 자극하여 뇌로 전달된다.

【그림 1-3】 **후각기관**

온도는 음식의 기본 맛과 그 밖의 향미에 영향을 주어 음식의 섭취온도에 따라 맛의 강도가 현저하게 변한다. 동량의 설탕이 함유되어 있는 식품에서 온도가 상승함에 따라 단맛이 증가하게 되며 짠맛의 경우는 그 반대이다. 예를 들어 여름에 냉각된 콜라는 시원하면서 적당한 단맛을 가지고 있다고 느끼지만 콜라가 따뜻해지면 매우 달다고 느끼게 된다.

(2) 향미의 형태

일부 식품은 자연 상태에서 쉽게 인지할 수 있는 향미를 가지나 어떤 식품은 전구체라 불리는 비향기 성분이 조리과정 동안 향미 성분으로 변하여 향미를 내기도 한다. 딸기, 복숭아 같은 신선한 과일은 미뢰를 자극하는 당과 산이 함께 작용하여서 후각기관을 자극하는 많은 천연의 휘발성 물질들을 가지고 있다.

2. 조직감

식품의 조직감, 조점도와 모양 등을 포함하는 물리적인 특성은 만지거나 느끼는 감각, 또는 촉감이라는 감각을 포함한다. 음식을 먹으면 피부, 입과 혀를 자극하는 압력과 운동수용체가 자극을 받아 부드러움, 끈적함, 입자감, 부서짐성, 섬유 질감이나 덩어리지는 특성 등이 인지된다.

이와 같이 음식의 조직감은 우리가 손가락, 혀, 구개와 이에서 느낄 수 있는 모든 특성을 포함하며 이러한 특성은 소비자의 식품에 대한 선호도와 태도에 영향을 준다.

3. 외관

식품의 색, 형태, 크기, 배열 등이 식품의 외관 특성에 포함된다. 식품의 외관에 대한 호감이 없으면 음식이 맛이 없다고 느낀다. 식품의 신선도는 식품의 외관으로 알 수 있다. 영양적으로 가치가 있는 식품도 좋은 외관을 가지지 못한 경우에는 식품으로서의 가치가 떨어진다.

4. 식품의 관능평가

식품의 품질을 맛, 냄새, 외관, 촉감, 소리와 같은 감각으로 평가하는 것을 관능평가(sensory evaluation)라 한다. 사람의 감각기관을 대신해서 식품을 평가해 줄 수 있는 완전한 기계는 아직 개발되지 못하였으며 사람의 감각기관은 매우 복잡하여 자료를 수집하고 분석하는 데 문제점이 많다. 일반적으로 관능평가 자료는 컴퓨터로 분석하여 식품의 특성에 대한 직접적인 정보를 수집할 수 있다.

식품연구에서 식품 간의 차이평가는 소규모의 훈련된 관능패널(sensory panels)에 의해 이루어지는데, 이 패널들은 특정 식품의 평가를 통한 검사와 훈련을 받은 사람 5~15명으로 구성된다.

식품의 관능평가는 크게 차이식별검사와 묘사분석법으로 나뉜다. 차이식별검사는 시료 간의 단순한 차이나 시료의 각 관능 특성 항목의 강도 차이를 채점법, 순위법 등으로 평가하는 방법이다. 묘사분석은 식품의 맛, 냄새, 향, 텍스처 등의 관능 특성을 질적, 양적으로 평가하는 방법으로 식품의 기호성을 도식화하여 보여준다(그림 1-4).

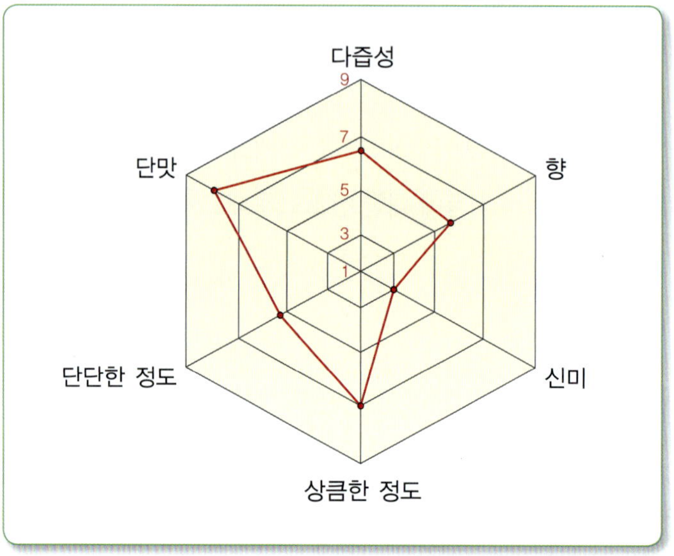

【그림 1-4】 딸기의 묘사분석 결과(예)

신제품을 개발했을 때 식품제조업자는 개발과 마케팅 비용을 회수하기에 충분한 시장 점유율을 가질 수 있는지 알아야 한다. 전문 관능검사자와 시장관계자는 새로운 제품에 대해 소비자를 대상으로 관능검사를 실시하여 식품 선호도에 대한 정보를 얻을 수 있다. 소비자 조사를 할 때에는 훈련된 패널과 소비자를 모두 포함하여 실시한다.

소비자 선호도 조사에서는 많은 사람을 대상으로 관능평가를 실시하기 때문에 향미 성분 각각의 특성에 대한 설명 없이 좋아하고 싫어하는 정도를 측정하는 기호척도법(hedonic scale)을 자주 이용한다(그림 1-5).

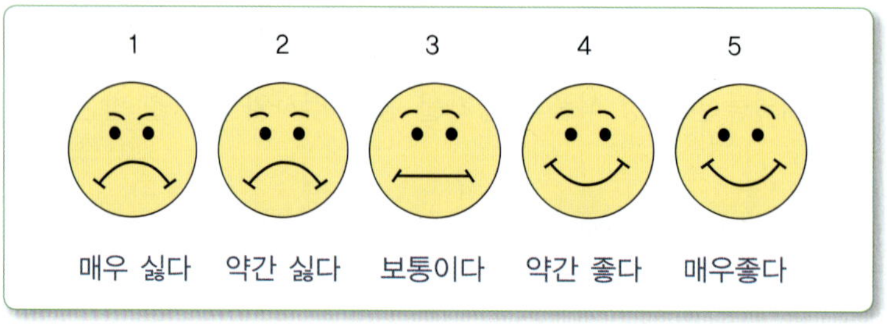

【그림 1-5】 5점 기호척도법

04

식품의 객관적 평가

식품의 객관적 평가는 음식의 섭취와 관련된 특성을 기계를 이용하여 측정하는 것으로 식품의 색, 부피, 비중, 수분 함량, 텍스처와 리올로지 특성을 측정하는 물리적 방법(그림 1-6)과 식품의 일반성분, pH, 당도, 염도와 향미 성분 등을 측정하는 화학적 방법이 있다. 객관적 평가는 관능평가처럼 식품의 특성을 종합적으로 평가할 수는 없지만 주관적 평가인 관능평가에 의해 얻은 결과의 신뢰성을 높이는 근거자료로 이용된다.

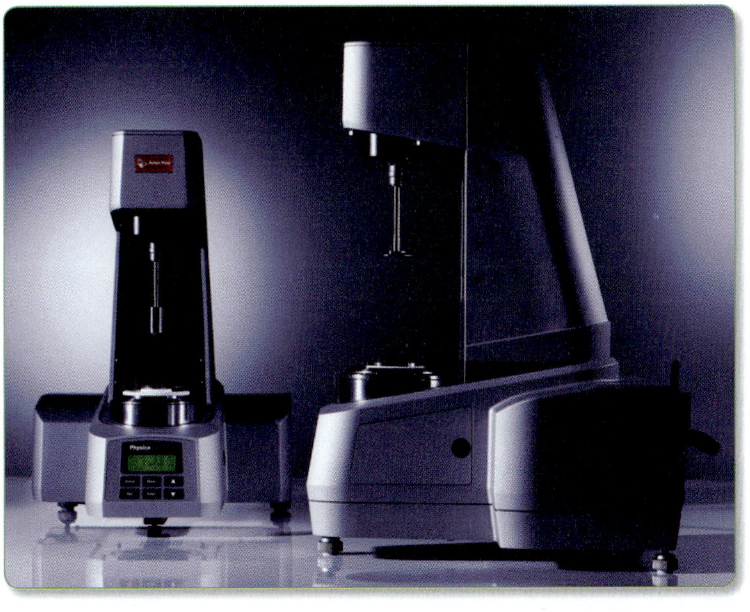

【그림 1-6】 식품의 텍스처를 객관적으로 측정하는 텍스트로미터

＊한 번 더 알아보기

1. 조리원리의 개념에 대하여 설명하시오.
2. 식품의 선택에 영향을 주는 요인에는 무엇이 있는지 나열하시오.
3. 식품의 관능 특성에 대하여 설명하시오.
4. 관능평가 방법에 대하여 설명하시오.

CHAPTER 02

조리방법

학습목표

1. 식품의 계량방법을 이해할 수 있다.
2. 식품의 기본 조리방법을 이해할 수 있다.
3. 열전달 방식을 이해할 수 있다.
4. 습열조리법과 건열조리법의 방법과 특징을 이해할 수 있다.

CHAPTER 02

조리방법

과학적 조리를 하기 위해 각각의 성분을 레시피에 따라 정확하고 일정하게 계량하는 방법, 능률적이고 합리적인 기본조리 조작법, 가열조리 방법 및 종류를 이해하고 그 원리를 조리에 적용함으로써 항상 일정한 맛과 품질을 가진 음식을 만들 수 있다.

이 장에서는 다양한 계량도구의 사용법과 조리방법에 대하여 알아본다.

01
식품의 계량과 측정

1. 미터법

미터법(metric system)은 10의 배수를 기본으로 한 십진법이다. 길이의 기본단위는 미터이고 1미터를 10으로 나누면 1데시미터, 1데시미터를 10으로 나누면 1센티미터이고 1센티미터를 10으로 나누면 1밀리미터가 된다. 다시 말하면 1미터는 1,000밀리미터, 100센티미터, 10데시미터와 같다.

무게의 기본단위는 그램(gram), 부피의 기본단위는 리터(liter)이다(표 2-1).

【표 2-1】 계량단위의 약자

영문명	영문 약자	한글명
teaspoon	tsp	작은술
tablespoon	Tbsp	큰술
cup	c	컵
pint	pt	파인트
quart	qt	쿼트
gram	g	그램
milliliter	mL	밀리리터
liter	L	리터
ounce	oz	온스
fluid ounce	fl. oz	액량온스
pound	lb	파운드
kilogram	kg	킬로그램

2. 계량도구

미터법에 준한 계량도구는 1리터, 500밀리리터와 250밀리리터 용량의 것이 있다. 미국에서 관용적으로 이용되는 표준 계량도구는 매우 다양하여 1갤런(gallon: 4쿼트 또는 16컵), 1/2갤런 또는 2쿼트의 계량도구가 일반적으로 이용된다(그림 2-1).

【그림 2-1】 **여러 가지 계량도구**

건조한 것이나 고체 재료의 계량 시에는 위까지 채워서 측정할 수 있는 계량 도구를 사용해야 정확하게 계량할 수 있다.

계량스푼은 일반적으로 1큰술, 1작은술, 1/2작은술과 1/4작은술이 한 세트이다. 1큰술은 1/16컵이며, 3작은술은 1큰술과 같다(표 2-2).

【표 2-2】 **식품의 무게와 부피의 계량단위**

<table>
<tr><th colspan="2">무게</th><th colspan="2">부피</th></tr>
<tr><td>1작은술</td><td>5g</td><td>1작은술</td><td>5mL</td></tr>
<tr><td>1큰술</td><td>15g = 3tsp</td><td>1큰술</td><td>15mL</td></tr>
<tr><td>1온스</td><td>28.35g = 1/16lb</td><td rowspan="2">1컵</td><td rowspan="2">200mL = 13과 1/3Tbsp (한국식)
200mL = 16Tbsp(미국식)</td></tr>
<tr><td>1파운드</td><td>450g = 16oz</td></tr>
<tr><td>1킬로그램</td><td>1,000g = 2.2pound</td><td>1리터</td><td>1,000mL</td></tr>
<tr><td></td><td></td><td>1파인트</td><td>2컵</td></tr>
<tr><td></td><td></td><td>1쿼트</td><td>2파인트</td></tr>
<tr><td></td><td></td><td>1갤런</td><td>4쿼트</td></tr>
</table>

3. 주요 식품의 계량방법

식품을 낭비하지 않고 항상 일정한 맛을 낼 수 있도록 조리하려면 정확한 계량도구와 계량방법을 사용하여 재료를 정확하게 계량하여야 한다.

(1) 밀가루

백색 밀가루는 작은 입자들이 뭉치기 때문에 정확하게 계량하기가 어렵다. 따라서 측정 전에 체를 쳐서 컵에 수북하게 담은 다음 표면을 깎아 잰다(그림 2-2).

체 친 밀가루는 물기가 없는 컵에 수북하게 담고 계량스푼을 이용하여 수평으로 깎아 잰다. 이때 컵을 바닥에 치거나 스푼으로 눌러 밀가루가 눌리지 않도록 한다. 한 컵이 되지 않는 양은 작은 계량컵을 이용한다. 스푼으로 계량할 때는 스푼 가득히 재료를 담은 후 수평으로 깎아 잰다.

【그림 2-2】 백색 밀가루의 계량방법

동일한 계량기구로 계량한 백색 밀가루와 통밀가루의 무게는 다르다. 통밀가루 한 컵은 약 132g이고, 백색 밀가루는 115g이다. 또한 체 친 경우와 치지 않은 경우에 동일한 부피의 백색 밀가루의 무게가 다른데 이는 체를 치지 않은 백색 밀가루가 더 눌려 있기 때문이다. 체 친 밀가루를 사용하는 요리법에서 체를 치지 않은 밀가루를 사용할 때는 2큰술 정도를 덜어내고 사용하면 된다.

(2) 고체지방

고체지방은 계량하기 전에 냉장고에서 꺼내 충분히 부드러워질 때까지 상온에 방치한다. 단단한 고체지방은 버터나 마가린처럼 포장에 계량단위를 표시해 놓은 경우를 제외하고는 정확하게 계량하기가 어렵다. 실온에서 부드러워진 지방을 계량하기 위해 주걱이나 칼로 컵 안에 공기가 차지 않게 지방을 눌러 담은 후 수평으로 깎아서 잰다. 1/4컵까지는 테이블스푼을 사용할 수도 있다.

또 다른 방법으로는 물 치환법(water displacement method)이 있다. 찬물이 들어 있는 컵에 1컵 양의 지방이 들어가면 1컵만큼의 물이 차 오르게 되어 지방의 양을 계량할 수 있다.

(3) 설탕

백설탕은 덩어리진 것을 모두 부순 다음 체 치지 않고 수북하게 담아 수평으로 깎아 재면 된다. 황설탕은 입자 표면에 시럽이 씌워져 있어 끈끈하게 서로 달라붙기 때문에 계량 시 컵에 꼭꼭 눌러 담아 계량컵을 뒤집고 컵을 제거했을 때 모양이 그대로 유지되게 한다. 이렇게 계량하였을 때 1컵의 황설탕은 약 1컵의 백설탕과 동일한 양이 된다.

제과용 분당은 체 친 후 계량스푼으로 컵에 담아 밀가루와 동일한 방법으로 계량한다. 약 1과 3/4컵의 제과용 분당이 백설탕 1컵과 동일하다.

(4) 시럽

시럽이나 당밀은 점도가 있어 평평한 곳에 계량컵을 놓고 완전히 채우면 표면장력에 의해 솟아오르게 되며 이것을 수평으로 깎아 잰다. 시럽이 너무 끈적거려 계량컵이나 스푼으로 잴 수 없을 때는 계량도구 내부 표면에 식용유를 발라 붙지 않게 하여 잴 수도 있다.

(5) 액체

액체를 측정할 때에는 계량하려는 양보다 큰 계량 기구를 이용해야 정확하게 계량할 수 있다. 계량컵을 수평한 장소에 놓고 재려고 하는 양만큼 담고 내용물의 양을 읽는다(그림 2-3).

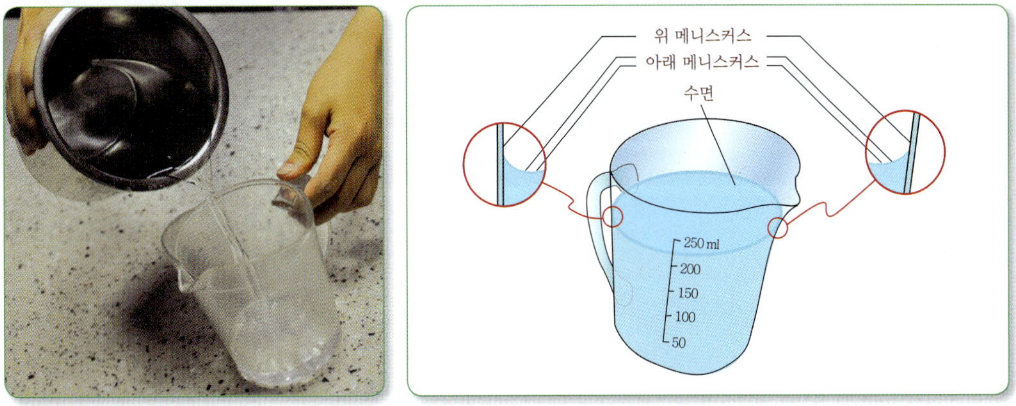

【그림 2-3】 **액체의 계량방법**

액체를 계량할 때는 계량하려는 용량보다 큰 용기를 이용하며
눈높이를 아래 메니스커스에 맞추어 눈금을 읽는다.

02 기본 조리방법

1. 식품의 전처리

(1) 씻기

씻기는 조리의 시작으로 식품 표면의 이물질을 제거하여 위생적으로 안전한 음식을 만드는 중요한 과정이다. 또한 씻기는 식품의 색깔, 외관, 맛을 좋게 한다. 씻을 때는 보통 흐르는 물이 가장 좋으며 일정량의 물로 한 번 씻는 것보다 조금씩 나누어서 여러 번 씻는 것이 더 효과적이다. 표면이 매끈하지 않은 과일이나 채소 등은 0.2% 농도의 중성세제용액을 사용하면 좋다.

채소와 과일은 수돗물에 5분 정도 담가 두었다가 흐르는 물에 30초 이상 문질러 씻는 것이 가장 좋다. 이 경우 채소는 약 55%, 과일은 약 40% 잔류 농약이 제거되며 지나치게 씻으면 오히려 영양소가 파괴된다.

식초나 소금물에 씻는 경우와 채소전용세제로 씻는 경우 농약 제거 정도에 큰 차이는 없다.

(2) 담그기

담그기는 건조식품을 물에 담가 두는 조작으로 식품의 수분 흡수, 팽윤과 연화, 불필요한 성분의 용출, 공기의 차단으로 인한 식품의 갈변반응 방지, 조미성분 침투 등을 위해 물이나 조미액에 담가둔다.

각 식품의 수침 목적은 표 2-3에 정리한 것과 같다.

(3) 썰기

썰기는 껍질, 상처 난 부분과 같이 조리에 필요하지 않은 부분을 제거하며, 식품재료의 표면적을 증가시켜 열전달을 빠르게 하고 조미료가 잘 스며들게 한다. 또한 식품을 썰어서 모양과 크기를 조절하면 먹기에 편리하고 음식의 외관도 아름답고 맛있어 보인다.

【표 2-3】 각종 식품의 수침 목적

식품	용액	침수 목적
우엉, 감자, 밤	물	· 공기와의 접촉 방지로 갈변물질의 산화 억제
죽순, 고사리, 토란, 우엉, 가지	물	· 아린 맛 제거, 갈변 방지
염장식품	1.2~1.5% 소금물	· 삼투압에 의한 소금기 제거 · 건조 생선의 떫은맛 제거
사과, 배	1% 소금물	· 공기 차단 · 폴리페놀옥시다아제 활성 억제
엽채류	물, 1% 소금물	· 아삭거리는 조직감 증가
말린 채소	물	· 수분 흡수 · 떫은맛, 쓴맛 제거
생선	우유, 술	· 생선 비린내 제거
연근, 산마	3~5% 소금물	· 플라보노이드계 색소의 산화 억제, 갈변 방지
잼, 피클	높은 농도의 소금이나 설탕용액	· 호기성 세균, 미생물의 증식 · 발육의 억제 · 저장성 증가

(4) 섞기와 젓기

섞기와 젓기는 두 종류 이상의 식품재료가 잘 섞이도록 하는 조리방법으로 음식의 재료, 온도, 맛이 전체적으로 균일하게 분포하여 입안 촉감을 좋게 해준다. 수프를 만들 때 잘 저어주지 않으면 열원과 접촉한 바닥의 온도가 높아서 타게 되므로 잘 저어서 온도를 일정하게 유지하도록 해야 한다. 나물을 무칠 때에는 양념을 잘 섞어주어 맛 성분이 골고루 침투하게 한다.

(5) 냉각과 냉장

냉각과 냉장은 주로 조리된 음식을 보관할 때 이용하는 조리방법이다. 냉각시킬 때는 음식의 열이 가능한 한 빨리 빠져나가도록 해야 하므로 음식 주변에 있는 물체는 열전도율이 좋고 음식과 온도차가 큰 것이 좋다.

냉각과 냉장은 샐러드, 냉채, 과일, 포도주 등과 같은 음식을 차갑게 하여 찬 감촉을 느끼게 하고 맛을 좋게 한다. 냉각과 냉장은 미생물의 번식, 효소작용, 식품성분의 상호작용 등을 억제하고 물성을 변화시키기 위해 이용한다. 예를 들어 시금치와 같은 녹색채소는 데친 후 바로 찬물에 넣어 유기산을 희석시키면 변색을 막을 수 있고, 젤리를 만들 때는 냉각하여 굳히면 매끄럽고 탄력 있는 조직감을 갖게 된다.

(6) 동결과 해동

동결은 식품 중의 수분을 얼려서 동결상태가 되도록 하는 것이다. 식품을 동결할 때에는 가능한 한 식품 조직의 손상이 일어나지 않도록 −40℃ 이하에서 급속 동결시켜야 한다. 서서히 얼리면 식품 조직 내 유리수의 이동으로 얼음결정이 커져 식품 조직이 파괴되어 해동할 때 드립이 많아지고 조직감이 나빠진다. 또한 일정한 냉동온도가 유지되어야 드립 생성을 줄일 수 있다.

해동은 동결된 식품 중의 수분을 녹여 원상태로 회복하는 과정이다. 해동방법에는 완만 해동과 급속 해동이 있는데 식품이나 음식의 종류에 따라 적합한 방법을 이용한다. 완만 해동은 냉장온도에서 서서히 해동하거나 서늘한 곳 또는 10℃ 정도의 물이나 소금물에서 해동하는 것이다. 급속 해동은 전자파를 이용하여 바로 해동하는 방법으로 드립 발생량이 많고 수용성 영양성분의 손실이 크므로 영양가나 맛이 모두 떨어진다. 동결시킨 반조리 또는 조리된 식품, 데친 채소 등은 그대로 가열조리하거나 해동과 조리가 동시에 일어나도록 급속 해동하고, 닭고기, 육류는 완만 해동하는 것이 바람직하다.

【표 2-4】 **해동종류와 방법(내부온도가 −1℃ 되는 것을 기준)**

해동 종류	해동 방법	해동 시간(100g 기준)
냉장 해동	· 가장 좋은 해동 방법 · 냉장고(4℃)에서 해동함	12시간 이내
전자레인지 해동	· 해동버튼 이용 · 양이 적을 때 이용 · 해동 후 바로 조리	1분 30초 이내
냉수 해동	· 밀봉하여 흐르는 냉수에 해동함 (물 온도 20℃ 이하 유지) · 깨끗한 식수 이용 · 찬물 계속 갈기	1시간 이내

03 열전달 방식

열은 물질 내 분자들의 빠른 운동이나 진동으로 생겨나는 에너지 형태로 이러한 분자의 운동을 운동에너지라 한다.

분자가 움직이기 때문에 연속적으로 다른 분자들과 접촉하면서 운동속도가 변한다. 빠르게 움직이는 분자는 느리게 움직이는 분자에 부딪혀 자신의 에너지를 느리게 움직이는 분자에 전달해 준다. 즉, 열에너지는 따뜻한 물질에서 차가운 물질로 전달된다.

가열이나 조리과정은 식품의 상태를 변화시키기 때문에 적절한 조리가 이루어지면 식품의 맛, 영양가와 기호도가 증가하게 된다.

1. 식품의 조리효과

식품을 조리하는 데는 몇 가지 중요한 이유가 있다. 가장 중요한 것은 음식을 먹을 수 있고 맛있게 만드는 것이다. 조리는 식품의 소화성과 영양가를 향상시키거나 감소시킬 수도 있다. 채소와 고기를 가열하면 일부 비타민과 무기질의 손실이 일어나지만 과도한 조리나 부적절한 조리방법을 피하면 이러한 손실은 최소화할 수 있다.

음식의 향미, 질감과 색은 조리과정에 의해 다양하게 영향을 받는다. 고기의 갈변화, 빵 굽는 과정, 캐러멜화와 같이 가열에 의해 새로운 향기 성분이 형성된다. 채소를 과도하게 조리하거나 토스트를 태울 때와 같이 적절하지 못한 조리과정에서는 향미를 손실하거나 바람직하지 않은 향기 성분이 생성될 수도 있다. 식품의 조직감은 조리에 의해 연화한다. 따라서 조리과정에 의해 채소의 섬유소나 고기의 결합조직이 부드러워진다. 반면, 베이컨, 포테이토칩과 튀긴 음식은 조리에 의해 바삭바삭해지고 달걀은 더 단단해진다. 즉 질감의 전체적인 특성이 조리에 의해 변하게 된다.

식품의 조리 과정에서 색의 변화가 일어난다. 푸른 채소는 지나치게 조리하거나 산이 존재하는 상태에서 조리하면 탁한 황갈색으로 변한다. 반면에 단시간에 데치면 신선한 푸른 채소의 색상이 더욱 좋아진다. 잘 만들어진 브라운소스나 구운 식품의 보기 좋은 갈색은 눈을 즐겁게 하고 향미와 조직감을 향상시킨다.

조리에 의해 일부 식품의 가식기간과 품질 유지기간을 연장할 수도 있다.

*식품의 조리 효과

- 섭취 용이, 맛의 증가
- 소화성과 영양가 향상
- 안정성 증가
- 음식의 향미, 질감, 색의 향상
- 저장성 증가

2. 온도계 단위

온도계는 열을 측정하기 위해 사용되는데, 물질의 온도를 나타내는 단위는 두 가지가 있다. 화씨(℉)는 예전부터 미국에서 주로 이용되는 온도계 단위이며 미터법으로 전환된 섭씨(℃)가 전 세계적으로 이용되고 있다.

℃ = (℉−32)×5/9

℉ = (℃−9/5)+32

3. 열전달 방식

일반적인 조리방법에서 열에너지는 열원에서 식품으로 전도, 대류, 복사에 의해 전달되며, 일부 자기 유도가열 방식이 이용되기도 한다(그림 2-4).

【그림 2-4】 **열전달 방식**

(1) 전도

전도는 열이 직접적으로 접하고 있는 분자 간에 전달되는 방식이다. 열은 전기 열선이나 가스불꽃으로, 열원 위에 놓인 팬으로, 팬 위의 물이나 기름으로 전달되고, 다시 식품 표면에 전달되는 방식이다(그림 2-4).

조리기구의 소재에 따라 열의 전달 효율이 다르다. 구리, 알루미늄, 철을 포함하는 금속 기구는 좋은 열전도체이므로 팬은 주로 알루미늄이나 철로 주조된 것이 많다. 특히 철제품은 열의 보존 능력이 뛰어나다. 최근에는 스테인리스 스틸을 많이 이용하는데 내구력이 강하고 깨끗하지만 열의 전달이 고르지 않은 단점이 있다. 따라서 열전달이 고르면서 내구력이 강한 조리기구를 만들기 위해 냄비의 스테인리스 스틸 바닥 사이에 열전도율이 좋은 철이나 다른 금속판을 넣는 경우도 있다. 팬은 견고하고 오래 사용하여도 변형되지 않아야 하며, 팬의 바닥은 효율적인 열전도를 위해 편평한 바닥을 유지하는 것이 중요하다. 금속의 내구력은 두께에 의해 결정되는데 두꺼울수록 내구력이 우수하다. 금속 조리기구의 변형을 막기 위해 뜨거운 상태에서 바로 찬물에 담그지 않도록 한다.

(2) 대류

액체와 기체의 전도에 의한 가열을 도와주는 것을 대류라 한다. 액체와 기체를 가열하면 더 가벼워져서 위로 올라가려는 경향이 있고 차가워진 기체와 액체는 무거워져 아래로 이동함으로써 가열되어 올라간 부분을 대치하게 되는 순환 대류가 형성된다(그림 2-4). 대류는 조리도구 내부에서 분자가 계속 움직여 전체적으로 열이 고르게 분포되게 한다. 대류를 이용한 음식으로는 물에 식품재료가 분산되어 있는 수프나 스튜, 튀김이나 오븐에서 굽는 빵 등이 있다.

식품을 물에서 조리할 때에는 대류에 의해 가열된 물이 위로 올라가고 식품의 커다란 입자가 돌면서 열이 식품 표면에 전달된다. 이 열은 전도에 의해 입자 내부로 전달된다. 대류식 오븐에서 빵을 구울 때에는 가열된 공기가 올라가면서 빵의 표면 주위를 둘러싼 껍질의 갈변화를 돕는다. 이러한 오븐을 이용한 조리에서는 조리와 갈변화가 가장 효율적으로 이루어지도록 오븐 안에서 식품을 어떻게 배치하는가가 중요하다. 예를 들어, 두 칸을 사용할 때는 팬의 위아래와 좌우가 서로 겹치지 않도록 음식을 배치하여야 대류가 용이하게 이루어진다.

(3) 복사

복사 에너지가 고주파에서 떨리는 파동이나 선으로 전달되기 때문에 공간을 통한 이동이 매우 빠르다. 복사에너지는 열원에서 물질로 바로 이동하기 때문에 복사열이 음식의 표면에 닿으면 에너지가 음식 표면으로 흡수되고, 식품 내 분자 사이의 진동이 증가하며 열을 발생한다(그림 2-4). 이러한 파장은 식품 내부를 통과하지 못하여 분자 간에 전달된 표면에너지가 전도에 의해 식품 내부를 가열하게 된다.

식품을 석쇠에 굽는 바비큐, 구이 등이 복사에너지를 이용한 조리방법이다. 숯불, 뜨거운 석탄, 가열된 전기코일, 가스불 등도 가까운 거리에 있는 식품 표면에 복사열을 직접 전달한다.

복사에너지는 오븐을 이용해 굽는 요리에서 매우 중요한 열전달 방식으로 에너지파가 식품의 표면과 조리기구의 외부 표면에 닿으면 전도에 의해 열이 조리기구에서 식품으로 전달된다. 때때로 케이크나 쿠키의 표면을 밝게 하기 위해 윤기 있는 알루미늄 용기를 제빵 용기로 사용하는 경우가 있다. 오븐에 이용할 수 있는 유리접시도 복사파를 전달할 수 있다.

(4) 유도가열

유도가열 조리는 조리대 밑에 고주파 유도코일을 설치하여 이용하며, 조리대 표면은 매끈한 도자기로 만든다. 철제 조리기구를 조리대 위에 놓으면 코일에 의해 생성된 전자기장에 의해 가열된다. 조리대 표면은 차가운 상태를 유지하면서 조리기구만 뜨거워지고 뜨거워진 조리기구는 열을 음식에 빠르게 전달한다.

주철, 스테인레스 스틸이나 에나멜을 씌운 스틸로 만든 평평한 조리기구가 유도가열에 이용되며, 철제품이 아닌 식기는 유도가열에 이용할 수 없다. 유도가열은 빠르고 깨끗하며 넘쳐도 조리대가 지저분해지지 않는 장점이 있다.

(5) 전자레인지

전자레인지는 고주파 전자기파로 마그네트론(magnetron)에서 전자기파가 발생하게 된다(그림 2-5). 전자기파 자체는 직접 열을 발생하지 않기 때문에 뜨겁지 않으나 음식에 흡수되면 식품 내 물, 단백질과 같은 극성 분자와 전기적으로 반응하여 자기장 내에서 전압에 따라 이동하면서 열이 발생하게 된다.

전자기파는 보통 식품 내부로 약 2.5~5cm 정도 침투하지만 전자기파의 진동수와 식품의 조성에 따라 달라지며 식품 내 열의 침투는 전도에 의해 이루어진다. 전자레인지는 식품의 조리를 아주 간편하게 할 수 있으나 조리 식품 표면의 갈변반응이 일어나지 않고, 시간이 오래 걸리는 찜이나 끓이는 요리에는 부적합하다. 그리고 전자기파는 직진으로만 가기 때문에 전지레인지 내에 팬을 설치하여도 식품에 열전달이 고르지 못하여 살모넬라 같은 유해 미생물을 완전히 사멸시키지 못한다. 주로 냉동 육류, 가금류, 생선의 조리에 이용되는데, 전자레인지를 이용하여 재가열하면 식품의 외관, 조직감, 향미 등의 특성이 변화하는 것이 단점이다.

전자레인지로 식품을 조리할 때에는 전자레인지용 용기만을 이용하여야 한다.

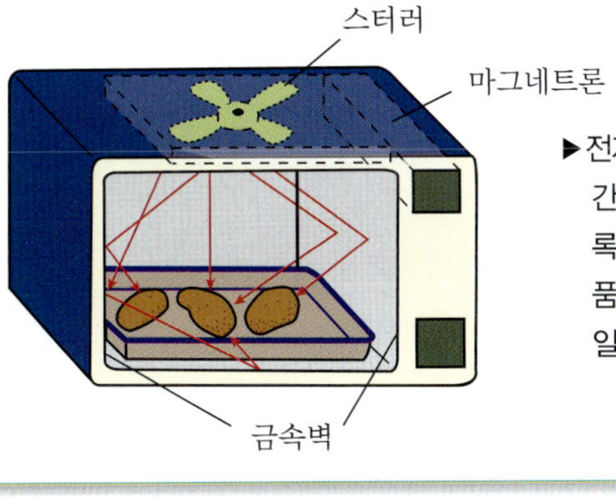

▶전자파는 마그네트론에 의해 발생되어 오븐에 들어간다. 스터러는 전자파를 오븐 내부에 골고루 가도록 하며, 금속벽에 의해 반사된다. 오븐 내부의 식품은 전자파 에너지를 흡수하여 빠른 분자운동이 일어나면서 열이 발생되어 가열된다.

【그림 2-5】 전자레인지의 구조

4. 열전달 매체

열을 식품에 전달하는 매체에는 공기, 물, 수증기와 기름 등이 있다.

(1) 공기

그릴링, 로스팅, 베이킹과 브로일링은 가열된 공기에 의해 식품을 조리하는 방법으로 건열조리방법이라 한다(표 2-4).

식품 표면이 건조한 공기와 접촉하나 식품 내부는 수분에 의해 열이 전달된다. 또한, 조리판이나 팬에 직접적으로 접촉하는 음식 부분에는 가열된 공기가 팬을 통해 닿는다. 대류 오븐에서는 송풍장치가 가열된 공기를 순환시켜 음식이 더 빠르게 익는다. 식품 표면이 건조해지면 물의 끓는점보다 높은 온도로 올라가 식품의 갈변을 돕는다.

【표 2-5】 조리법에 따른 열전달 매체

방법		열매체
건열조리방법 (dry-heat methods)	브로일링(broiling)	공기
	그릴링(grilling)	공기
	베이킹(baking)	공기
	소테(sautéing)	기름
	볶기(pan-frying)	기름
	튀기기(deep-frying)	기름
습열조리방법 (moist-heat methods)	포우칭(poaching)	물이나 다른 액체
	시머링(simmering)	물이나 다른 액체
	보일링(boiling)	물이나 다른 액체
	브렌칭(blanching)	물이나 다른 액체
	스티밍(steaming)	수증기
건습열조리방법	브레이징(braising)	기름, 그리고 다른 액체
	스튜잉(stewing)	기름, 그리고 다른 액체

(2) 물

시머링, 보일링, 스튜잉, 브레이징, 포우칭 등은 열전달 매체로 물을 이용하는 조리법으로 습열조리방법이라 한다(표 2-5). 물이 조리수일 때 가장 높게 도달할 수 있는 온도가 100℃인데 시머링과 포우칭은 끓는점 바로 아래의 온도에서 조리하는 방법이다. 물은 공기보다 좋은 전도체로 물속에서 식품은 매우 빠르게 조리된다. 열이 뜨거운 물에서 음식으로 바로 전달되며 물의 대류 현상에 의해 조리 식품에 열이 고루 전달된다.

가열 방법	액체 온도	액체의 상태	이용, 식품
포우칭(poaching)	71~82℃	액체가 약간 움직이나 기포는 생기지 않는다.	달걀, 생선, 과일
시머링(simmering)	85~96℃	액체 표면 전체에서 약간 보글거리는 정도로 작은 기포가 형성된다.	육류, 스튜, 닭
보일링(boiling)	100℃	커다란 기포가 형성되고 액체가 빠르게 움직인다.	채소, 국수, 파스타
스티밍(steaming)	100℃ 또는 그 이상	끓은 액체에 의해 생성된 증기가 식품과 접촉 한다.	채소, 생선, 패류

(3) 수증기

수증기를 열매체로 이용하는 경우도 습열조리법으로 끓는 물 위에 찜기를 놓고 그 위에 음식을 놓고 뚜껑을 덮으면 내부가 뜨거운 수증기로 차면서 음식이 익게 된다. 식품을 알루미늄 호일로 싸서 오븐에 굽는 경우도 수증기가 조리에 기여한다. 열이 수증기에 접하고 있는 식품에 전달되는 방법으로 음식은 수증기보다 차갑기 때문에 끓는 물이 수증기가 될 때 흡수된 잠열이 방출되어 식품 표면에 수증기의 응축이 형성된다.

가압 통조림에서 수증기가 조리 매체로 작용하지만 밀폐된 통조림 내부의 수증기는 증기압이 상승하여 물의 끓는점이 상승하기 때문에 더 빠르게 조리된다.

(4) 지방

지방은 볶음과 튀김 같은 요리에서 열전달 매체로 이용된다. 소테는 소량의 뜨거운 기름에서 빠르게 조리하는 것으로 부분적인 조리방법이다. 볶기는 소량의 기름으로 더 완만한 온도에서 조리를 하는 방법이며, 일정 온도의 기름 속에 식품을 넣어서 조리하는 것이 튀기기이다. 이러한 조리방법에서는 전도에 의해 팬에 전달된 에너지가 기름에 전달되고 대류가 발생하여 열의 분산을 돕는다.

04 가열조리법

가열조리법은 열전달 매체에 따라 습열조리방법과 건열조리방법으로 나뉜다. 습열조리방법은 삶기, 끓이기, 찌기와 같이 물을 열전달 매체로 하는 조리법이고, 건열조리방법은 물을 열전달 매체로 하지 않는 조리법으로 굽기, 튀기기 등이 여기에 속한다.

1. 삶기

삶기는 식품을 많은 양의 물속에 넣고 가열하면 물의 대류가 일어나 열이 식품 표면에 전달된 후 다시 식품 내부로 전해져 익게 되는 원리를 이용한 조리법으로 특별히 양념을 하지 않는다.

삶기는 두류, 면류, 채소류의 조직감을 부드럽게 하는 데 주목적이 있다. 또한 삶기는 육류, 달걀 등의 단백질 응고를 도와주고 건조식품의 수분흡수를 촉진시키며 좋지 않은 맛 성분을 제거하고 색깔을 좋게 하기 위해 사용한다(표 2-6).

2. 끓이기

끓이기는 물이나 조미액을 열전달 매체로 하는 조리법으로 일반적으로 가열온도는 100℃를 넘지 않는다. 끓이기는 조미성분을 식품에 충분히 침투시킬 수 있고 식품 중심부까지 가열할 수 있어 단단한 식품의 조리에 이용하면 좋다. 끓이는 과정에서 조미성분을 충분히 식품에 침투시킬 수 있으나 모양 유지가 어렵고 수용성 맛 성분이나 영양성분이 물 또는 조미액 속으로 녹아 나오므로 국물을 이용하지 않는 경우에는 주의해야 한다.

【표 2-6】 식품의 종류에 따른 삶기 방법

종류	삶기 방법
녹색채소	· 녹색을 유지하기 위하여 끓는 물에 넣어 고온 단시간 가열 · 데치는 물의 양은 데치는 채소의 6배 이상으로 함 · 녹색채소 중의 유기산은 변색의 원인이 되므로 뚜껑을 덮지 않고 데침 · 식염을 첨가하면 엽록소가 나트륨이온에 의해 안정한 화합물이 되어 비타민 C의 파괴가 적음 · 산성용액에서는 황갈색으로 변함
연근, 우엉	· 자른 면의 갈변을 방지하기 위하여 식초를 첨가하여 데침
콜리플라워	· 데치는 물에 식초와 밀가루를 첨가하면 색이 희게 되고 맛도 좋아짐
죽순	· 데칠 물에 쌀겨 10%를 넣어 가열함 · 데친 후 냄비 속이 식을 때까지 둔 다음 조리하면 맛이 좋아짐
마른 국수류	· 많은 물을 이용 · 물이 적으면 면을 넣을 때 온도 저하가 크고 면의 표면에 있는 전분이 녹아나와 물의 점도가 높아지므로 균일하게 삶아 낼 수가 없음 · 삶아 낸 면류는 표면의 전분도 제거하고 계속해서 조리되어 질감이 나빠지지 않게 찬물에 헹구어 사용
뼈, 육가공품	· 찬물에 담가 두었다가 핏기를 제거한 다음 남은 불순물을 제거하여 용도에 따라 끓는 물이나 찬물에 넣어 삶음

3. 찌기

찌기는 수증기의 기화열을 이용하는 조리법이다. 찌기는 식품의 맛과 모양을 그대로 유지할 수 있고 수용성 성분의 손실이 적은 조리법이지만 찌는 도중에는 조미할 수 없으므로 찌기 전이나 후에 조미를 해야 한다.

대부분 찌는 온도는 100℃이지만 달걀찜, 푸딩은 100℃보다 낮은 온도에서 조리하여야 기포가 생기지 않고 부드럽다. 찌는 온도를 100℃보다 낮은 온도로 조절하려면 물이 조금 끓도록 불을 약하게 하고 뚜껑을 살짝 열어 수증기가 달아나도록 해두면 80℃ 정도가 유지된다. 찜 용기의 물을 끓일 때까지는 불을 강하게 하고 물이 끓은 후에 찌기 시작하여 수증기가 뚜껑에서 새어나오면 불을 약하게 한다. 물이 끓기 전에 식품을 넣으면 식품 표면에 수증기 응축이 일어나 수분을 흡수하므로 조직감이 좋지 않다.

4. 굽기

굽기는 열효율이 좋지 않고 온도조절 및 온도유지가 쉽지 않으나 식품 고유의 향미를 살릴 수 있고 구울 때 생성되는 특유의 향미가 입맛을 돋우므로 널리 이용되는 조리법이다.

굽기에는 직접구이, 간접구이, 오븐구이가 있는데 직접구이는 숯불구이와 같이 복사열이 직접 식품 표면에 닿아 내부로 전달되는 조리법으로 강한 불을 유지하면서 열원에서 멀리 떨어진 상태로 구워야 맛이 좋다. 간접구이는 프라이팬이나 철판에 식품을 올려놓고 굽는 것으로 철판구이가 대표적인 예이다.

보통 굽는 온도는 150~250℃ 정도이며, 이때 새로운 향미 성분을 만들고 맛 성분이 농축되어 구운 식품 특유의 독특한 향미를 만들어낸다.

육류와 생선은 강한 불에서 굽기 시작하여 식품 표면의 단백질을 응고시켜야 맛 성분의 손실이 적다. 계속 강한 불로 구우면 표면이 타버리므로 표면이 익으면 불을 약하게 하여 중심부까지 잘 익힌다.

5. 튀기기

튀기기는 기름을 열전달 매체로 하는 조리법이며 보통 160~190℃에서 튀기므로 단시간 내에 조리할 수 있다. 튀기는 도중 재료의 수분이 증발하여 바삭바삭해지고 기름이 흡수되어 독특한 향미를 가진다.

튀김용 기름은 발연점이 높은 것을 사용해야 한다(표 2-7). 유화제가 첨가된 쇼트닝은 유화제 성분이 낮은 온도에서 발연하므로 튀김용으로 적합하지 않다.

튀김은 각 재료에 따라 적합한 온도에서 튀겨야 바삭바삭하고 고소하다(표 2-8). 표면만 익혀도 되는 음식은 고온에서 단시간에 튀겨야 하고, 속까지 충분히 익혀야 하는 음식은 낮은 온도에서 장시간 가열해야 한다. 너무 낮은 온도에서 튀기면 기름 흡수가 많아지고 너무 높은 온도에서 튀기면 중심부가 익기 전에 표면이 타버리게 된다. 튀김기름의 온도는 튀김용 온도계로 측정하는 것이 좋으나 온도계가 없을 때는 가열한 기름에 튀김옷을 넣어 기름의 온도를 알아볼 수도 있다(그림 2-6).

【표 2-7】 **각종 지방의 융점, 발연점과 인화점**

지방의 종류	융점	발연점
버터	33~36℃	127℃
돼지기름	32~36℃	188℃
튀김용 쇼트닝	39℃	227℃
카놀라유	n/a	220~230℃
옥수수유	5~7℃	210℃
코코아기름	31~34℃	n/a
목화씨유	13℃	232℃
마가린	34~36℃	210~221℃
올리브오일(extra virgin)	0℃	121℃
올리브오일(pure)	0℃	210℃
낙화생유	−2℃	232℃
쇼트닝	49℃	210℃
대두유	−20℃	257℃
호두기름	n/a	232℃

*n/a(not applicable)

【표 2-8】 **식품에 따른 적절한 튀김온도**

제품의 형태	튀김기름의 온도
약과, 매작과	160℃
도넛 생선 얇게 썬 과일 굴, 가리비 부드러운 껍질의 게	175~180℃
크로켓 채소와 어패류(튀김옷 입힌 것)	190℃
감자튀김	195~200℃

기름은 비열이 0.47 정도로 작아서 온도가 쉽게 변화하므로 튀기는 동안 일정한 튀김온도를 유지하기 위해서는 두꺼운 재질의 튀김냄비를 사용하고 가능한 한 많은 양의 기름을 사용하여 재료를 소량씩 넣어가면서 튀겨야 한다.

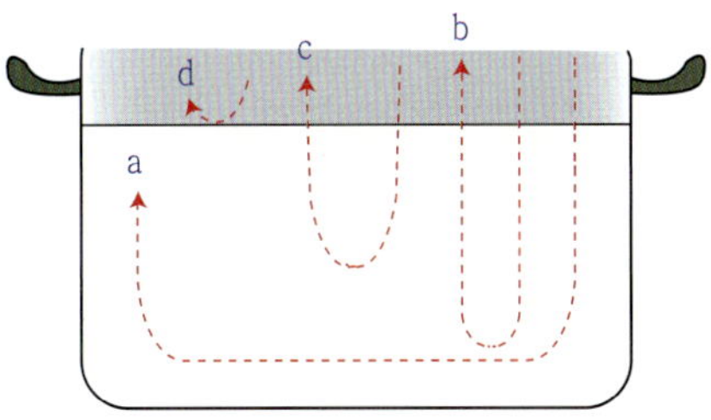

a. 바닥에 가라앉았다가 서서히 떠오른다(150℃, 약과).
b. 바닥에 가라앉았다가 바로 표면으로 떠오른다(160℃, 매작과).
c. 기름의 중간 정도까지 가라앉다가 바로 표면으로 떠오른다(170~180℃, 도넛).
d. 가라앉지 않고 기름 표면에서 튀김옷이 퍼진다(180~190℃, 튀김옷 입힌 어패류와 채소).

【그림 2-6】 **튀김옷으로 기름온도를 판단하는 방법**

6. 볶기

볶기는 소량의 기름을 사용해 고온에서 단시간 조리하는 방법으로 영양소 손실이 적으며 볶는 도중 수분이 증발하면서 식품성분이 농축된다. 고온에서 단시간 처리하는 조리법으로 비타민의 손실이 적고 지용성 비타민의 이용률을 높여준다. 볶는 조리법은 볶는 과정에서 식품이 얇은 기름막으로 둘러싸여 양념이 쉽게 배어들지 않으므로 볶기 전에 양념하여야 한다.

볶을 때 사용되는 기름 양은 식품의 종류, 크기 등에 따라 다르나 보통 5~10%가 적당하다. 볶을 때는 냄비에 기름을 넣고 뜨겁게 한 다음 재료를 넣는다. 프라이팬이 달구어지지 않은 상태에서 재료를 넣으면 많은 수분이 빠져나오고 유리되는 기름의 양이 많아져 좋지 않다.

볶음요리는 재료를 잘 혼합하여야 전체적으로 일정한 온도를 유지하여 맛있는 상태로 조리할 수 있으므로 볶음용 냄비는 재료혼합이 편리하도록 두껍고 열용량이 큰 재질의 것을 선택해야 한다. 또한 조리 시 재료의 양은 냄비의 반을 넘지 않도록 하고 자주 섞어 온도를 균일하게 유지하는 것도 중요하다.

* 한 번 더 알아보기

1. 식품 종류별 계량방법을 설명하시오.
2. 식품의 기본 조리방법에는 어떠한 것이 있는가?
3. 열전달 방식의 종류와 방법에 대해 서술하시오.
4. 습열조리법과 건열조리법의 차이에 대하여 설명하시오.

CHAPTER 03

식품의 성분

01 물
02 탄수화물
03 지방
04 단백질
05 용액과 분산

학습목표

1. 물의 특성과 식품 내 수분의 형태를 이해할 수 있다.
2. 탄수화물, 지방, 단백질의 구조 및 특성과 조리 시 역할을 이해할 수 있다.
3. 다양한 형태의 용액과 분산계를 이해할 수 있다.

CHAPTER 03

식품의 성분

식품은 특성이 서로 다른 다양한 성분들을 함유하고 있다. 주요 식품 성분으로는 물, 탄수화물, 지방, 단백질, 비타민과 무기질 등이 있다. 효소는 단백질의 특별한 형태로 식물이나 동물조직에 소량 존재하며 다양한 방향성 물질과 색소도 식품에 소량 존재한다. 식품에 함유되어 있는 주요 성분은 식품의 조리나 가공과정에서 식품의 특성을 변화시킬 수 있으므로 이 장에서는 각 식품 성분의 종류와 특성에 대하여 알아본다.

01 물

물은 식품의 가장 기본적인 구성 성분으로 모든 식품, 아주 건조한 식품도 어느 정도의 수분을 포함하고 있다. 적게는 1~2% 정도에서 최고 98%까지 포함하며, 많은 식품이 50% 정도의 수분을 함유하고 있다.

1. 식품 내 수분의 형태

식물과 동물 조직 안에 있는 수분은 세포 내에 존재하면서 세포를 수화시키고 있어 조직을 자르거나 썰 때 물이 흘러내리지 않는다. 조직 내 수분이 압력을 받아 빠져나오면 순수한 물의 특성을 가져 0℃ 이하에서 얼고, 다른 분자를 녹일 수 있는 용매로 작용할 수 있는데 이러한 물을 자유수(free water)라 한다(표 3-1).

식품 내 일부의 물은 아주 단단히 결합되어 있는 결합수(bound water)로 존재한다(표 3-1). 결합수는 실제로 단백질, 복합 다당류 같은 거대분자 구조의 일부로 작용하거나 일부는 이온과 같은 작은 분자와도 결합되어 있어 이동성이 제한되기 때문에 유리수와 같이 쉽게 얼거나 증발하지 않아 조직에서 제거해 내기가 어렵다.

【표 3-1】 자유수와 결합수의 성질

자유수	결합수
· 용매로 작용할 수 있는 물 · 미생물의 생육에 이용될 수 있는 물 · 화학반응에 관여하는 물 · 대기압하 0℃ 이하에서 쉽게 어는 물 · 대기압하 100℃ 이상으로 가열하거나 건조하면 쉽게 제거되는 물	· 용매로 작용할 수 없는 물 · 미생물의 생육에 이용될 수 없는 물 · 화학반응에 관여할 수 없는 물 · −18℃ 이하에서도 얼지 않는 물 · 100℃ 이상으로 가열하거나, 건조, 압착에 의해 제거되지 않는 물

수분활성도(a_w)는 같은 온도에서 순수한 물의 수증기압(P_o)에 대한 식품에 있는 물의 수증기압(P)으로 정의되며 식품에 결합수가 많을수록 수분활성도가 작아진다.

$$a_w = \frac{P}{P_o}$$

수분활성도는 식품 내 수분 함량보다 미생물의 생육과 더 밀접한 관련이 있어 수분 함량보다는 수분활성도가 높을수록 식품의 변질이 더 용이하다(표 3-2).

대부분의 신선식품의 수분활성도는 0.95~0.99로 여러 가지 박테리아의 번식이 용이하다. 일부 미생물은 0.80 이하의 수분활성도에서도 생육이 가능하나 0.5 이하에서는 거의 모든 미생물의 생육이 어렵다(그림 3-1).

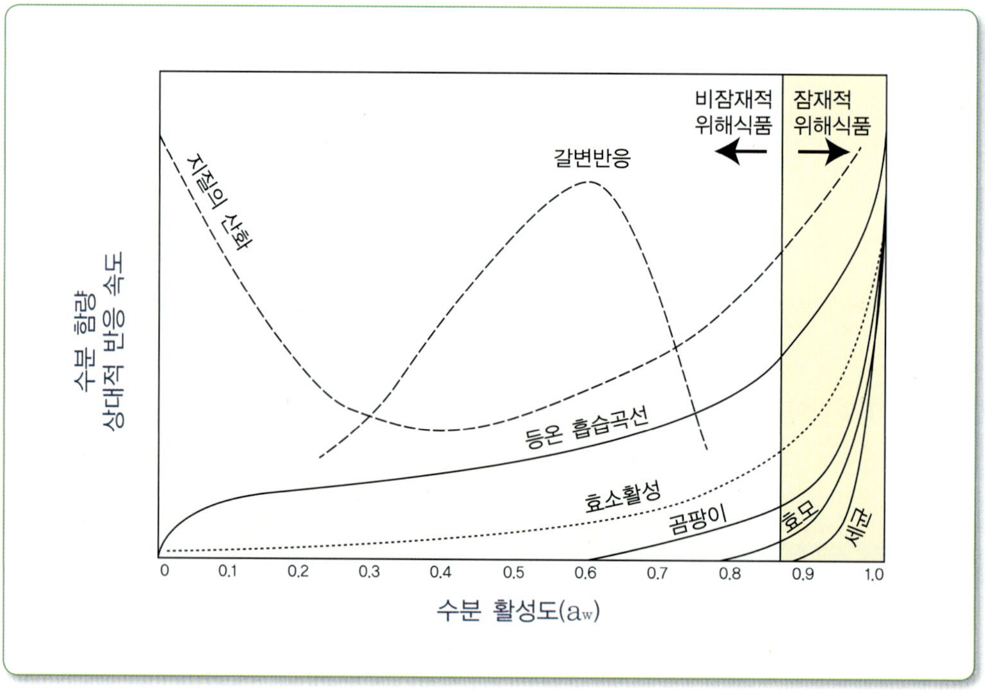

【그림 3-1】 **수분활성도와 식품의 안전성**

수분활성도는 건조에 의해 낮출 수 있으며 냉동에 의해서도 낮출 수 있는데 이는 식품 내 수분이 얼면서 조직에서 빠져 나오기 때문이다. 또한 당이나 염분을 첨가하면 식품 내 수분의 일부가 이러한 물질과 결합하여 수분활성도가 낮아지면서 미생물의 생육에 이용할 수 있는 수분이 감소하여 식품의 저장성을 증가시킬 수 있다.

【표 3-2】 **각종 식품의 수분활성도와 수분함유량**

식품	수분활성도(a_w)	수분함유량(%)
쇠고기	0.95 ~ 0.99	50
수박	0.95 ~ 0.99	93
양상추	0.95 ~ 0.99	96
파운드케이크	0.90 ~ 0.95	18
흰 빵	0.90 ~ 0.95	38
옥수수시럽	0.60 ~ 0.70	26

2. 조리수의 특성

수분은 조리된 식품의 관능 특성과 조리 시 열전달 과정의 중요한 역할을 한다. 물은 가장 일반적인 용매로 식품 내 거의 모든 화학 성분의 분산매나 용매로 작용한다.

물은 무기염이 수용액에서 양이온(+)과 음이온(-)으로 이온화하여 화학 변화를 일으킨다. 예를 들어, NaCl은 수용액에서 Na^+와 Cl^-로 이온화하는데 이러한 이온화는 다른 화학적 반응을 일으키게 한다. 베이킹소다는 건조한 상태에서는 화학적 반응이 일어나지 않지만 물에 녹으면 이온화되면서 새로운 화학 물질을 생성한다. 이 과정에서 이산화탄소가 생성되어 빵이 부풀게 된다. 물은 또한 산과 염기 반응에 영향을 미친다. 산성 물질은 수용액에서 이온화되어 수소 이온(H^+)을 생성하고 수소 이온이 미뢰에 자극을 주어 신맛을 인지하게 된다. 염기성 물질은 수산화 이온(OH^-)을 생성한다.

산도의 정도를 정량적으로 단순화한 것이 pH로, 가장 산성인 것은 1, 가장 알칼리성이 강한 것은 14로 표시하며, pH 7은 중성 용액을 의미한다. 각종 식품의 pH는 표 3-3과 같으며 일부 채소는 조리수의 pH에 따라 색이 변하여 식품의 관능특성이 변하게 된다.

【표 3-3】 각종 식품의 pH

식품	pH	식품	pH	식품	pH
라임	2.0	버터밀크	4.5	감자	6.1
레몬	2.2	바나나	4.6	옥수수	6.3
식초	2.9	당근	5.0	난황	6.4
딸기	3.4	빵	5.4	우유	6.6
배	3.9	숙성된 고기	5.8	난백	7.0~9.0
토마토	4.2	참치	6.0		

3. 물의 성질

물은 두 개의 수소 원자와 한 개의 산소 원자가 공유결합에 의해 단단하게 결합된 작은 분자이다. 물은 극성을 띠고 있어 끓는점, 어는점, 증기압과 같은 특성이 거의 비슷한 크기의 다른 분자와는 다르게 행동한다. 물의 수소와 산소 원자는 강한 공유결합에 의해 연결되어 있으나, 음전하와 양전하가 분자 전체에 고르게 분포되어 있지 않고, 그림 3-2에서처럼 산소 쪽으로는 음전하를, 수소 쪽으로는 양전하를 띠고 있다. 반대전하 간의 인력으로 물의 음전하 쪽은 다른 물분자의 양전하 쪽을 끌어당겨 덩어리를 형성하게 된다. 음전하를 띠는 산소와 양전하를 띠는 수소 간의 결합을 수소결합이라 한다(그림 3-3). 물분자 간에는 이와 같이 특별한 인력이 있어 서로를 떼어내는 데 상당한 에너지가 요구되기 때문에 물이 끓어 액체에서 기체인 증기로 변하는 끓는점이 100℃로 매우 높다.

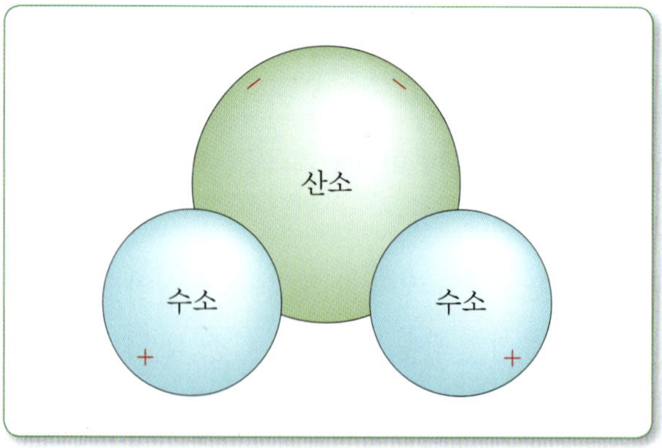

【그림 3-2】 물분자의 구조

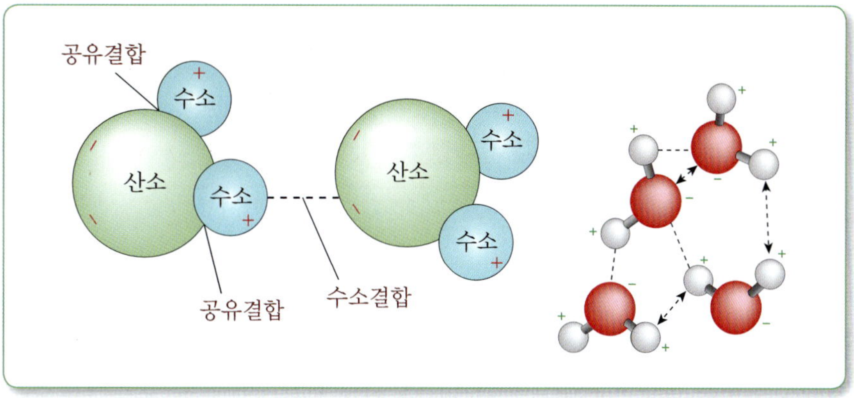

【그림 3-3】 **물분자 간의 수소결합**

4. 물의 경도

물은 무기염의 존재에 따라 경도가 변하여 경수와 연수로 구분된다. 경수에는 두 가지 형태가 있는데 일시적인 경수와 영구적인 경수이다. 일시적인 경수에는 칼슘, 마그네슘과 철의 중탄산염이 함유되어 있는데 물을 끓이면 염이 침전하게 된다. 그러나 영구적인 경수는 칼슘, 마그네슘과 철의 황산염을 함유하고 있어 끓여도 침전하지 않는다. 이들은 비누와 불용성염을 형성하여 세척력을 약화시킨다. 경수에 존재하는 무기염은 조리과정에서 다양하게 영향을 미쳐 칼슘은 수침이나 조리과정에서 말린 콩의 연화와 수화를 지연시킨다. 또한 경수는 주로 알칼리성을 띠기 때문에 익힌 채소의 색에 영향을 주기도 한다. 아이스티는 경수에 있는 칼슘과 마그네슘염이 티에 있는 폴리페놀과 결합하여 뿌옇게 된다. 반면 연수는 매우 소량의 무기염을 포함하고 있어 조리수로 적합하다.

경수는 연수화제를 첨가하거나 이온교환수지를 통해 연수로 만들어 식품의 조리에 사용할 수 있다.

02 탄수화물

탄수화물은 탄소, 수소, 산소로 이루어져 있으며, 이 구성원소의 비율은 $Cx(H_2O)y$이다. 탄수화물은 광합성을 통해 녹색식물에서 형성된다. 즉 태양 에너지에 의해 공기 중의 이산화탄소와 토양의 물이 단순당인 포도당으로 전환되면서 산소가 방출된다(그림 3-4).

탄수화물은 다양한 곡류, 두류와 전분 뿌리나 줄기 등에 함유되어 있으며 전 세계의 수백만 사람이 주식으로 이용하고 있다. 탄수화물은 당류, 시럽, 당밀, 꿀, 캔디류, 젤리와 잼, 건조 과일, 두류와 곡류식품 등에도 많이 함유되어 있다.

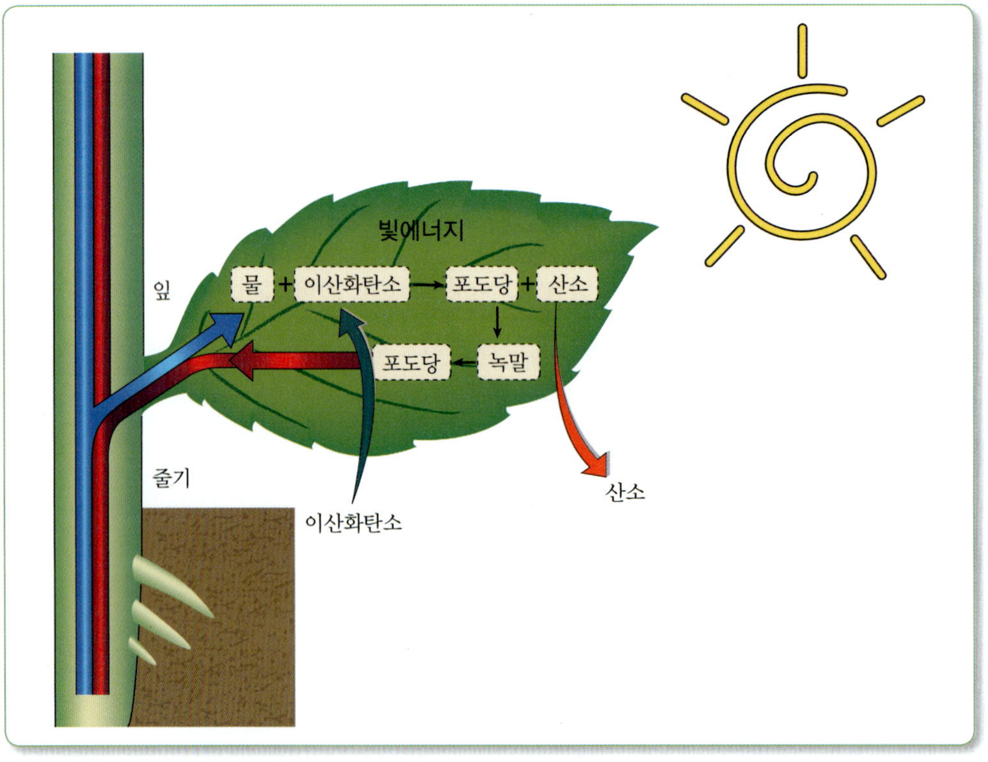

【그림 3-4】 광합성의 기작

1. 탄수화물의 분류

탄수화물은 연결되어 있는 기본 당의 수에 따라 단당류, 이당류, 소당류와 다당류로 분류된다.

(1) 단당류

단순당은 단당류로 'saccharide'는 단맛을 의미하며 'mono'는 한 개의 당 단위로 되어 있다는 것을 의미한다. 조리와 관련된 것은 육탄당이며 몇 가지 오탄당은 식이섬유소나 식물성 검의 중요한 성분이 되기도 한다.

세 가지 중요한 육탄당은 포도당, 과당과 갈락토오스이다. 각 당의 분자식은 똑같은 $C_6H_{12}O_6$이나 화학기 위치의 차이로 단맛과 용해도에 차이를 보인다(표 3-4). 이들 단당류의 화학구조는 그림 3-5와 같다.

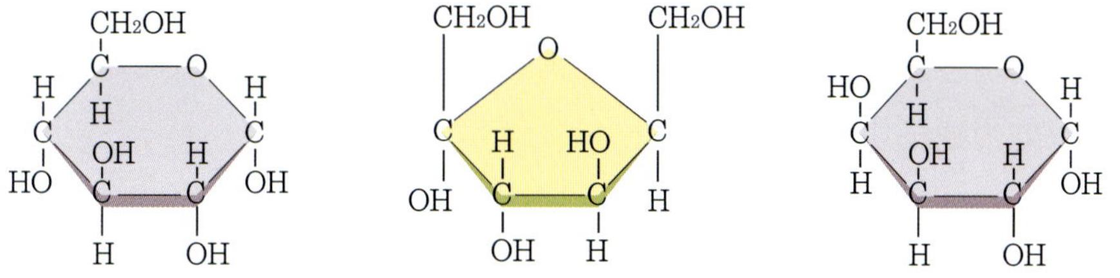

【그림 3-5】 식품에 자주 이용되는 단당류의 구조

【표 3-4】 각종 당의 상대적 감미도

종류	상대적 감미도	종류	상대적 감미도
서당	1.0	맥아당	0.3~0.5
과당	1.3	유당	0.2~0.3
전화당	0.85~1.0	사카린	200~300
포도당	0.56	아스파탐	100~200
갈락토오스	0.4~0.6	자일리톨	1.01

1) 포도당

식품에 가장 널리 분포되어 있는 당으로 모든 과일과 채소에 존재한다. 인체 내 혈당으로 존재하며 전분을 포함한 복합당의 기본 당 단위이다. 포도당은 전분을 가수분해하여 만드는 옥수수 시럽의 주요 구성성분으로 제과 · 제빵과 다른 가공식품을 만들 때 널리 이용된다.

2) 과당

모든 천연당 중에서 가장 단맛을 가지는 것이 과당이다(표 3-4). 꿀의 단맛에 기여하며, 여러 과일에서 발견되어 과일당이라 불리기도 한다. 용해성이 커서 쉽게 결정을 형성하지 않는다.

글루코오스 이성질화효소(glucose isomerase, 포도당을 과당으로 전환시키는 효소)를 이용하여 고과당시럽을 만들어 탄산음료 같은 가공식품에 널리 이용된다.

3) 갈락토오스

갈락토오스는 일반적으로 천연 식품에서 발견되지 않는다. 유당의 구성성분으로 요구르트 같이 우유가 발효될 때 유당이 분해되어 생성된다. 또한 라피노오스 같은 일부 소당류나 갈락토오스의 유도체인 갈락투론산으로 만들어진 펙틴 물질에도 존재한다. 갈락토오스는 복합다당류인 검류의 기본 구성 단위이기도 하다.

(2) 이당류

이당류는 단당류 두 개가 결합된 당으로 식품에서 특히 관심을 가져야 하는 이당류는 서당, 유당과 맥아당이다(그림 3-6).

1) 서당

사탕수수나 사탕무로부터 추출한 것으로 한 분자의 포도당과 한 분자의 과당으로 구성된 결정성 당으로 단맛의 기준이 되는 당이다.

서당이 가수분해되면 포도당과 과당 사이의 결합이 끊어지면서 한 분자의 물이 들어간다. 이 용액에는 동량의 포도당과 과당이 존재하는데 이를 전화당(invert sugar)이라 하며 결정성 캔디를 만드는 과정에서 설탕의 결정화를 조절하는 데 중요한 역할을 한다. 서당을 분해하는 효소를 수크라제(sucrase) 또는 전화효소(invertase)라 한다.

서당은 184℃ 내외에서 녹기 시작하여 캐러멜화가 일어나 캐러멜을 형성하는데 이 물질은 식품의 색과 향을 내는 첨가물로도 이용된다.

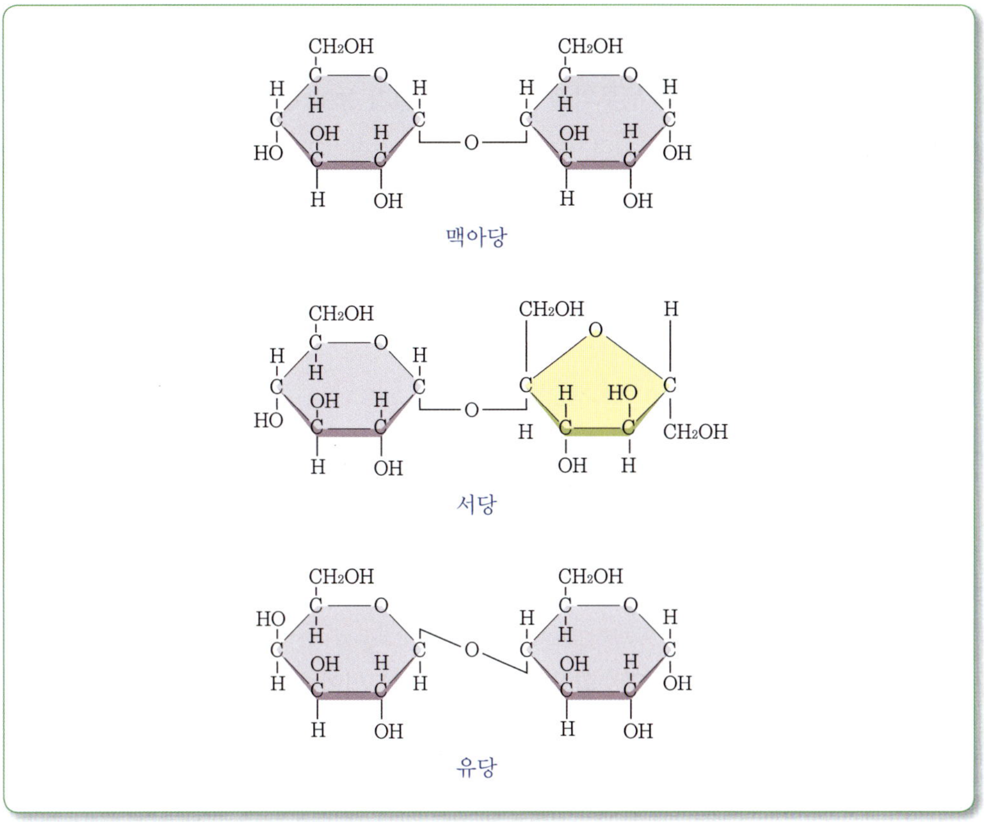

【그림 3-6】 **식품에 자주 이용되는 이당류의 구조**

2) 유당

우유와 유제품에만 존재하는 당으로 포도당과 갈락토오스가 결합한 것이다. 치즈를 만드는 과정에서 생성되는 유청에는 유당의 함량이 높아 식품의 제조나 가공에 이용되기도 한다. 다른 당에 비해 용해도가 낮아 감미가 덜하다.

3) 맥아당

두 개의 포도당이 연결된 것으로 전분이 가수분해되어 생성된다. 따라서 전분이 분해되어 곡식의 성장을 위한 에너지를 공급하는 발아 곡식에 존재한다. 옥수수 전분을 분해하여 제조하는 옥수수시럽의 중요 성분이다.

(3) 소당류

소당류는 3~10개 이하의 단당류가 결합된 탄수화물을 말한다. 이 범주에는 3탄당인 라피노오스나 4탄당인 스타키오스가 포함된다.

라피노오스는 식물종자, 특히 두류의 종자, 뿌리와 줄기 등에 분포되어 있고, 스타키오스는 면실과 대두에 함유되어 있다. 이러한 소당류는 사람의 소화기관에서 가수분해되지 않고 장내 박테리아에 의해 분해되어 가스를 생성하게 된다. 따라서 소당류는 수용성이면서 단맛을 가지며 충치균이 이용하지 못하는 당류이다. 또한 소화효소의 작용을 받지 않으며 장내 비피더스균의 성장을 촉진하여 장에서 부패균의 생육을 억제한다.

(4) 다당류

다당류는 약 40~수천 개의 단당류가 결합된 당류이다.

1) 전분과 덱스트린

전분은 식물의 기본적인 저장 탄수화물로 씨앗, 뿌리나 덩이줄기 등에서 많이 발견된다. 전분을 만들기 위해 수백 수천 개의 포도당이 결합되어 있다. 전분은 포도당이 α-1,4 배당체 결합을 통해 연결된 직쇄상의 아밀로오스(amylose)와 포도당이 α-1,6 배당체 결합에 의해 분지되어 가지 친 구조의 아밀로펙틴(amylopectin)으로 구성되어 있다.

전분 입자는 물을 넣고 가열하면 팽창하여 호화(gelatinization)가 이루어진다. 호화 팽창된 전분 입자로 인해 점성이 증가하여 전분 용액이나 소스의 점도를 형성한다. 전분의 구조와 호화 특성은 제4장에서 자세히 설명한다.

덱스트린은 전분이 효소, 산이나 건열에 의해 부분적으로 분해된 분자량이 다양한 전분의 혼합물로 옥수수시럽을 만들 때, 빵을 구울 때 표면이 갈변화하는 과정에서 생성된다.

2) 글리코겐

글리코겐은 동물 조직에서 발견되기 때문에 동물성 전분이라고도 한다. 구조가 전분의 가지 친 구조인 아밀로펙틴과 유사하며 가수분해되면 포도당만을 생성한다. 간은 포도당을 단기간

글리코겐의 형태로 저장하고 글리코겐은 분해되어 혈당을 유지하는 데 기여한다. 근육도 또한 일시적으로 글리코겐을 저장하고 있다가 근육의 에너지원으로 이용한다.

3) 식이섬유소

식이섬유소는 소화효소에 의해 분해되고 남은 식물 세포의 찌꺼기들을 일컫는 것이다. 섬유소는 다당류인 셀룰로오스, 헤미셀룰로오스, 베타글루칸, 펙틴과 검류로 구성되어 있는 다당류의 복합 혼합물이다. 올리고당은 인체 내에서 가수분해되지 않기 때문에 저분자량의 수용성 식이섬유소라고 부르기도 한다. 리그닌은 비탄수화물 물질로 섬유소이기는 하나 채소의 목질부를 나타내는 말이다.

최근 들어, 대장암, 심장병과 당뇨병 등 몇몇 만성질환의 관리와 예방을 위해 식이섬유소의 중요성이 강조되고 있다. 곡류의 외피층, 콩류, 견과류와 종자뿐 아니라 과일과 채소에는 상당히 많은 양의 식이섬유가 함유되어 있다. 식이섬유는 물을 흡수하여 팽창할 수 있는 능력을 가져 장의 운동을 원활하게 하고 배변량을 증가시키며 영양소의 흡수속도를 조절한다. 식이섬유의 종류와 특성은 표 3-5와 같다.

【표 3-5】 **식이섬유의 종류와 특징**

종류	특징
셀룰로오스 (cellulose)	· 수천 개의 포도당이 β-1,4 배당체 결합 · 식물세포의 세포벽 조직 내에서 조직의 구조를 유지해 주는 역할 · 가공식품에서 증점제, 안정제, 겔이나 부피감을 부여하기 위해 사용
헤미셀룰로오스 (hemicellulose)	· 식물의 세포벽에서 발견되는 여러 가지 단당으로 구성된 다당류로 대부분 가지 친 구조 · 오탄당인 자일로오스와 아라비노오스가 주 구성성분
베타글루칸 (β-glucan)	· 포도당이 구성당이며, 셀룰로오스 내의 포도당과는 다른 결합 방식으로 연결 · 베타글루칸은 셀룰로오스보다 덜 직쇄상이며 물에 더 잘 녹음 · 귀리나 보리에 많이 함유
펙틴 물질 (pectin substance)	· 펙틴은 식물 세포와 세포벽 사이 공간에서 발견되는 다당류 · 갈락토오스의 유도체인 갈락투론산이 기본 구성 물질임 · 과일이나 채소의 물성에 영향 · 다양한 잼, 젤리와 프리저브 제조 시 겔을 형성하는 특성
식물성 검류 (vegetable gums)	· 육탄당, 오탄당과 이들의 유도체가 길게 결합된 수용성의 고분자 화합물 · 물에 녹으면 점도 증가, 입에서 식품의 질감을 부여하는 'body'를 형성하므로 식품 가공 공정에서 증점제나 겔 형성제로 이용 · 분산된 물질이 분리되는 것을 막아 용액을 안정화시키는 역할 · 저칼로리, 저지방 음식의 제조 시 친수성 콜로이드로 자주 이용

2. 갈변

식품의 조리나 저장 동안 갈변은 자주 일어나는 화학반응으로 어떤 식품에서는 갈변이 바람직하지만 어떤 식품에서는 그렇지 않은 경우도 많다. 따라서 조리과정에서 필요에 따라 갈변반응을 촉진하거나 억제할 수 있도록 갈변화를 조절하는 것이 중요하다. 식품의 갈변현상에는 효소적 갈변 반응과 비효소적 갈변 반응이 있으며 그 특성은 표 3-6, 조리 과정 중 대표적인 갈변 반응의 예는 그림 3-7와 같다.

【그림 3-7】 **갈변 반응**

【표 3-6】 갈변 반응의 종류와 특성

<table>
<tr><th>종류</th><th>식품</th><th colspan="2">특성</th></tr>
<tr><td>효소적 갈변
(enzymatic browning)</td><td>사과, 바나나, 포도, 복숭아</td><td colspan="2">· 식물조직에 함유된 페놀화합물이 조직의 손상으로 폴리페놀산화 효소(polyphenol oxidase)를 만나 산화되어 일어나는 갈변반응
· 멜라닌 갈색 물질 형성
· 과일과 채소의 껍질을 벗기거나 조직 파괴 시 나타남</td></tr>
<tr><td rowspan="2">비효소적 갈변
(non-enzymatic browning)</td><td rowspan="2">간장, 맥주, 쿠키, 빵</td><td>마이야르 반응</td><td>· 당과 아미노산 반응
· 멜라노이딘 생성
· 빵을 굽는 동안 빵 표면의 갈변화
· 불고기를 구울 때</td></tr>
<tr><td>캐러멜화 반응</td><td>· 당류만을 160℃ 이상으로 건열가열 시 나타나는 갈변 반응
· 흑갈색의 캐러멜을 형성하는 열분해 반응
· 식품의 향기나 맛, 색에 기여
· 약식이나 과자류의 착색제로 이용</td></tr>
</table>

03 지방

지방은 탄수화물과 같이 C, H, O로 구성된 유기물질로 물에 잘 녹지 않으며 유기용매에 녹는 물질이다. 조리와 식품에 중요한 지방으로는 중성지방과 인지질 및 스테롤 등이다.

1. 중성지방

식품에 존재하는 지방의 약 90~95%가 중성지방이다. 중성지방은 3개 지방산의 카르복실기와 알코올인 글리세롤 수산기 간의 에스테르 결합에 의해 연결되어 있다(그림 3-8).

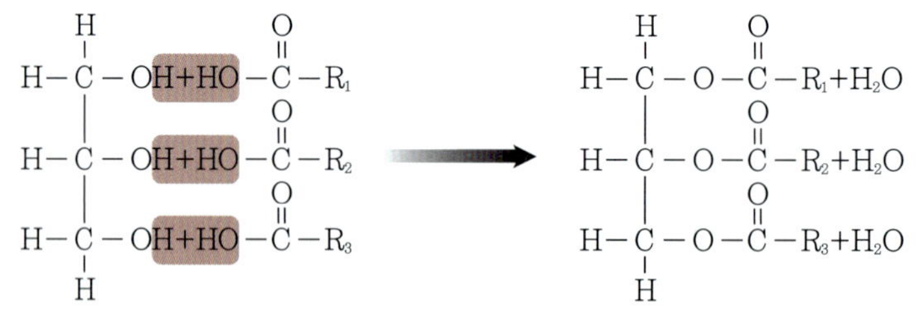

【그림 3-8】 중성지방의 구조

(1) 지방산

식품 내 거의 대부분의 지방산은 유리형태가 아니라 중성지방으로 존재한다. 지방산은 이중결합의 수에 따라 특성이 달라진다. 식품에 존재하는 지방산의 탄소 수는 4~24개이며, 일반적으로 짝수의 탄소 수를 가진다. 식품에 존재하는 지방산의 종류와 특성은 표 3-7과 같다.

【표 3-7】 식품에 존재하는 지방산의 종류와 특성

일반명	탄소수	이중결합	녹는점	구조
부티르산	4	0	−7.9	$CH_3(CH_2)_2COOH$
카프론산	6	0	−1	$CH_3(CH_2)_4COOH$
카프릴산	8	0	16	$CH_3(CH_2)_6COOH$
카프르산	10	0	31.5	$CH_3(CH_2)_8COOH$
라우르산	12	0	48	$CH_3(CH_2)_{10}COOH$
미리스트산	14	0	57~58	$CH_3(CH_2)_{12}COOH$
팔미트산	16	0	64	$CH_3(CH_2)_{14}COOH$
스테아르산	18	0	69.6	$CH_3(CH_2)_{16}COOH$
올레산	18	1	14	$CH_3(CH_2)_7CH=CH(CH_2)_7COOH$
엘라이드산	18	1	43.7	$CH_3(CH_2)_7CH=CH(CH_2)_7COOH$
리놀레산	18	2	−5.0	$CH_3(CH_2)_4CH=CHCH_2CH=CH(CH_2)_7COOH$
리놀렌산	18	3	−11.0	$CH_3(CH_2CH=CH)_3(CH_2)_7COOH$
아라키돈산	20	4	−50	$CH_3(CH_2)_4(CH=CHCH_2)_4(CH_2)_2COOH$
EPA	20	5	−54	$CH_3(CH_2CH=CH)_5(CH_2)_3COOH$
DHA	22	6	−44	$CH_3(CH_2CH=CH)_6(CH_2)_2COOH$

지방산은 이중결합이 없는 포화지방산과 이중결합을 가진 불포화지방산으로 구분된다. 올레산은 이중결합을 1개 가지고 있어 단일불포화지방산(monounsaturated fatty acid: MUFA)이라 한다. 리놀레산, 리놀렌산과 아라키돈산은 이중결합을 각각 2, 3, 4개 가지고 있으며, 이처럼 이중결합을 2개 이상 가지고 있는 지방산을 다가불포화지방산(polyunsaturated fatty acid: PUFA)이라 한다(그림 3-9).

지방산 구조에서 메틸기 쪽에서부터 3번과 4번 탄소 사이에 마지막 이중결합을 가진 지방산을 ω-3 불포화지방산이라 하며, DHA와 EPA가 여기에 속한다. 리놀레산은 올레산에 두 번째 이중결합이 첨가되어 생성되는데 인체 내에서는 이 단계의 반응이 일어나지 않는다. 따라서 리놀레산은 반드시 식품을 통해 섭취해야 하는 필수지방산(essential fatty acid)이다. 옥수수유, 면실유, 대두유는 50~53%, 낙화생유는 20~30%의 리놀레산을 함유하고 있다.

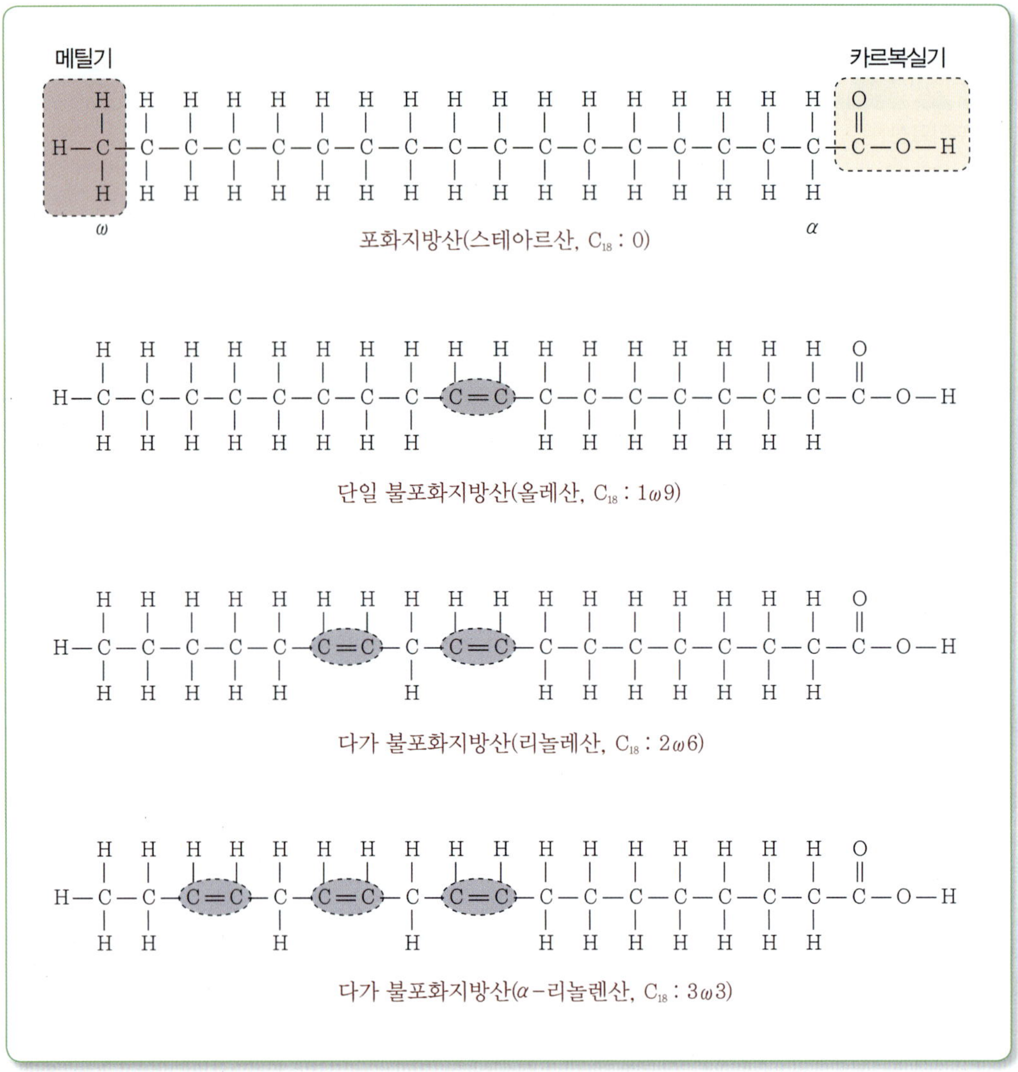

【그림 3-9】 지방산의 구조

(2) 시스와 트랜스형

지방산의 모양은 이중결합으로 탄소의 회전이 제한을 받기 때문에 이중결합의 존재에 따라 변한다. 시스형은 수소 원자가 이중결합의 같은 방향으로 배열되어 있으나 트랜스형은 이중결합의 반대 방향으로 배열되어 있다(그림 3-10).

이러한 지방산의 모양은 중성지방의 녹는점에 영향을 준다. 트랜스형의 불포화지방산은 같은 크기의 시스형보다 녹는점이 높으며, 시스 지방산은 고체 상태가 될 때 중성지방이 서로 가까이 다가갈 수 없는 구조로 녹는 데 많은 에너지가 요구되지 않기 때문에 녹는점이 낮다.

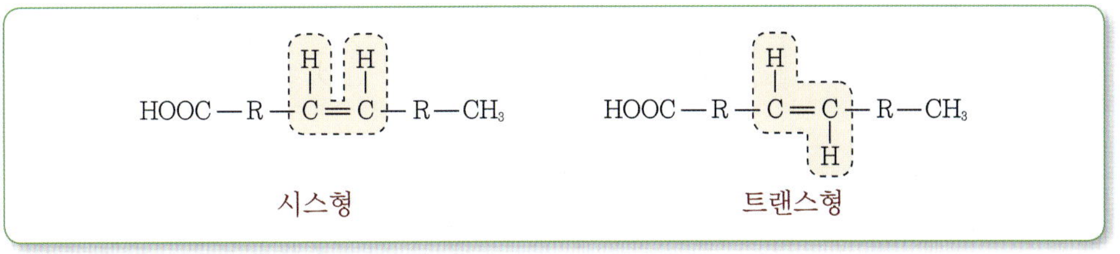

【그림 3-10】 **시스와 트랜스형**

동일한 탄소(C_{18})수에 한 개의 이중결합을 가진 올레산(시스형)과 엘라이드산(트랜스형)의 녹는점은 각각 14℃와 43.7℃로 트랜스형이 구조적으로 안정하여 녹는 데 더 많은 에너지가 요구된다.

천연의 불포화지방산은 대부분 불안정한 시스형이어서 안정한 트랜스형으로 이성질화하기 쉽다. 마가린, 쇼트닝과 같이 천연유지에 수소를 첨가하여 만든 경화유 제품은 그 제조과정 중에 시스형 불포화지방산의 일부가 트랜스형으로 전환되어 트랜스 지방산을 함유하게 된다. 트랜스 지방산은 자연상태에도 소량 존재하지만, 대부분 식물성 기름이 수소화 공정을 거치거나 고온에서 가열될 때 생성된다. 트랜스 지방산은 체내에서 포화지방산과 비슷하게 작용하여 심혈관계질환 발병률을 증가시킨다고 알려져 있다.

2. 인지질

인지질은 식품에 소량 존재하지만 유화제로서 중요한 역할을 한다. 레시틴은 마가린을 포함한 다양한 가공식품에 첨가제로 이용되는 인지질로 난황이 인지질의 좋은 급원이다. 구조적으로 인지질은 중성지질과 비슷하여 글리세롤에 2개의 지방산이 에스테르 결합에 의해 연결되어 있다. 글리세롤의 세 번째 탄소에는 인산이 결합되어 있고 다시 콜린과 같은 질소염이 인산에 연결되어 있다. 이와 같이 인지질은 한 분자내에 친수성기와 소수성기를 함께 가지고 있기 때문에 친수성기는 물방울을 둘러싸고 소수성기는 지방을 둘러싸서 서로 섞이지 않는 지방과 물 사이의 연결다리 역할을 하여 유화액을 만들 수 있다(그림 3-11).

대두 인지질인 레시틴은 마가린, 초콜릿, 아이스크림 등의 유화제로 사용되고 있다.

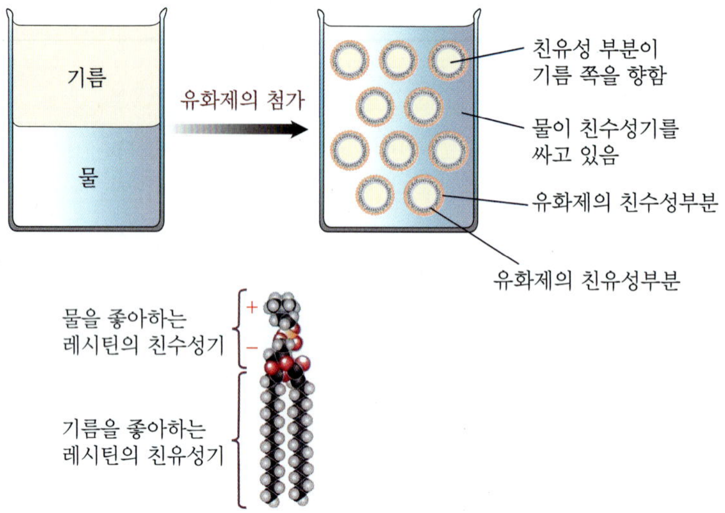

【그림 3-11】 레시틴의 유화형성 과정

3. 조리에서 지방의 역할

지방은 식품의 조리과정과 조리된 식품의 특성에 많은 영향을 미친다(표 3-8).

【표 3-8】 조리에서 지방의 역할

항목	특성
색	· 버터의 크림색은 식품 외관의 품질 향상에 기여
향미	· 식품에 풍만한 향미 제공
질감	· 파이 같은 제품의 바삭한 질감 · 버터나 쇼트닝은 설탕의 크리밍 과정을 통해 아주 미세한 구조를 형성하여 부드러운 질감 형성 · 튀긴 음식의 아삭한 질감
유화형성	· 난황의 인지질인 레시틴은 유화제로 작용
열전달 매체	· 물보다 높은 온도에서 단시간에 조리하기 때문에 영양소 손실이 적고, 튀기는 동안 질감, 색, 향미 향상

04 단백질

단백질은 C, H, O 이외에 N으로 구성되는 물질이며 가끔 S, P나 Fe를 포함하기도 한다.

단백질은 사람의 생존과 성장에 필수적 영양소 중 하나로 조리과정에서 단백질은 수분 결합, 겔 형성, 증점 효과, 기포 형성과 갈변화 등에 관여하며 효소는 조리된 식품의 특성에 영향을 미친다.

단백질은 지나치게 높은 온도에서 장시간 조리 시 품질이 저하되기 때문에 단백질의 구조와 특성을 고려하여 조리해야 한다.

1. 아미노산

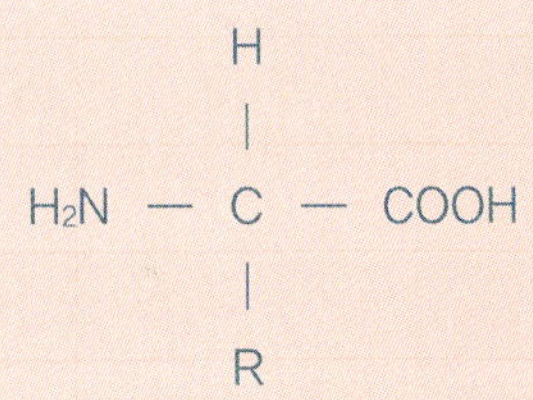

아미노산의 일반구조

약 20종의 아미노산이 단백질의 구성단위로 아미노산은 아미노기(H_2N-)와 카르복실기(−COO)를 가지고 있다. 아미노산의 기본구조는 옆과 같으며, 곁가지인 R기가 아미노산과 단백질의 특성을 부여한다.

최소한 8가지, 어린이의 경우 9가지의 아미노산이 인체 조직의 성장과 유지에 영양적으로 필수적이며 식이로부터 적당량 섭취해야 한다. 이러한 필수아미노산에는 이소루신, 루신, 리신, 메티오닌, 페닐알라닌, 트레오닌, 트립토판, 발린, 히스티딘이 있다(표 3-9). 히스티딘은 유아에게 필수아미노산으로 알려져 있으며 그 외의 불필수아미노산은 체내에서 합성된다.

【표 3-9】 아미노산의 종류

필수아미노산	불필수아미노산
이소루신, 루신, 리신, 메티오닌, 페닐알라닌, 트레오닌, 트립토판, 발린, 히스티딘(유아에게만 필수아미노산)	아르기닌, 글리신, 세린, 글루탐산, 티로신, 시스테인, 아스파르트산, 아스파라긴, 프롤린, 글루타민, 알라닌

2. 단백질의 구조

단백질은 구성단위인 아미노산 수백, 수천 개가 펩티드 결합(peptide bond)에 의해 연결된 것으로 이 결합에 의해 연결된 구조가 단백질의 1차 구조이다.

단백질의 2차 구조는 긴 펩타이드 사슬이 부분적으로 나선형이나 병풍 구조를 형성하며 이들이 수소결합에 의해 안정되어 있다. 펩타이드 사슬이 서로 겹쳐서 공간배열을 가지게 되면 이를 3차 구조라 하여 몇 개의 구상 단백질이 공간배열을 하여 하나의 단백질로 작용하는 경우가 있는데 이러한 공간 배열을 4차 구조라 한다. 이러한 복잡한 단백질의 구조는 살아 있는 세포나 음식의 조리 시에 중요한 역할을 한다(그림 3-12).

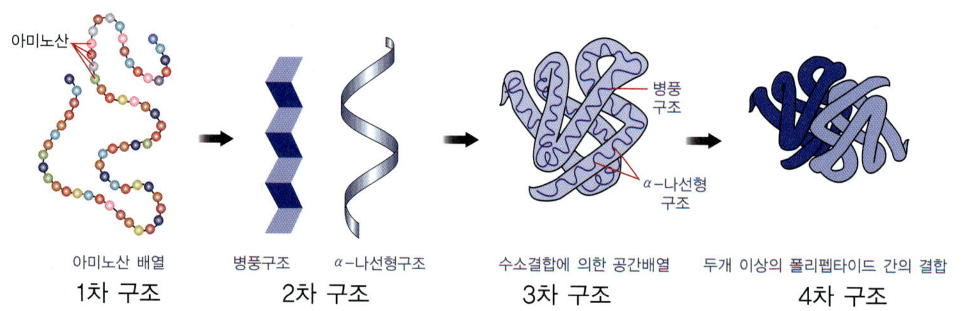

【그림 3-12】 단백질의 입체 구조

3. 단백질의 품질

단백질에서 필수아미노산의 균형은 단백질의 생물가(biological value)를 결정한다(표 3-10). 높은 생물가를 가진 단백질은 동물의 정상적인 성장에 필요한 충분한 양의 필수아미노산을 포함하고 있어 완전 단백질이라 한다. 성장을 위해 요구되는 아미노산의 양은 조직의 유지를 위해 요구되는 양보다 많다. 생물가가 높은 단백질 급원은 우유, 치즈, 달걀, 고기, 가금류와 해산물 등으로 주로 동물성 단백질이다. 식물성 단백질은 하나 또는 그 이상의 필수아미노산이 부족한 부분적 완전 단백질이다. 식물성 단백질 급원 중 비교적 양질의 단백질 함량이 높은 것은 대두이며, 생물가가 낮은 서로 다른 단백질 음식을 섞어 먹으면 서로 부족한 필수아미노산을 보충해주어 생물가를 높일 수 있다. 곡류나 콩류는 소량의 우유, 치즈, 달걀, 고기 등의 동물성 식품과 함께 섭취하면 곡류와 콩류에 부족한 아미노산을 보충할 수 있다. 또한 곡류와 콩류는 서로 단백질의 질을 향상시키는 보충 효과를 가진다. 예를 들어, 땅콩잼 샌드위치를 먹는 것이 땅콩잼과 빵을 각각 먹었을 때보다 단백질의 질이 우수하다. 콜라겐은 동물성 단백질이지만 필수아미노산의 양이 적어 생물가가 매우 낮은 불완전 단백질에 속한다.

【표 3-10】 각 식품의 단백질의 생물가

식품	생물가	식품	생물가
콩	96	생선	76
달걀	94	쇠고기	74
우유	90	통밀	64
치즈	84	옥수수	60
쌀	83	밀가루	41

4. 단백질의 급원

단백질은 많은 식품에 다양한 정도로 존재한다. 육류, 생선, 가금류, 달걀, 치즈, 견과류와 건조 콩 등은 비교적 고단백질(20~30%) 식품에 포함된다. 곡류는 많은 양의 단백질을 가지고 있지는 않으나 주식으로 많은 양을 섭취하기 때문에 단백질의 주요 급원 식품이 된다.

5. 단백질의 특성

(1) 완충작용

아미노산의 아미노기는 염기로 작용하고 카르복실기는 산으로 작용하는데, 아미노산과 단백질에는 이 두 작용기가 모두 존재하기 때문에 산이나 염기로 모두 작용할 수 있는 양성물질이다. 따라서 단백질은 제한된 범위에서 산이나 염기와 결합하여 산도가 변하는 것을 막아주는 역할을 하는데 이를 완충작용이라 한다. 이러한 특성은 식품 가공 시 제조식품의 최종 품질에 영향을 준다.

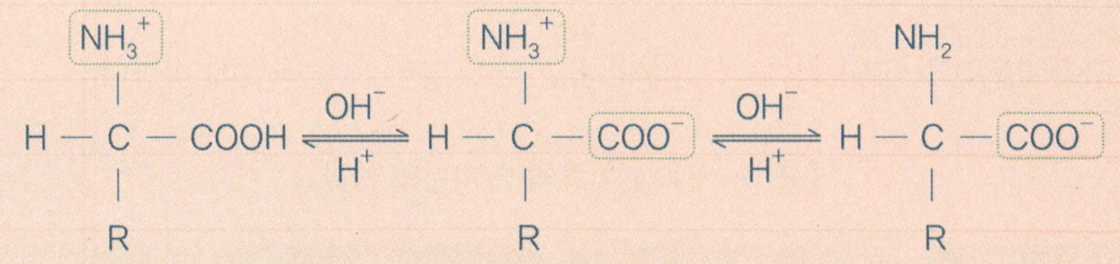

(2) 변성과 응고성

단백질은 거대 복합 분자로 여러 가지 조리과정을 거치면서 구조가 변하게 된다. 단백질의 1차구조인 펩타이드 결합은 유지되나 3차 입체구조가 펼쳐지면서 조리과정 중 변성이 일어나며 변성된 분자 간에 새로운 결합이 형성되면서 응집이 일어난다. 단백질의 변성과정은 그림 3-13와 같다.

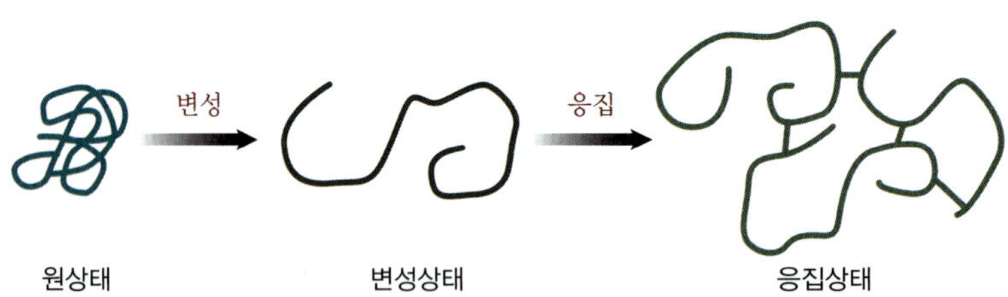

▶ 단백질의 변성은 단백질 분자가 먼저 펼쳐지고 다시 변성된 분자 간에 응집을 형성한다.

【그림 3-13】 단백질의 변성

단백질은 변성되면서 특성이 변하여 용해도가 감소하며 효소의 경우에는 효소활성을 상실한다. 단백질의 변성 정도는 다양하여 변성이 계속 유지되면서 단백질에 부가적인 변화가 있거나 펴진 부분 간에 새로운 결합이 형성되어 서로 간에 연결된 망상 구조를 형성할 수도 있다. 응고는 단백질 변성의 최종 단계로 변성된 단백질 간에 결합이 이루어져 겔이나 고체를 형성하는 것을 말한다. 가열 시 난백의 응고는 이 과정의 대표적인 예이다. 산도의 변화, 무기염의 농도 변화와 냉동도 단백질의 변성을 일으킨다.

(3) 효소

효소는 특별한 작용을 하는 단백질 분자로서 생체 내에서 여러 가지 화학 반응의 촉매로 작용한다. 식물과 동물에 존재하는 효소는 도살이나 수확 후에도 계속 작용하여, 식품의 전처리와 조리과정에 영향을 미친다. 효소의 활성은 온도, pH, 기질의 양, 효소의 양에 따라 다르다. 일반적으로 효소의 반응 속도는 효소가 변성하는 온도에 도달할 때까지 온도가 증가함에 따라 증가하며 최적 온도에서 효소의 활성은 최대를 나타낸다. 예를 들어, 파파인의 활성을 위한 최적 온도는 60~70℃이다. 파파인을 연육제로 사용할 때, 조리과정 동안 이 온도에 도달할 때까지는 고기 단백질의 가수분해가 시작되지 않으며 70℃ 이상에서 효소활성을 잃게 된다. 또한 각 효소는 최적 pH가 있는데, 범위가 매우 좁아 이 범위 밖에서는 효소 활성이 나타나지 않는다. 효소 반응의 속도는 일정 농도까지는 기질의 농도가 증가함에 따라 증가하나 그 이후에는 일정하게 유지되며, 효소의 농도가 증가하면 반응속도가 증가하게 된다. 식품에서 효소 활성은 식품 처리 조건을 달리하여 부분적으로 조절할 수 있다.

6. 조리에서 단백질의 역할

식품의 조리에서 단백질은 중요한 역할을 한다. 달걀, 우유 및 유제품, 고기, 콩류와 곡류 등에 단백질이 함유되어 있는데 각 식품에 들어 있는 단백질의 특성이 다르기 때문에 조리과정에 따라 단백질의 역할이 달라지게 된다.

젤라틴과 달걀 단백질은 안정한 기포를 형성할 수 있어 단백질을 계속 저어주면 단백질이 변성되면서 단단한 세포벽을 가진 공기를 포함한 안정한 기포를 형성하게 된다. 젤라틴 기포는 마시멜로, 시폰파이 충전물 등에 조직감을 부여하며 엔젤, 스펀지와 시폰케이크, 머랭 등은 달걀의 기포성을 이용한 식품으로 부피가 크고 가벼운 제품을 만들 수 있다. 커스터드푸딩에서 달걀 단백질은 열에 의해 변성되고 응집하여 3차원적 망상구조를 형성하여 식품에 견고성을 부여한다. 치즈는 우유 단백질이 산이나 효소에 의해 변성된 후, 침전하여 응고물을 형성한다. 밀가루에 물을 넣고 반죽하는 동안 형성되는 글루텐 단백질은 빵의 부피와 질감에 영향을 주는 삼차원적 망상구조를 형성한다.

05

용액과 분산

일반적으로 음식은 다양한 물질의 혼합물로 분산계를 형성한다. 분산상은 분산매에 흩어져 있어 설탕이나 소금이 물에 녹아 설탕이나 소금용액이 된다. 교질용액은 분산상이나 분산매로 고체, 액체나 기체가 혼합되어 있는 형태로 식품에서 중요한 교질용액의 형태는 표 3-11과 같다.

분산된 입자의 크기에 따라, 매우 작은 분자나 입자가 액체에 분산되어 있는 것을 진용액이라 한다. 중간 크기의 입자지만 아직은 작은 입자가 분산되어 있는 용액은 교질용액을 형성하며, 비교적 큰 입자는 현탁액을 형성한다(표 3-12). 진용액에서 분산상을 용질이라 하고 분산매를 용매라 하는데, 식품에서 물은 가장 일반적으로 이용되는 분산매이다.

【표 3-11】 식품 중 콜로이드 분산액의 종류

교질용액의 형태	분산상	연속상	식품의 예
유화(emulsion)	액체	액체	샐러드 드레싱, 마요네즈, 우유
졸(sol)	고체	액체	호화 전분액, 생난백이 우유에 분산됨
겔(gel)	액체	고체	두부, 묵, 젤리
거품(foam)	기체	액체	난백기포, 사이다, 맥주거품
고체폼(solid foam)	기체	고체	빵, 과자

【표 3-12】 입자 크기에 따른 용액의 분류

용액의 종류	입자크기	식품의 예
진용액 (true solution)	직경이 1nm 이하	· 입자의 크기가 가장 작고 안정한 상태 · 이온성 용액: 소금물 · 분자성 용액: 설탕물, 과일주스, 과일, 채소
교질용액 (colloidal dispersions)	1nm~0.2mm	· 단백질 용액으로 우유나 젤라틴 용액 · 졸, 겔, 유화액, 폼 · 펙틴 잼, 파이나 푸딩
현탁액 (coarse suspension)	직경이 0.2mm 이상	· 고분자가 덩어리를 이루어 분산된 상태로 중력에 의해 가라앉는 매우 불안정한 용액 · 전분현탁액, 프렌치 드레싱

1. 진용액

진용액은 식품에서 가장 일반적으로 볼 수 있는 현상으로 과일, 과일주스와 채소에 함유되어 있는 수분에 설탕이 녹아 있는 상태이다. 실제로 모든 식품이 설탕이나 소금과 물을 포함하는 용액을 형성하고 있다. 진용액에서 용질은 항상 작은 분자나 이온으로 존재하는데 이러한 작은 입자는 계속적으로 진동하면서 움직이고 있어 용매 전체에 균일하게 분산되어 있다. 진용액은 매우 안정하여 물이 증발하거나 용매가 농축되어 결정화하기 전까지는 용액의 상태가 변하지 않는다. 또한 용질이 매우 고르게 분산되어 있어 대부분의 막이나 여과기를 통과하며, 현미경으로 볼 수 없고 일반적으로 겔을 형성하지 못한다.

2. 교질용액

교질 상태는 진용액과 현탁액의 중간 단계로 교질용액의 입자는 진용액의 입자보다 커서 분산매에서 빠르게 움직이지 못한다. 따라서 교질용액은 진용액처럼 균질하고 안정하지는 못하지만 조리과정과 저장 같은 일반적인 조건에서는 분산되어 존재한다.

많은 교질용액의 독특한 특성은 겔 형성 능력이다. 액체에서 교질용액은 '졸(sol)'을 형성하며 온도, 산, 용질의 농도 등이 적절한 조건에서 '겔(gel)'을 형성한다. 겔을 형성하는 동안 비교적 커다란 교질 입자가 헐겁게 결합하여 연속적인 망상구조를 형성하며 그 내부에 분산매를 가두게 된다. 식품에서 겔은 달걀과 젤라틴 같은 단백질 겔, 펙틴 잼이나 젤리, 전분이나 파이 같은 탄수화물 겔이 있다.

3. 현탁액

현탁액은 일반적으로 매우 불안정하며, 분산 입자가 매우 큰 분자로 중력에 의해 가라앉아 분산매와 분리된다. 입자가 일반적인 현미경으로 볼 수 있을 만큼 충분히 크다. 식품에서 현탁액의 가장 대표적인 경우는 유화제를 첨가하지 않은 프렌치 드레싱이다. 혼합물을 흔들어 섞을 때는 기름이 식초에 분산되지만 방치하면 곧 분리된다. 옥수수 전분과 찬물을 섞으면 전분 입자가 물에 잘 분산되지만 방치하면 바로 용기 바닥에 전분 입자가 가라앉게 된다.

*** 한 번 더 알아보기**

1. 물의 구조에 대하여 설명하시오.
2. 식품에 존재하는 물의 종류와 특성에 대하여 설명하시오.
3. 탄수화물을 분류하시오.
4. 지방산의 종류와 구조에 대해 설명하시오.
5. 단백질의 완충작용에 대하여 설명하시오.

CHAPTER 04

전분과 곡류

학습목표

1. 전분 입자의 구조를 이해할 수 있다.
2. 전분의 호화 및 노화 현상을 이해할 수 있다.
3. 곡류의 구조와 조성을 이해할 수 있다.
4. 곡류의 조리원리를 이해할 수 있다.

CHAPTER 04

전분과 곡류

세계 인구의 반 이상이 주식으로 하고 있는 곡류의 주성분은 전분이다. 전분은 식물이 발아할 때 가수분해되면서 포도당을 생성하여 식물의 싹이 자라는 데 영양분으로 이용된다. 곡류는 생산이 용이하고 저렴하면서 영양적 가치가 높으며 식품산업에서 안정제, 조직형성제, 증점제, 점착제 등 다양한 용도로 이용되고 있다. 이 장에서는 전분의 구조와 특성을 이해하고 곡류의 조리원리에 대하여 알아본다.

01 전분

1. 전분의 구조

(1) 전분 분자

전분은 수천 개의 포도당이 연결되어 있는 다당류로 전분 분자는 아밀로오스와 아밀로펙틴 두 형태의 분자로 구성되어 있으며, 아밀로오스와 아밀로펙틴의 구조는 그림 4-1, 특성은 표 4-1과 같다.

【표 4-1】 아밀로오스와 아밀로펙틴의 특성 비교

특성	아밀로오스	아밀로펙틴
결합방식	α-1,4결합	α-1,4 결합(94~96%) α-1,6 결합(4~6%)
구조	직쇄상 구조	분지상 구조
중합도	500~2,000	20,000~100,000
평균분자량	100,000~400,000	4,000,000~20,000,000
요오드반응	청색	자주색
가열 시	불투명, 풀처럼 엉킴	투명해지면서 끈기가 생김
노화	쉬움	어려움

전분은 출처에 따라 아밀로오스 함량이 달라(표 4-2) 대부분의 전분은 17~30%의 아밀로오스를 함유하고 있으며 곡류보다 뿌리나 줄기 전분의 아밀로오스 함량이 더 적다.

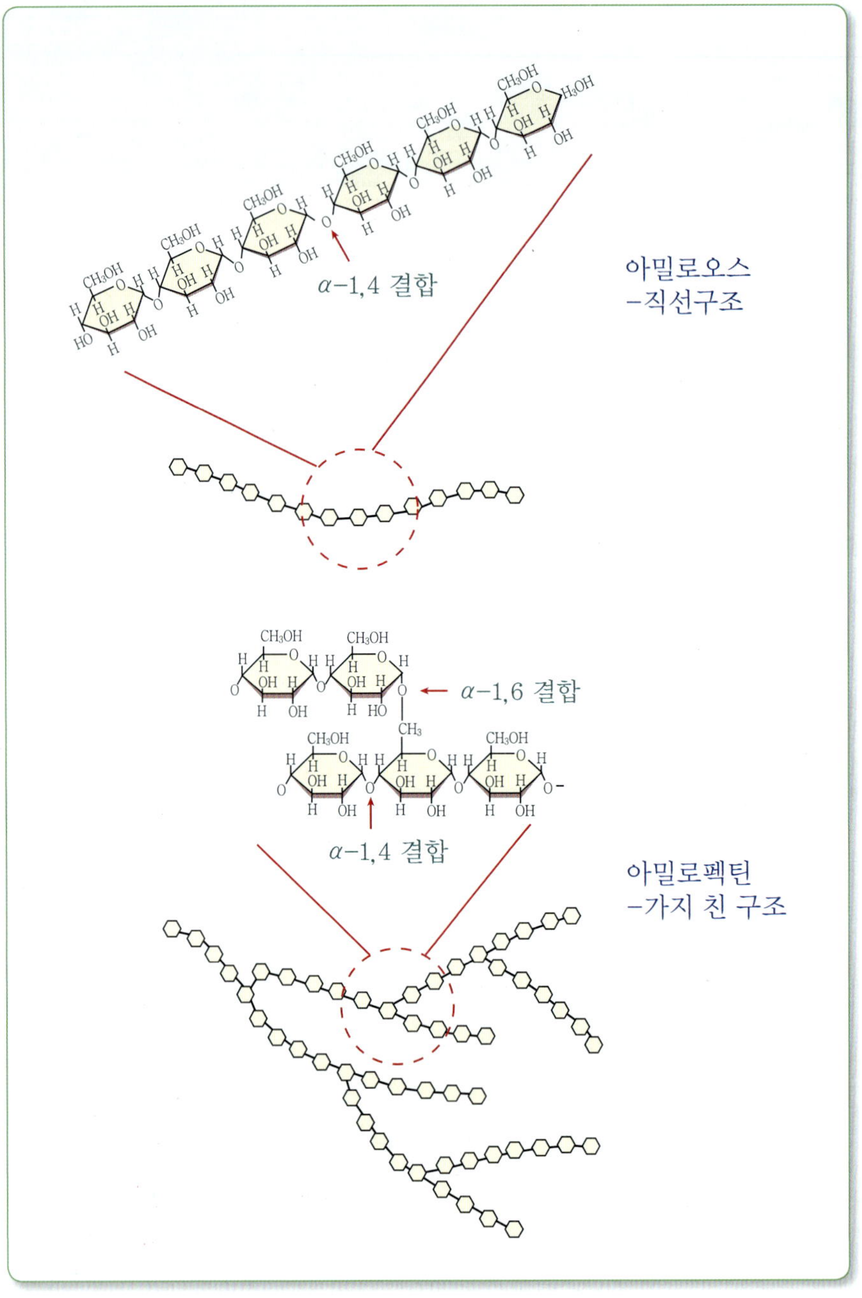

【그림 4-1】 **아밀로오스와 아밀로펙틴의 구조**

【표 4-2】 각종 식물의 아밀로오스 함량

전분의 형태		아밀로오스 함량(%)
뿌리 · 줄기	감자	20
	고구마	18
	타피오카	17
곡류	옥수수	28
	찰옥수수	<1
	고아밀로오스 옥수수	70
	밀	26
	쌀(인디카형)	22
	찹쌀	2

옥수수, 쌀, 귀리와 보리의 찰 품종은 아밀로오스가 없이 아밀로펙틴만으로 구성되어 있어 겔을 형성하지 못한다. 또한, 유전자 조작에 의해 고아밀로오스 전분이 생산되고 있는데, 고아밀로오스 옥수수 전분은 'amylomaize'라 부르며 약 70%의 아밀로오스를 함유하고 있다. 이 고아밀로오스 전분은 필름을 형성하며 서로 다른 성분을 점착시키는 독특한 특성을 지니고 있어, 식품산업에서 다양하게 이용되고 있다.

(2) 전분 입자

식물의 종자나 뿌리에서 전분 분자는 입자라고 하는 조직화된 단위 내에 저장되어 있다. 전분 분자는 입자 중앙의 hilum 주위로 결정 영역과 비결정 영역의 층을 형성하면서 쌓여 있어 결정과 같은 형태의 체계적인 구조를 갖는다(그림 4-2). 따라서 수용액에서 고도로 구조화된 전분 입자는 편광에서 복굴절현상을 나타내는데, 이 현상은 전분 용액을 가열하면 구조가 파괴되면서 사라진다.

전분의 출처에 따라 전분 입자의 크기와 모양이 다르며 이는 전분의 물리화학적 특성에 영향을 미친다. 전분 입자의 크기나 모양에 차이는 있으나 모든 전분 입자는 현미경으로 볼 수 있는 아주 작은 크기이다(그림 4-3).

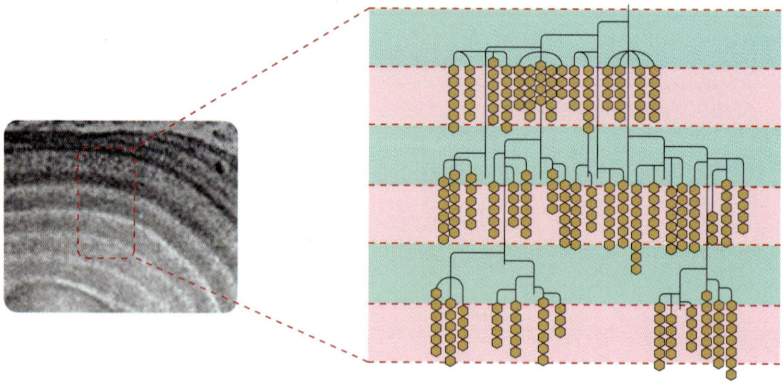

【그림 4-2】 전분 입자의 구조에 관한 도식

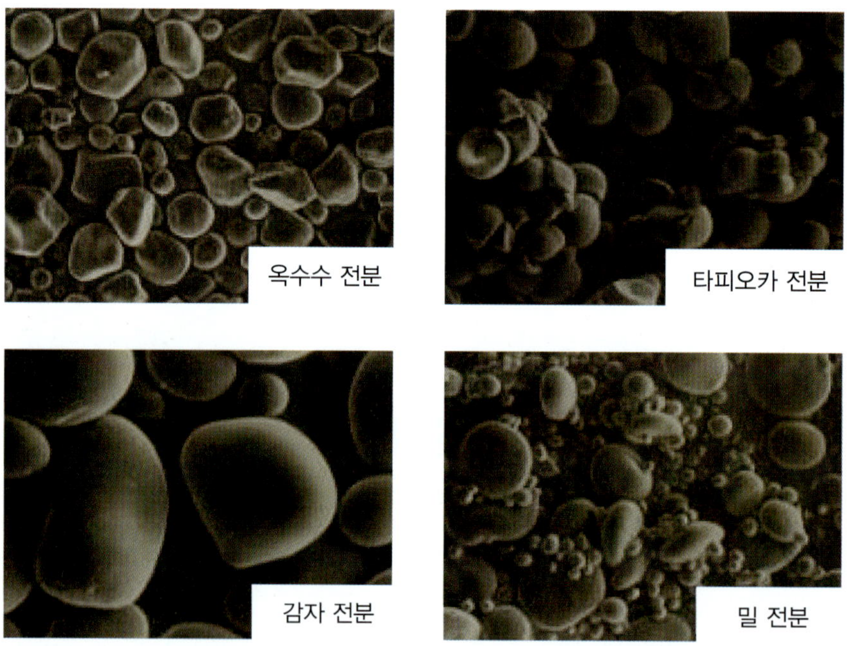

【그림 4-3】 전분 출처에 따른 전분 입자의 모양

(3) 변성전분

전분은 출처에 따라 아밀로오스와 아밀로펙틴의 비율과 조성이 달라 조리과정에서 매우 다른 물리적인 특성을 보여 식품 제조, 가공 시 이용에 한계가 있다. 따라서 식품 가공 산업에서는 생산과정에서 고온, 낮은 pH, 높은 전단(shear)이나 냉-해동을 거친 후에도 제품이 바람직한 향과 조직감을 가지도록 천연전분을 화학적으로 변성시킨 변성전분을 제조하여 사용하고 있다.

변성전분 제조 시 가장 많이 사용하는 방법은 가수분해, 가교결합, 치환법이다. 이러한 변성전분을 이용하면 부드럽고 매끈한 질감에서 아삭아삭한 질감에 이르기까지 식품에 바람직한 점도, 질감, 입안 촉감을 부여할 수 있다.

2. 전분의 가수분해

포도당은 전분 분자의 구성성분으로 전분이 가수분해되면 포도당이 생성된다. 전분의 중간 분해 산물을 덱스트린이라 하며, 계속 분해되면 10개 이하의 포도당이 연결된 소당류와 포도당 2개가 연결된 맥아당, 단당류인 포도당으로 분해된다. 전분의 분해는 아밀라아제에 의해 이루어지며 산은 가수분해의 촉매로 작용한다.

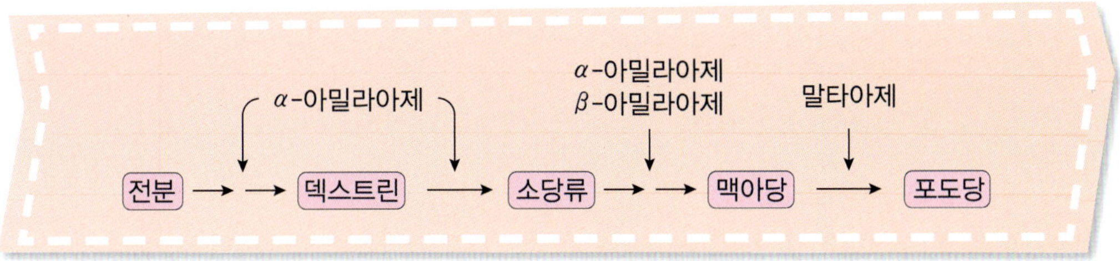

3. 전분의 가열

(1) 건열처리

전분을 건열처리하면 용해도가 증가하면서 점도가 떨어진다. 일부 전분은 호정화(dextrinization)를 거쳐 덱스트린으로 분해된다. 전분 식품을 건조한 상태로 고온에서 가열하면 색과 향이 변한다. 비효소적 갈변반응이 일어나 고소한 향이 나며, 계속 가열하면 탄 냄새가 난다. 브라운 그레이비는 버터를 넣지 않고 건조한 상태의 밀가루를 가열하여 갈색의 루를 만들며, 브라운 루의 땅콩 향도 갈변에 의해 생성된다. 열분해 덱스트린인 피로덱스트린은 오븐에서 빵 · 과자를 구울 때나 토스트를 만들 때 표면에 생성된다.

(2) 습열처리

전분 입자는 찬물에 녹지 않기 때문에 가만히 두면 전분 입자가 바닥으로 가라앉는다. 이 현탁액을 가열하면 콜로이드성 전분 용액인 전분 페이스트가 된다.

전분 용액을 가열하면 전분 입자가 수분을 흡수하여 팽창하며, 현탁액의 점도는 최고점도에 도달할 때까지 증가한다(그림 4-4). 또한 전분 용액은 가열을 계속하면 투명도가 계속 증가한다. 전분의 팽창은 일반적으로 88~92℃에 완전하게 이루어진다.

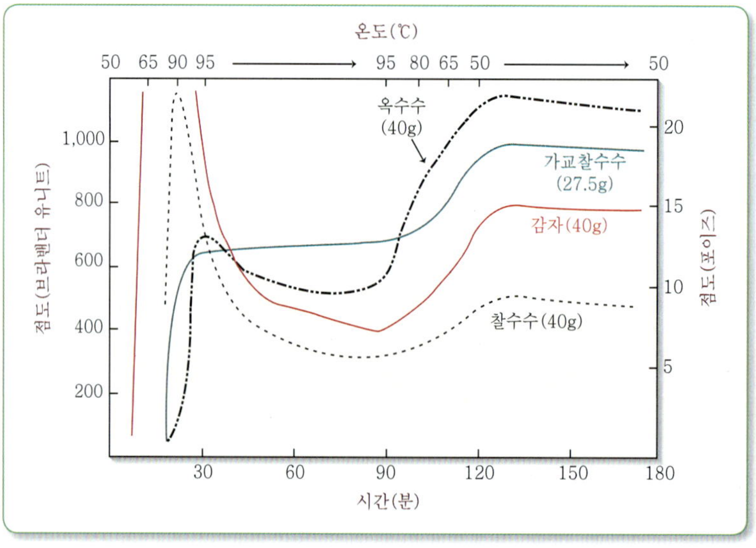

【그림 4-4】 전분 용액의 호화에 따른 점도 변화

전분에 물을 넣고 가열하면 전분 입자 내부의 수소결합이 끊어지면서 입자 내부로 수분이 침투하게 되고 일부 아밀로오스가 빠져나가면서 전분 입자가 팽창하여 분자 내 질서 있는 배열이 파괴되는 일련의 과정을 호화(gelatinization)라 한다. 전분의 호화 시에는 전분 입자의 팽창, 입자 내 작은 결정영역의 용융, 복굴절의 소실과 전분 분자의 가용화 같은 비가역적인 변화가 일어난다. 페이스팅은 호화와는 다른 의미로 전분 용액이 호화한 후에 계속 가열하면 입자가 더 팽창하고 입자 내 분자들이 주위의 용액으로 빠져나가면서 입자가 완전히 붕괴된 상태이다(그림 4-5). 전분의 호화 특성은 가열온도와 시간, 젓는 정도, 산도와 첨가되는 성분에 의해 영향을 받는다(표 4-3).

【표 4-3】 전분의 호화와 관련된 요인

요인	호화에 미치는 영향
가열온도와 시간	· 쌀 전분은 68~78℃, 옥수수 전분은 62~70℃, 밀 전분은 60~70℃, 타피오카 전분은 52~64℃, 고구마 전분은 58~66℃에서 호화 · 빠르게 가열한 전분 용액은 느리게 가열한 경우보다 점도가 높음 · 전분의 농도가 높으면 더 많은 전분 입자가 호화의 초기단계에서 팽창하기 때문에 낮은 온도에서 보다 높은 점도를 가짐
교반	· 균질한 점조도의 부드러운 전분 식품을 만들기 위해서는 전분 용액을 조리하는 초기단계 동안 저어주는 것이 바람직함 · 너무 강하게 오랫동안 계속 저으면 전분 입자의 파괴가 가속화되어 점도가 감소하고 미끈거리며 풀 같은 촉감을 주기 때문에 젓기는 최소로 하는 것이 바람직함
산도	· 산도가 높으면 전분 입자가 쪼개지고 일부 전분 분자는 가수분해되어 전분 용액의 점증력이 감소함 · 과일 파이 속과 샐러드 드레싱 같이 과일주스나 식초가 들어 있는 전분 식품은 산도가 매우 높아(pH 4 이하) 묽어짐
그 외 성분의 첨가	· 당은 전분의 호화온도 상승, 당의 첨가량이 많아지면 전분 입자의 팽창을 늦추고 부분적으로 전분과 물에 대하여 경쟁을 하여 전분용액의 점도를 낮춤 · 이당류인 서당은 단당류인 포도당과 과당보다 전분 입자의 팽창을 더 늦추는 효과 · 지방과 단백질은 전분 입자를 둘러싸서 수화를 늦추어 점도의 증가 속도가 감소함

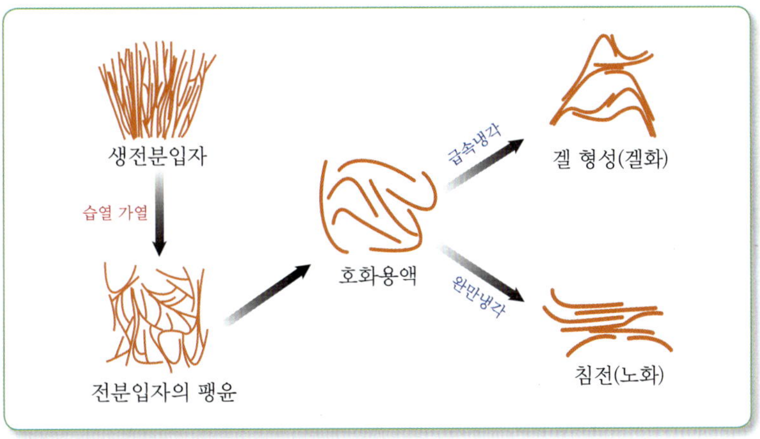

【그림 4-5】 전분의 가열과 냉각에 따른 변화

4. 겔 형성과 노화

(1) 전분의 노화과정

호화 전분 용액을 젓지 않고 냉각하면 겔 형성이 먼저 이루어지고 이어서 노화(retrogradation)가 일어난다(그림 4-5).

대부분의 전분 분자는 전분 입자가 팽창하는 호화과정 동안 부서지게 된다. 호화 동안 직선구조의 아밀로오스 분자가 전분 입자로부터 일부 빠져나와 새로운 결합에 의해 서로 연결되면서 매우 질서 정연한 영역을 형성하게 된다. 아밀로오스 분자의 결합은 조리 직후부터 이루어지며 가지 구조의 아밀로펙틴은 팽창된 전분 입자 내에 남아 냉각 동안 새로운 결합이 형성되지만 매우 느리게 형성된다. 또한 헝클어진 아밀로펙틴 가지 간의 결합은 매우 약하여 실제적으로 전분 페이스트의 견고성에 크게 영향을 미치지 못한다. 그러나 긴 사슬 아밀로오스 분자 간의 결합은 비교적 강하며 매우 빠르게 형성된다. 이러한 결합이 3차원적 구조를 만들어 아밀로오스가 망상구조를 만들고 그 안에 물을 가두어 겔을 형성하므로 견고성이 증가한다.

겔화(gelation)는 전분 용액이 호화된 후 냉각되면서 점진적으로 이루어지는 과정이다. 찰전분은 아밀로오스를 함유하고 있지 않아 겔을 형성하지 못하며, 아밀로오스 함량이 높은 옥수수 전분은 아밀로오스 함량이 낮은 타피오카 전분보다 단단한 겔을 형성한다.

겔 형성이 완료된 후 계속 방치해 두면 노화과정이 진행되면서 직선상의 아밀로오스 분자 사이 결합이 형성된다. 아밀로오스 분자가 더 가까이 연결되어 더 촘촘하게 결합되면 겔 망상구조가 수축되고 물이 겔 밖으로 빠져나오게 되는데 이러한 현상을 이장현상이라 한다. 겔이 시간이 지나면서 분자 간 회합이 증가하여 생전분과는 다른 새로운 형태의 결정영역을 형성하여 노화가 된다. 겔 형성과 노화 과정은 그림 4-5와 같은 과정으로 이루어진다.

(2) 전분의 노화와 관련된 요인

전분의 노화와 관련된 요인은 다음과 같다(표 4-4).

【표 4-4】 전분의 노화와 관련된 요인

요인	노화에 미치는 영향
전분의 출처	· 곡류 전분이 뿌리 전분이나 찰전분보다 노화가 잘 일어남
아밀로오스 함량	· 아밀로오스 함량이 높을수록 노화가 잘 일어남 · 아밀로펙틴의 양이 많아지면 노화가 일어나기 어려움
수분 함량	· 30~60% 수분 함량에서 잘 일어나고 60% 이상이나 30% 이하에서는 잘 일어나지 않음 · 식품의 수분 함량을 10~15% 이하로 건조시키면 노화가 억제됨
냉장 및 냉동	· 냉동시키면 전분 분자들의 자유로운 이동이 어려워 노화가 억제됨 · 빵이나 밥은 냉동 보관하면 노화가 억제됨 · 냉장 보관하면 노화가 빠르게 일어남
첨가제	· 탈수제 역할을 하는 당의 첨가나 노화를 일으키는 아밀로오스와 결합하는 유화제를 첨가하면 노화가 억제됨

02 곡류

1. 곡류의 구조와 조성

곡류는 외부가 겨로 싸여 있고, 배아, 전분질의 배유로 구성되어 있다(그림 4-6). 곡류 제품은 곡물의 이용 부위에 따라 조성이 달라진다(표 4-5).

A: 겨는 곡물 낟알의 여러 층으로 이루어진 얇은 외피로 구성되어 낟알의 보호막 역할
B: 배유는 싹이 날 때 영양분으로 이용되는 영양분 저장고
C: 배아

【그림 4-6】 각종 곡류의 구조

【표 4-5】 곡류의 부위별 특성

부위	특성	
겨	왕겨	· 자라는 동안 낟알을 싸고 있음 · 곡식 수확 후 제거
	겨	· 낟알을 싸고 있는 바깥층 · 낟알의 약 5% 차지 · 섬유소와 무기질 함량이 높음
	호분층	· 겨층 바로 아래층 · 단백질, 인, 티아민의 함량이 높고 일부 지방 포함 · 낟알의 약 8% 차지
배유	· 낟알의 커다란 중심부로 약 83% 차지 · 낟알 대부분의 전분과 단백질이 배유에 존재 · 무기질이나 섬유소는 거의 없으며, 아주 소량의 지방을 포함 · 비타민 함량은 매우 낮음	
배아	· 낟알 아랫부분에 존재 · 싹이 나서 새로운 식물이 자라는 부분으로 낟알의 2~3% 차지 · 지방, 단백질, 회분, 비타민 함량이 높음	

2. 곡류 영양가와 영양소의 강화

곡류는 식품구성자전거에서 가장 넓은 면적을 차지하는 식품군으로 일일 섭취량이 많아 인체에 필요한 에너지의 상당 부분과 단백질의 반 정도를 제공해준다. 현대 식생활에서 식이 지방 섭취 감소와 복합다당류 섭취를 강조하고 있기 때문에 곡류는 가장 적절한 먹을거리이다. 곡류는 소화성 다당류인 전분과 난소화성 다당류인 섬유소의 좋은 급원이며 지방의 함량이 낮고 다양한 비타민과 무기질을 함유하고 있다(표 4-6).

곡류 단백질은 일반적으로 생물가가 낮으나 곡류와 두류를 함께 섭취하면 서로의 식품에 부족한 필수아미노산을 보충해주어 곡류 단백질의 영양적 가치가 크게 좋아진다. 곡류에 부족한 필수아미노산인 리신은 대두를 포함한 두류 식품을 섭취하여 보충할 수 있고, 두류에 부족한 필수아미노산인 메티오닌을 곡류 식품으로 보충할 수 있다.

【표 4-6】 각종 곡류의 영양성분 비교

종류	탄수화물	단백질	지방	회분	특징
쌀	75~80%	6.5~7%	1.5~2.5%	0.5~1.2%	· 도정률이 클수록 섬유소, 비타민, 지방의 함량이 감소
맥류	70~80%	8.5~14%	1.0~3.0%	0.2~3.0%	· 비타민 B군의 함량이 높음 · 섬유소와 인이 많음
잡곡	65~70%	10~14%	2~5%	2~2.5%	· 배아 부분이 커서 약 30~40% 지방질 함유 · 조는 칼슘과 섬유소의 함량이 높음 · 잡곡은 비타민 B군이 다량 함유

곡류 가공식품의 영양적 가치는 낟알의 사용 부위와 가공방법에 따라 달라진다. 정제 과정 동안 곡류에 함유되어 있던 비타민과 무기질이 손실되기 때문에 정제 곡류와 가루는 주로 전분과 단백질을 주로 함유하고 있다. 따라서 전곡을 사용하는 것이 영양적으로 좋다. 곡류의 외피에는 피틴산이 함유되어 있어 칼슘, 마그네슘, 철 등과 같은 무기질과 결합하여 불용성 염을 형성하며 체내흡수를 방해하여 결핍증을 초래할 수도 있다. 피틴산은 발아, 38℃에서 2시간 정도 장시간 조리 또는 제빵과정의 발효나 굽는 과정에서 불활성화할 수 있다.

강화 밀가루는 규정에 따라 비타민 B군인 티아민, 리보플라빈, 니아신과 철이 강화된다. 칼슘과 비타민 D는 선택적으로 강화할 수 있는 영양소이다(표 4-7).

【표 4-7】 곡류의 영양소 강화 기준

영양소	쌀	국수류	밀가루
티아민(mg)	2.0~4.0	4.0~5.0	2.0~2.5
리보플라빈(mg)	1.2~2.4	1.7~2.2	1.2~1.5
니아신(mg)	16.0~32.0	27.0~34.0	16.0~20.0
철(mg)	13.0~26.0	13.0~16.5	13.0~16.5
칼슘(mg)		50.1~635.0	
비타민 D(I.U.)		250~1,000	

3. 곡류의 종류

(1) 쌀

1) 쌀의 구조와 특성

쌀은 아시아에 살고 있는 많은 사람들의 주식이 되고 있다. 한국에서는 육류, 가금류, 우유, 달걀, 과일과 채소 및 가공식품의 섭취가 증가하면서 쌀 소비량이 감소하고 있으나 서양에서는 오히려 매년 소비량이 늘고 있다. 벼 낟알의 비율은 현미 80%, 왕겨 20%로 되어 있다. 현미는 수확한 벼에서 왕겨를 벗긴 쌀이고, 바깥부터 과피, 종피, 호분층, 배유와 배아로 구성되어 있다(그림 4-7). 현미는 쌀겨의 맨 마지막 층만 벗긴 것으로 대부분의 배아가 남아 있어 비타민과 무기질이 풍부하다. 외부의 겨층과 배아를 제거하고 배유부를 얻는 작업을 도정이라 하며 현미를 100%로 보았을 때 겨층을 제거한 정도에 따라 정백미(92%), 배아미(93%), 7분도미(94%), 5분도미(96%), 주조미(70%)로 나눈다. 5분도미는 대부분의 배아가 남고 7분도미는 배아의 70%, 정백미는 배아와 겨층이 모두 제거된다. 호분층과 배아에는 단백질, 지방과 비타민이 많고, 배유에는 전분이 많다. 겨층을 많이 제거할수록 내부의 배유만을 얻기 때문에 도정률이 클수록 전분질인 배유 부분을 포함하는 백미가 되고 색이 더 희다.

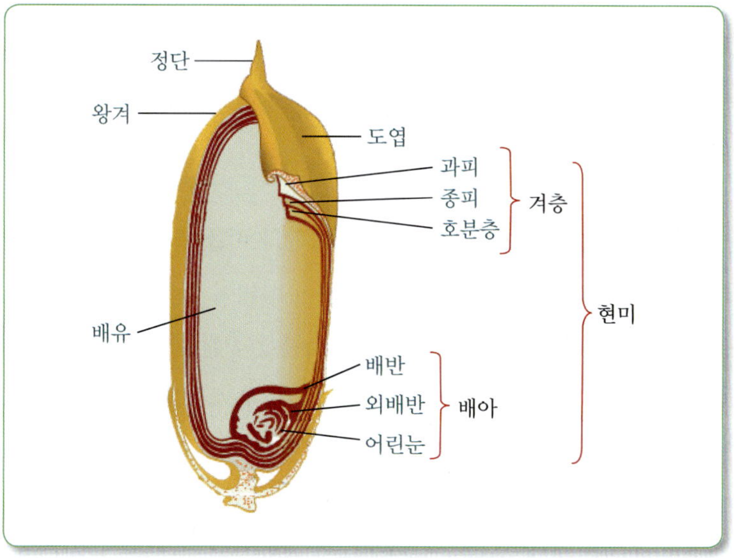

【그림 4-7】 쌀알의 단면도

쌀겨와 배아는 도정과정 중 제거되며 반 이상의 무기질과 대부분의 비타민이 제거된다. 따라서 백미의 영양소를 강화하기 위해 입자의 표면에 가루를 코팅하는 경우가 있는데 이때에는 쌀 씻은 물을 버리지 않고 조리해야 한다.

2) 쌀의 종류

쌀은 길이에 따라 장립종, 중립종과 단립종으로 분류되는데 한국인과 일본인이 선호하는 자포니카형은 대부분 단립종과 중립종이고, 인도와 중국 등의 동남아시아에서는 주로 장립종의 인디카형을 선호한다(그림 4-8). 장립종은 두 종에 비해 아밀로오스 함량이 높아 조리하면 밥알 간 점착성이 없어 푸석푸석하다. 중립종과 단립종은 아밀로오스 함량이 낮아 조리 시 수분흡수가 적고 밥알 간 점착성이 커서 차진 맛이 난다.

【그림 4-8】 쌀알의 모양에 따른 분류

쌀알의 탄수화물 중 약 75%가 전분이고 그 외에 덱스트린, 섬유소 등을 소량 함유하고 있다. 쌀에는 전분에 존재하는 아밀로오스와 아밀로펙틴의 비율이 다른 멥쌀과 찹쌀이 있다. 멥쌀은 약 80%의 아밀로펙틴과 20%의 아밀로오스로 구성되어 있으며 찹쌀은 아밀로오스가 거의 없고 대부분 아밀로펙틴만으로 구성되어 있다. 외관상 찹쌀은 배유 내 전분 함량이 낮아 건조하면 배유 내부에 미세한 간격이 생겨 유백색을 띠며 무르지만, 멥쌀은 반투명하고 단단하다. 찹쌀은 멥쌀보다 단백질 함량이 높고, 찹쌀의 지방은 유리지방산과 저급 불포화지방산이 많아 산패되기 쉬우므로 저온 보관하는 것이 좋다.

최근에는 환경과 건강에 대한 관심이 높아지면서 쌀의 기능성화와 브랜드화가 이루어지고 있다. 기존의 색과 향미가 다른 기능성 품종으로 유색미와 향미가 개발되어 시판되고 있다. 현미의 겨 부분에 안토시아닌이 검은콩보다 4배나 많이 함유되어 있어 항산화 기능이 높은 흑미는 건강식으로 각광을 받고 있다. 현재 유통되고 있는 기능성 쌀로는 버섯과 기능성 물질을 표면에 코팅한 쌀이나 배아미, 고식이섬유 쌀 등이 있다.

3) 쌀의 선택

쌀의 품질은 밥맛을 결정하는 데 중요한 요소이다. 농촌진흥청에서 제시한 좋은 쌀의 특징은 다음과 같다.

① 이물질이 없다.
② 쌀알에 광택이 흐르고 크기가 고르다.
③ 쌀알이 반투명하며 유백색의 반점이 없다.
④ 부서지거나 금이 없다.
⑤ 싸라기나 부스러진 쌀이 없다.
⑥ 도정일자가 표기되어 있어야 한다.

4) 쌀의 보관

쌀겨는 도정과정에서 제거되는데 쌀알에서 분리되면 겨에 존재하는 지방이 리파아제에 노출되어 빠르게 산패한다. 지방은 빠르게 분해되어 불쾌한 냄새가 난다. 쌀은 건조된 상태이기 때문에 주위로부터 수분을 흡수하면 부패가 용이하다. 햇빛에 노출된 쌀은 표면에 금이 가기 쉽고 성분이 노출되어 전분의 호화 특성에 영향을 줄 수 있다. 따라서 겨층을 건조 가열 방식으로 도정하여 효소를 불활성화시켜 안정화시킨다.

(2) 밀

밀은 소맥(小麥)이라 하며, 수천 종을 전 세계적으로 아주 오래전부터 재배해오고 있다. 밀은 일반적으로 제분하여 밀가루로 이용한다. 밀의 종류는 경질밀과 연질밀로 구분되는데 경질밀은 연질밀보다 단백질 함량이 높아 제빵 특성이 뛰어나기 때문에 빵의 부피 팽창이 잘되고 조직감이 우수하다. 밀가루는 반죽에 강도와 탄성을 부여하는 단백질을 함유하고 있어 제빵이 가능하나 다른 곡류는 이러한 단백질을 함유하고 있지 않아 제빵 특성을 가지지 못한다. 밀의 분류, 제분과 밀가루의 특성은 제5장에서 자세히 설명하고 있다.

(3) 보리

보리는 대맥(大麥)이라 하며 쌀, 밀, 옥수수 다음으로 많이 생산되는 곡류이다. 보리는 성숙된 후 껍질이 보리낟알에 단단히 밀착되어 잘 벗겨지지 않는 겉보리와 껍질이 잘 벗겨지는 쌀보리로 나눌 수 있다. 따라서 겉보리는 그대로 볶아서 보리차용으로 사용하거나 발아시켜서 맥아를 만들어 사용한다. 싹이 난 보리는 당화효소인 β-아밀라아제가 많이 함유되어 있어 식혜, 엿, 고추장 등을 만들 때 이용한다. 쌀보리는 외피에 섬유소가 많고 조직이 단단하여 조리시간이 길며 식미가 떨어진다. 정백한 보리라도 보리전분은 완전 호화하는 데 오랜 시간이 요구되므로 보리밥을 지을 때는 보리를 먼저 삶은 후 쌀과 함께 섞어서 밥을 짓는다.

보리는 단백질과 지방 함량이 같은 맥류인 밀과 비슷하지만 밀보다 전분 함량(75%)이 낮고 식이섬유 함량이 높아 식사 후 공복감을 빨리 느끼게 된다. 또한 리신, 메티오닌, 트립토판 등의 필수아미노산이 부족하여 쌀과 보리의 혼식은 단백질의 보충 면에서는 좋지 않다. 보리는 체내 콜레스테롤을 저하시키는 효능을 가진 수용성 식이섬유인 베타글루칸을 많이 함유하고 있다. 보릿가루는 점탄성이 약하여 반죽을 하였을 때 끈기가 적으므로 아침식사용 시리얼이나 유아용 식품 등을 만들 때 부재료로 사용된다.

β-글루칸(β-glucan)

β-포도당의 단순 고분자 점질성의 식이섬유로 귀리와 보리에 들어 있다. β-글루칸은 곡립의 배유와 호분층 세포벽을 구성하고 있는 물질이다. 간의 콜레스테롤 생합성을 저해하고 포화지방산의 배설을 촉진하여 동맥경화, 고혈압, 당뇨병 등의 성인병 예방에 효과적인 성분으로 알려져 있다.

(4) 호밀과 귀리

호밀은 재배역사가 밀보다 길지 않지만 추운 기후에서 적응력이 높아 북쪽지역의 사람들에게 주식으로 인정받기 시작하면서 북유럽에서는 밀가루 빵보다 호밀 빵을 더 많이 소비하고 있다. 호밀 낟알의 색은 어둡지만 독특한 감미로운 맛을 가지고 있어 빵과 시리얼 제품의 향미를 증진시킨다. 호밀은 색이 검을수록 단백질, 지방, 무기질, 식이섬유소의 양이 많고 탄수화물의 양이 적다. 호밀은 다른 곡류의 제한 아미노산인 리신이 많이 함유되어 있어 다른 곡류와 같이 섭취하면 단백질의 영양적인 면에서 도움이 된다. 또한, 밀을 제외한 곡류 중에서 유일하게 제빵이 가능한데 이는 수분 보유력이 뛰어난 다당류인 펜토산을 함유하고 있어 물과 혼합하면 끈적끈적한 반죽을 형성할 수 있기 때문이다. 그러나 글루텐에 비해 점성이 적고 기체 보유력이 약해 밀가루로 만든 빵에 비해 조직감이 거칠고 부피가 적은 흑빵이 된다. 따라서 호밀을 밀가루와 적절히 혼합하면 부드럽고 부피감이 있는 빵을 만들 수 있다.

미국에서 귀리는 납작귀리를 우유와 섞어 죽처럼 끓이는 오트밀을 아침식사용으로 먹는 것 이외에는 소비량이 그리 많지 않으며, 우리나라에서도 식량으로 재배되는 경우는 거의 없다. 귀리의 성분도 다른 곡류와 유사하나 전분이 비교적 적고 식이섬유소와 지방이 풍부하다. 귀리에 존재하는 구리 성분이 혈중 콜레스테롤을 저하시키는 효과가 알려지면서 귀리의 소비가 증가하여 밀가루 대신 일부 귀리로 대체한 빵과 쿠키류가 만들어지고 있다.

(5) 옥수수

옥수수의 품종은 매우 다양하며 주로 중앙아시아를 거쳐 미국으로 전래되어 현재에는 전 세계 생산량의 50%를 생산하고 있다. 옥수수의 주요 단백질인 제인(zein)은 불완전 단백질로 우유와 같은 양질의 단백질 식품과 함께 섭취하는 것이 좋다. 또한 옥수수에는 비타민 B군 중 니아신이 부족하여 장기간 옥수수만 섭취할 경우 펠라그라가 발생한다.

옥수수는 아침식사용 시리얼의 주요 성분이며 다양한 밀가루 믹스에도 이용되고 전통 멕시코 음식인 타코나 또띠아의 원료로서 전 세계적으로 많이 소비되고 있다. 옥수수 가루는 제빵 특성을 가지지 못하므로 밀가루의 일부를 옥수수 가루로 대체하여 빵을 만들기도 하지만 빵의 조직감이 푸석푸석하며 탄력성이 적은 단점이 있다.

옥수수유는 옥수수 낟알의 배아에서 추출하는 것으로 불포화지방산 함량이 높고 특히 필수지방산인 리놀레산을 많이 함유하고 있다. 옥수수시럽과 포도당은 옥수수 전분을 가수분해하여 만든다.

4. 곡류의 조리원리

곡류는 소화율의 증가, 맛의 증진, 외관 개선을 위하여 조리를 한다. 곡류 조리에서 가장 중요한 성분은 전분으로 전분의 호화에 필요한 수분과 가열온도가 중요한 요인이 된다.

곡류의 종류, 저장 정도, 가열용기, 가열방법, 불의 세기, 조리 양과 낟알의 상태에 따라 수분의 요구량이 달라지는데, 같은 종류의 곡류라도 수확 후 시간이 오래 경과하면 수분이 건조되므로 보다 많은 물이 필요하며, 도정률이 높을수록 낟알에 수분이 빨리 흡수되므로 조리에 필요한 물의 양이 적다.

곡류 전분의 호화를 위해서는 곡류에 따라 약간의 차이는 있으나 끓기 시작하여 98~100℃의 온도에서 20~25분 유지하면 완전하게 호화한다. 가열온도가 100℃ 이하일 때는 호화를 위해 오랜 시간이 필요하며 물의 필요량도 증가한다. 수침, 예비조리, 효소나 인산나트륨으로 처리된 곡류는 전분의 호화가 빨리 이루어지게 하여 조리시간이 단축된다.

5. 곡류의 조리

(1) 쌀밥

밥을 맛있게 지으려면 좋은 쌀과 물이 필수지만 쌀을 씻는 과정부터 뜸 들이기 과정까지의 밥을 짓는 방법도 매우 중요하다. 밥을 짓는 순서는 아래와 같다.

1) 씻기

쌀에 붙어 있는 오염물질을 제거하기 위한 조작이다. 쌀을 씻는 과정에서는 수용성 성분의 용출로 무기질과 비타민 B군, 특히 비타민 B_1의 손실이 크기 때문에 물은 가볍게 휘저어 윗물을 따르는 방식으로 2~3회 반복한다.

2) 불리기

씻은 쌀을 약 30분~1시간 정도 충분히 불리면 물이 쌀 입자 속으로 고루 스며들어 가열 시 열전도가 용이하여 호화가 잘 이루어져 찰기와 탄력이 있는 밥이 된다. 쌀을 씻는 데 10%, 불리는 데 20~30%의 수분흡수가 일어나는데 온도에 따라 영향을 받아 여름에는 30분, 겨울에는 90분 정도가 적당하다.

3) 물의 양

쌀의 특성과 품종, 가열조건, 밥솥의 종류에 따라 첨가하는 물의 양은 다르지만, 밥을 짓는 동안의 손실률을 감안하여 물의 양은 쌀 무게의 1.5배, 쌀 부피의 1.2배가 적당하다. 쌀로 밥을 하였을 때 밥의 중량은 쌀 무게의 2.3~2.5배 정도가 된다.

4) 끓이기

불린 쌀을 끓이는 단계는 화력의 세기에 따라 온도상승기, 비등기와 뜸 들이기의 3단계로 나눌 수 있다. 온도상승기에는 쌀이 수분을 흡수하여 팽윤하고 60~65℃에서 쌀알 내부의 결정영역으로 수분이 빠르게 침투되면서 전분의 호화가 일어나는데, 이때 아밀로오스와 기타 성분이 조리수로 조금씩 빠져나온다. 강한 화력에서 10~15분간 끓이다가 쌀알이 계속 수분을 흡수하면서 끈기가 생기면 화력을 중간 정도로 줄여 5분 정도 유지한다.

5) 뜸 들이기

눋는 소리가 나면 불을 끈 상태에서 15분 정도 뜸 들이기를 한다.

6) 밥 섞기

밥이 다 지어지면 주걱으로 밥을 가볍게 위아래로 뒤집어 섞어둔다. 이렇게 해두면 밥알 사이에 남아 있던 수증기가 증발하면서, 밥알 사이의 공간이 유지되어 밥알끼리 달라붙거나 덩어리지지 않는다.

7) 보온

밥은 지은 후 부패균의 번식을 막기 위해 10℃ 이하나 65℃ 이상에서 보온하여야 한다. 전기

밥솥의 경우 밥의 보온온도가 65℃ 이상이지만 보온시간이 길어지면 갈변현상이 일어나고 이취가 나서 밥맛이 떨어진다.

(2) 찹쌀밥

찹쌀은 100% 아밀로펙틴으로 구성되어 있어 멥쌀보다 점성이 강하고 수분흡수력이 크다. 찹쌀밥은 찹쌀 중량의 1.6~1.9배로 찹쌀이 호화하는데 필요한 수분량은 멥쌀의 경우보다 적어 용적의 0.9배 정도이다. 따라서 찹쌀밥을 지을 때는 찹쌀의 균등한 수분흡수를 위해서 찌는 것이 좋다. 가열 전 불리기를 하고 찌는 과정에서 흡수되는 수증기로는 호화가 불충분하므로 찌는 동안에 1~2회 정도 물을 뿌려 보충해주며 찌는 시간은 30~40분이 적당하다.

(3) 현미밥

현미는 치밀한 겨층으로 둘러싸여 있어 물을 흡수하는 데 많은 시간이 걸린다. 따라서 상온에서 최고 흡수량에 도달하는 데에는 약 20시간이 소요되므로 수침시간을 오래하는 것이 좋다. 일반적으로 여름에는 2~3시간 이상, 겨울에는 4~5시간 이상 수침해야 한다. 현미는 압력솥을 이용하여 밥을 짓는 것이 좋다.

(4) 밥맛에 영향을 미치는 요인

쌀밥은 미각상으로는 거의 무미에 가까우나 쌀밥 특유의 맛이 있다. 밥맛은 쌀의 종류, 수분함량, 저장 정도, 물의 양, 조리기구의 크기, 불의 조절, 밥 짓는 시간 등에 의해 영향을 받는다(표 4-8).

【표 4-8】 밥맛에 영향을 미치는 요인

요인	밥맛을 좋게 하는 조건
쌀의 종류	· 인디카형: 장립종, 밥을 지으면 끈기가 없고 푸석푸석함 · 자포니카형: 중립 · 단립종, 밥을 지으면 찰기가 있고 윤기가 남
아밀로오스와 아밀로펙틴의 함량	· 아밀로펙틴의 함량이 높을수록 밥맛이 좋고 찰기가 있음
pH	· pH 7~8의 물은 밥맛이나 외관을 좋게 함
염	· 0.03% 정도의 소금 첨가 시 밥맛이 좋아짐
청미	· 적당량의 청미가 있으면 밥맛 좋음 · 청미는 수용성 물질 및 가용성 맛 물질인 덱스트린과 포도당에 기인함
수확시기	· 수확 직후의 쌀 · 묵은 쌀은 저장 중 지방의 산패로 나쁜 냄새가 형성될 수 있음
건조	· 적당한 건조
기타	· 기후, 품종, 조리기구 및 방법

*** 한 번 더 알아보기**

1. 전분의 구조에 대하여 설명하시오.
2. 전분의 호화 및 노화 특성에 미치는 요인들에는 어떠한 것이 있는가?
3. 곡류의 구조와 특성에 대하여 설명하시오.
4. 곡류의 조리원리에 대하여 설명하시오.

CHAPTER 05

밀가루와 반죽

학습목표

1. 밀가루의 성분과 특성을 이해할 수 있다.
2. 밀가루의 조리 특성을 이해하고 조리에 그 특성을 활용할 수 있다.

CHAPTER 05

밀가루와 반죽

밀가루 반죽은 머핀, 비스킷, 숙성빵, 페이스트리, 쿠키나 빵을 만드는 데 이용되는 모든 반죽을 말한다. 바람직한 최종 제품을 만들어 내기 위해서는 밀가루 혼합물의 정확한 계량과 측정, 제빵 기술, 오븐의 온도, 사용된 성분의 종류와 특성에 대한 지식 등이 제대로 갖춰져야 한다. 표준제품에 대한 기준은 사람에 따라 다르지만 생산되는 다양한 제과제빵 반죽에 첨가되는 성분 비율과 어떠한 반죽 기술을 사용하는지 배우는 것은 중요하다.

기본적인 반죽을 만드는 데 사용되는 주요성분은 밀가루, 물이나 우유, 지방, 달걀, 당, 팽창제와 소금이며, 향미 성분을 첨가하기도 한다.

이 장에서는 밀가루의 기본 성분과 반죽의 성분 및 혼합법에 대하여 알아본다.

밀가루와 반죽

1. 밀가루

(1) 밀의 구조

밀의 구조는 그림 5-1과 같다. 밀은 배유, 배아, 외피의 3부분으로 구성되어 있다. 배유는 단백질이 포함된 세포 사이에 많은 전분 입자가 끼어 있는 형태로 배유의 중심부로 갈수록 전분 함량이 많아진다.

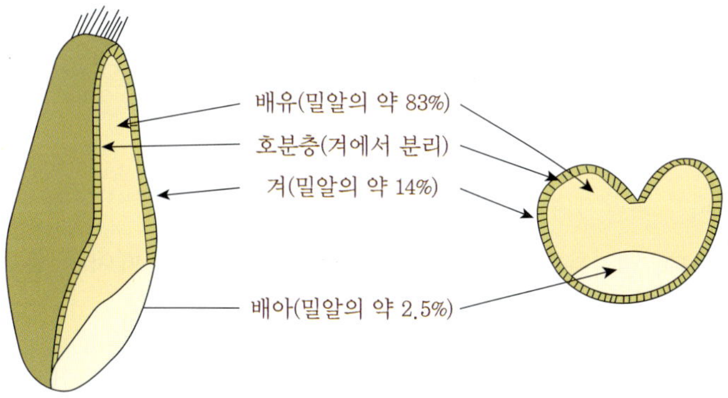

【그림 5-1】 밀알의 단면도

(2) 밀의 종류

밀은 파종시기, 낟알의 색과 경도에 따라 분류된다(표 5-1). 봄밀은 봄에 파종하여 가을에 수확하며, 겨울밀은 가을에 파종하여 그 다음해 여름에 수확하는데 겨울 동안 땅속에서 지내기 때문에 기후가 온화한 지역에서 자랄 수 있다. 밀알의 색이 붉은 것은 붉은 밀이며 다른 밀들은 흰색이다. 경질밀은 단단하고 낟알이 유리질인 반면, 연질밀은 분질 성상을 가지는데 이는 단백질 함량의 차이에 기인한 것으로 경질밀은 연질밀보다 단백질 함량이 높으며 제빵 특성이 우수하다. 봄밀에는 경질의 붉은 밀, 경질과 연질의 흰색 밀, 그리고 듀럼 밀이 있으며, 겨울밀은 경질, 연질이나 중간 특성의 밀이 있다. 경질 겨울밀은 단백질의 특성이 강해서 제빵용으로도 이용된다.

【표 5-1】 **밀가루의 종류와 특징**

분류	종류	특징
파종시기	봄밀	봄에 파종하여 가을에 수확함 추운 지방에서 재배 겨울밀에 비해 수확량 적음
	겨울밀	가을에 파종하여 그 다음해 여름에 수확함 온화한 지역 재배
낟알의 색	적색밀	종피의 색이 적황색 혹은 적갈색
	백색밀	종피의 색이 연한 황색
경도	경질밀	단백질 함량이 높으며 강력분 제조에 이용
	연질밀	단백질 함량이 낮고 박력분 제조에 이용

(3) 제분

밀의 입자는 외피가 딱딱하며 배유부가 부드럽고 부스러지기 쉬워 압착 · 마쇄에 의해 가루로 만들어 사용하는데, 밀가루의 제분은 겨층에서 배유와 배아를 떼어낸 후 고운 가루로 나누는 과정이다.

밀알의 부분을 나누지 않고 밀알 전체를 갈아 만든 것을 통밀가루라 한다. 배유는 낟알의 약 83%를 차지하지만 내부 겨층과 배아는 배유와 단단히 결합되어 있어 제분과정에서 완전한 분리가 일어나지 못하기 때문에 일반적으로 72~75%의 추출이 가능하다. 밀의 배유는 겨층에 가까울수록 단백질 함량이 높고 배유 중심으로 갈수록 전분함량이 높다. 따라서 제분과정 중 부위별 배유의 혼합비율에 따라 단백질 함량에 차이가 나며 제빵 특성에 영향을 준다. 일반적으로 겨와 배아가 포함되지 않은 72~75%의 배유를 함유한 밀가루가 제빵 특성이 우수하다.

(4) 탈색과 숙성

밀가루 제조의 마지막 단계로 갓 제분한 밀가루는 카로티노이드 색소를 함유하고 있어 누런 빛을 띤다. 시간이 지나면 이 색소가 완전히 산화되어 흰색을 띠게 된다.

또한 갓 제분한 밀가루로 빵을 만들면 잘 부풀지 않고 거친 조직감을 보이지만 숙성과정을 거치면서 이황화 결합이 증가하여 제빵 특성이 향상된다. 소량의 화학물질을 첨가하면 숙성기간을 단축하여 경제성을 높일 수 있는데 밀가루 품질개량제로는 과산화벤조일, 과황산암모늄, 염소, 이산화염소 등이 사용된다.

(5) 밀가루의 종류

1) 글루텐 함량에 따른 종류

밀가루는 글루텐 함량에 따라 강력분, 중력분, 박력분으로 나뉘고, 다목적용 밀가루는 대개 중력분으로 구성된다. 밀가루의 단백질과 전분 함량은 빵의 구조와 모양을 형성하는 데 중요한 역할을 한다(표 5-2, 5-3).

단백질 함량이 많은 밀은 단단한 경질밀로 가루를 만들기 어렵고, 반죽을 하여도 단단하고 탄성이 강하다. 반면에 단백질 함량이 낮은 밀은 부드러운 연질밀로 가루가 쉽게 나고 밀가루 반죽도 연하고 부드럽다. 따라서 목적에 따라 적합한 반죽 특성을 가지도록 단백질 함량을 조절한 밀가루를 만들어 사용한다.

【표 5-2】 밀가루의 단백질 함량에 따른 분류

종류	단백질(글루텐) 함유량	물을 흡수한 글루텐의 양	용도
강력분	13% 이상	35% 이상	빵(식빵), 마카로니
중력분	9~12%	25~35%	면류(소면, 칼국수)
박력분	8% 이하	25% 이하	과자, 케이크, 튀김옷

2) 용도와 목적에 따른 종류

용도 및 목적에 따라 밀가루는 통밀가루, 제빵용 밀가루, 다목적 밀가루, 파이용 밀가루, 케이크용 밀가루, 인스턴트 밀가루 등으로 나뉘며 각각의 특성은 표 5-4과 같다.

【표 5-3】 밀가루 종류에 따른 영양성분

종류	열량 (kcal)	수분 (%)	단백질 (g)	지방 (g)	회분 (g)	탄수화물 (g)	무기질 Ca (mg)	P (mg)	Fe (mg)	Na (mg)	K (mg)	비타민 A (R.E)	B_1 (mg)	B_2 (mg)	니아신 (mg)	C (mg)
통밀	372	9.2	13.2	1.5	1.5	74.6	24	290	5.2	20	780	10	0.52	0.23	2.6	0
강력분	366	13.0	13.8	1.0	0.4	71.1	13	119	0.8	(2)	86	0	0.10	0.05	0.6	0
중력분	367	13.3	10.4	1.1	0.4	74.8	12	101	1.4	(2)	103	0	0.20	0.05	1.0	0
박력분	369	12.8	8.7	0.8	0.2	77.5	17	81	1.4	(2)	145	0	0.13	0.04	0.7	0

–표시는 수치가 애매하거나 측정되지 않음.

출처: 농촌진흥청 국립농업과학원(식품성분표 제7차 개정), 2006

【표 5-4】 밀가루 용도 및 목적에 따른 분류

종류	특징
통밀가루	· Graham 밀가루라고도 함 · 밀알 전체를 포함하여 배아에 함유되어 있는 지방 때문에 저장 중 산화가 용이함 · 백색 밀가루보다 저장성이 떨어짐 · 섬유소 함량이 높음
제빵용	· 주로 경질밀로 만든 백색 밀가루는 상대적으로 단백질 함량이 높아 글루텐 형성이 잘됨 · 제빵용 밀가루는 만지면 입자감이 느껴지며 손으로 누르면 뭉쳐지지 않음 · 발효빵을 만드는 데 주로 이용됨 · 탄력성을 가진 거친 제품을 만들 수 있음
다목적	· 단백질 함량이 제빵용 밀가루보다 낮은 밀을 이용함 · 속성빵을 만드는 데 주로 사용됨 · 형성된 글루텐이 제빵용 밀가루보다 덜 강하고 탄력성이 적음
케이크	· 연질밀로 만들며, 제분과정에서 가장 고운 롤을 통과한 가루로 배유 부분만을 포함 · 단백질 함량이 다른 밀가루와 비교 시 매우 낮음 · 매우 곱게 제분되어 아주 부드럽고 매끄러운 느낌으로 손으로 누르면 뭉침 · 높은 전분함량과 글루텐 형성이 적게 이루어져 부드럽고 고운 조직감의 케이크 제조에 사용
인스턴트	· 다목적 밀가루에 수분을 첨가하고 다시 건조시켜 작은 입자가 뭉쳐 커다란 입자나 덩어리가 되게 만든 것임 · 입자의 크기가 균일하고 서로 붙지 않기 때문에 체 칠 필요가 없음 · 가루가 날리지 않으며 액체와 잘 섞임 · 소스나 그레이비를 농후하게 만들 때 이용함
그 외	· 세몰리나(semolina)는 단백질 함량이 높은 경질밀로 제빵에 이용할 수 없고 마카로니나 파스타의 제조에 이용함 · Bulgur wheat는 서양 음식점에서는 필라프를 조리하는 데 이용함

(6) 글루텐의 형성

밀가루 단백질의 약 85~90%가 글리아딘(gliadin)과 글루테닌(glutenin)으로 밀가루에 물을 혼합하여 반죽하면 글리아딘과 글루테닌이 수화되고 삼차원적 망상구조를 가지는 글루텐(gluten)이 형성된다(그림 5-2).

밀가루 반죽을 물에 씻어 얻은 글루텐을 구운 것으로 밀가루 종류에 따라 글루텐의 형성 정도가 다름. 왼쪽부터 케이크, 다목적용, 제빵용 밀가루 반죽에서 얻은 글루텐임.

【그림 5-2】 단백질 함량에 따른 글루텐 형성능력

글루텐은 밀가루 반죽의 부피를 크게 하고 반죽에 점성과 탄력성을 부여한다. 글리아딘과 글루테닌을 분리해 보면 글리아딘은 부드럽고 달라붙는 성질이 있어 반죽에 점성을 부여하며, 글루테닌은 잡아당겨도 잘 끊어지지 않아 반죽에 탄성을 부여한다(그림 5-3).

반죽하는 동안에 긴 사슬형태의 글루테닌이 반죽하는 방향으로 배열되며 글리아딘 분자가 글루테닌 사이로 끼어들어 삼차원적 망상구조의 글루텐을 형성한다. 물과 밀가루를 혼합하여 한 덩어리로 만든 후 젖은 행주에 싸서 30분간 두었다가 반죽하면 밀가루 사이사이에 물이 침투하여 수화가 됨으로써 부드럽고 글루텐 형성이 잘된, 점탄성이 있는 반죽이 된다(그림 5-4).

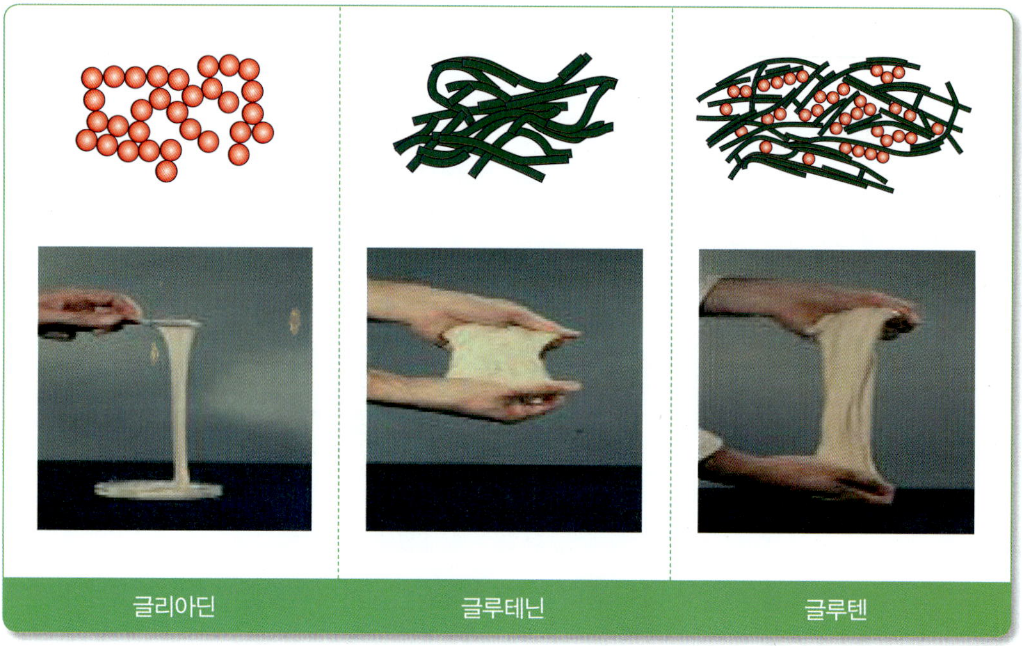

【그림 5-3】 **밀가루 단백질의 특성**

반죽 직후(왼쪽 아래) 글루텐 형성이 충분하지 않아 반죽이 거칠고 탄력성이 없는 상태(왼쪽 위), 시간이 경과됨에 따라 글루텐이 형성되어 반죽이 매끄럽고(오른쪽 아래), 탄력성이 생겨 반죽이 잘 늘어남(오른쪽 위).

【그림 5-4】 **반죽의 글루텐 형성 과정**

2. 팽창제

제빵과정에서 팽창제 역할을 하는 것은 공기, 수증기, 물, 이산화탄소이다. 반죽에 따라 한 가지 팽창제가 주된 팽창 역할을 하기도 하고, 또 다른 경우에는 한 가지 이상이 같이 작용하여 팽창시키기도 한다.

(1) 공기

밀가루를 체에 치거나 반죽을 접거나 펴는 과정, 밀가루 반죽에 달걀 거품 낸 것을 첨가하는 과정, 지방과 설탕의 크리밍 과정, 반죽을 젓거나 하는 과정에서 공기가 반죽에 혼입된다.

(2) 수증기

대부분의 밀가루 반죽에는 수분이 존재하는데 오븐에서 굽는 동안에 수증기가 되어 반죽을 어느 정도 팽창시킨다. 수증기가 주요 팽창제로 작용하는 경우는 팝오버나 크림 퍼프 등이 있다(그림 5-5). 액체 함량이 많은 반죽을 높은 온도에서 굽기 시작하여 수증기가 빠르게 형성되도록 한다. 물은 수증기가 되면 부피가 1,600배 증가하는 대단한 팽창력을 가지고 있다. 그러나 대부분 수증기만으로 팽창이 어렵기 때문에 다른 팽창제와 함께 이용한다.

【그림 5-5】 팝오버(popover)와 크림 퍼프(cream puff)

(3) 이산화탄소

1) 생물학적 팽창제

밀가루 반죽에 효모를 첨가하여 발효시키면 효모는 반죽 내의 당을 분해하여 이산화탄소와 에탄올을 생성하는데 에탄올은 제빵과정에서 가열 중 휘발하고 이산화탄소는 반죽을 팽창시키는 작용을 한다. 발효는 효모세포에서 생산되는 여러 효소의 작용에 의해 이루어지는데 발효를 촉진하기 위해 반죽에 당을 첨가하면 이산화탄소의 생성이 빠르게 이루어진다. 밀가루의 전분은 아밀라아제의 작용을 받아 맥아당이 생성되며, 맥아당은 효모에 존재하는 맥아당 분해효소의 작용으로 포도당이 되어 효모 발효에 이용된다. 반죽에 설탕을 첨가하면 발효가 빠르게 일어나지만 밀가루 중량의 10%를 초과하는 설탕을 사용하면 삼투현상이 일어나 탈수되기 때문에 발효가 지연된다.

$$\text{전분} \xrightarrow{\text{아밀라아제}} \text{덱스트린} \xrightarrow{\text{아밀라아제}} \text{맥아당} \xrightarrow{\text{말타아제}} \text{포도당}$$

$$\underset{\text{(포도당)}}{C_6H_{12}O_6} + \text{효모} \longrightarrow \underset{\text{(에틸알코올)}}{2C_2H_5OH} + \underset{\text{(이산화탄소)}}{2CO_2\uparrow}$$

2) 화학적 팽창제

① 베이킹소다

중탄산나트륨($NaHCO_3$, 베이킹소다)은 가열되면 아래와 같은 반응이 일어나면서 이산화탄소가 생성된다.

$$\underset{\text{중탄산나트륨}}{2NaHCO_3} \xrightarrow{\text{가열}} \underset{\text{탄산나트륨}}{Na_2CO_3} + CO_2\uparrow + H_2O$$

이 반응으로 생성된 탄산나트륨은 불쾌한 쓴맛을 내며 빵색을 누렇게 변화시킨다. 따라서 베이킹소다가 반죽에 고루 섞이지 못하면 갈색 반점이 생기기도 한다. 베이킹소다를 사용한 빵에서 쓴맛과 비누 같은 향을 없애기 위해, 베이킹소다를 다양한 산과 반응시켜 이산화탄소를 생성하기도 한다. 식품 중의 유기산으로는 오렌지주스와 같은 과일주스(구연산), 꿀(개미산), 버터밀크(젖산), 식초(초산) 등이 있다. 식품은 산을 함유하고 있어 이산화탄소가 발생하면서 부가적으로 생성된 물질이 산과 반응해 염을 형성하여 불쾌한 맛과 향을 내지 않게 된다.

② 베이킹파우더

베이킹파우더는 중탄산나트륨의 단점을 보완하기 위해 베이킹소다의 혼합물에 산염과 전분을 첨가하여 만든 팽창제로 이산화탄소의 발생 시기에 따라 단일 베이킹파우더와 이중반응 베이킹파우더가 있다(표 5–5).

【표 5–5】 베이킹파우더의 종류와 특성

베이킹파우더	작용	종류
단일반응 베이킹파우더	· 물이 닿으면 즉시 이산화탄소 생성	주석산염, 인산염, 황산염베이킹파우더
이중반응 베이킹파우더	· 물이 닿으면 상온에서 이산화탄소 생성 · 열을 가하여 굽는 과정에서 본격적으로 이산화탄소 생성	SAS–phosphate 베이킹파우더

이중반응 베이킹파우더는 반죽에 수분이 들어가면 이산화탄소가 발생하고, 빵을 굽는 과정에서 다시 한 번 이산화탄소가 발생하는 방식으로 2가지 산 물질의 반응시간이 각각 달라 제빵과정에서 다른 시기에 이산화탄소가 생성된다. 인산칼슘은 반죽에 물이 들어가자마자 상온에서 이산화탄소가 생성된다.

$$3CaH_4(PO_4)_2 + 8NaHCO_3 \rightarrow Ca_3(PO_4)_2 + 4Na_2HPO_4 + 8CO_2\uparrow + 8H_2O$$

인산칼슘 중탄산나트륨 → 인산칼슘(불용성), 인산나트륨(수용성)

따라서 반죽이 섞이는 과정에서 반죽 색이 밝아지고 다공성을 갖게 된다. 또 다른 산 물질인 sodium aluminum sulfate(SAS)는 소다와 반응하기 위해 열과 수분이 필요하기 때문에 굽는 과정에서 이산화탄소가 발생한다.

SAS가 이산화탄소를 발생하기 위해서는 두 단계의 반응을 거쳐야 한다. 먼저 수분과 반응하여 황산이 생성되고 생성된 황산은 빵을 굽는 과정에서 소다와 반응하여 아래 반응에서 보는 것과 같이 이산화탄소를 발생시킨다.

ⓐ $Na_2SO_4Al_2(SO_4)_3 + 6H_2O \rightarrow Na_2SO_4 + 2Al(OH)_3 + 3H_2SO_4$
SAS, 물, 황산나트륨, 수산화알루미늄, 황산

ⓑ $3H_2SO_4 + 6NaHCO_3 \rightarrow 6CO_2\uparrow + 6H_2O + 3Na_2SO_4$
황산, 중탄산나트륨, 이산화탄소, 물, 황산나트륨

모든 형태의 베이킹파우더는 최소한 12%의 이산화탄소를 발생시킬 수 있어야 하며, 일반적으로 가정용으로 제조된 것은 14%, 상업적으로 제조된 것은 17%의 이산화탄소를 발생시킬 수 있다.

베이킹파우더는 수분을 흡수하면 산을 형성하고 이로 인해 이산화탄소가 발생하기 때문에 수분이 들어가지 않도록 꼭 싸서 보관하여야 한다.

베이킹파우더의 사용량이 지나치면 반죽의 세포벽 팽창이 한계를 넘어서 파괴되고 꺼져버리며, 소량을 사용하면 빵의 팽창이 적게 일어나 치밀한 조직의 제품이 된다. 밀가루 한 컵에 대해 적정 베이킹파우더의 사용량은 1~1과 1/2작은술 정도이다.

③ 반죽에 베이킹파우더와 소다를 첨가하는 방법

베이킹파우더를 포함한 건조 형태의 화학적 팽창제는 일반적으로 밀가루에 혼합하여 체 친다. 건조 상태에서는 이산화탄소가 발생하지 않으며 반죽의 마지막 단계에서 우유, 물이나 달걀 같은 액체 성분이 섞인 후에야 이산화탄소가 발생하게 된다.

3. 반죽에 영향을 주는 다른 성분

(1) 지방

밀가루 반죽에서 지방은 글루텐 가닥을 짧게 하거나 연하게 하는 작용을 한다. 이러한 연화 작용은 글루텐 층 사이에 지방층을 형성하여 글루텐의 망상구조 형성을 막아주기 때문에 나타나는 것이다. 따라서 글루텐을 효과적으로 짧게 하려면 지방이 밀가루 입자를 둘러싸거나 넓게 퍼지는 능력이 있으면서 밀가루 입자의 벽에 점착하는 능력이 우수해야 하는데 이러한 특성을 지방의 쇼트닝 파워(shortening power)라 한다.

지방의 쇼트닝 파워는 반죽에서 지방의 함량과 분포 정도, 지방과 반죽의 온도, 유화제의 존재 유무, 지방의 가공 정도에 따라 다르다. 부드러운 쇼트케이크를 만드는 경우 반죽에 유화제를 넣어 지방을 유화시킨다. 유화제인 모노글리세라이드와 디글리세라이드는 지방을 유화시켜 작은 입자로 분산시킴으로써 아주 고운 조직감의 잘 부푼 케이크를 만들 수 있다.

돈지는 버터 및 마가린보다 쇼트닝 파워가 크다. 불포화지방산 함량이 높은 액체유는 밀가루 입자의 넓은 면적을 덮을 수 있기 때문에 돈지보다 더 부드러운 페이스트리를 만들 수 있으며 반죽 내 지방의 함량이 높으면 쇼트닝 파워가 커진다.

지방은 반죽에서 팽창제 역할도 한다. 가소성이 있는 지방은 반죽에서 공기방울을 가두는 역할을 하여 최종 제품의 조직감에 영향을 미친다. 지방과 설탕의 크리밍 과정과 지방이 함유된 반죽을 격렬하게 섞는 과정에서 공기가 반죽 내에 들어가게 된다.

(2) 액체

밀가루 반죽에는 다양한 액체를 이용하는데 반죽에서 액체는 전분과 글루텐을 수화시키고 당, 염분과 베이킹파우더 같은 성분을 녹이는 역할을 한다. 베이킹파우더는 밀가루에 액체를 넣고 섞었을 때만 이산화탄소를 발생시키며 반죽의 독특한 3차원적 구조도 단백질 입자가 수화되기 전까지는 형성되지 않는다.

(3) 달걀

달걀 단백질은 교반하면 응집하여 공기방울을 둘러싸는 단단한 구조를 만들기 때문에 반죽에 공기를 넣기 위에 이용된다. 특히 난백은 안정한 기포를 형성할 수 있다. 난백을 교반하면 어느 정도까지 세포벽이 얇아지면서 더 부드러운 기포가 형성된다. 거품 낸 난백은 기포 안에 공기를 많이 함유하도록 반죽에 조심스럽게 혼합하여야 한다.

난황은 반죽에 향기와 색을 부여하며 지단백질이 있어 유화제로서의 역할도 한다. 달걀 단백질은 가열 시 응고하기 때문에 빵 반죽에 첨가하면 빵 구조의 견고성을 증가시킨다.

(4) 당

설탕은 반죽에 단맛을 부여하기 위해 주로 사용되며 빵과 과자 표면의 갈변화에도 관여한다. 빵을 굽는 온도에서 빵의 표면이 건조되면서 당의 캐러멜화가 일어나 갈변된다. 또한, 빵 반죽이 발효될 때 효모의 먹이가 된다.

당은 반죽 내에서 글루텐의 수화에 필요한 수분을 끌어당겨 글루텐의 성장을 억제시킴으로써 빵을 부드럽게 만든다. 제빵 제품은 적절한 양의 당을 첨가하면 글루텐이 부드러워져 더 잘 팽창하기 때문에 잘 부푼 빵을 만들 수 있다.

스펀지케이크에는 많은 양의 달걀과 설탕이 들어간다. 첨가된 당은 달걀 단백질의 응고온도를 상승시키며 전분의 호화온도도 상승시킨다. 흑설탕은 빵에 독특한 향미를 부여하며 과립설탕보다 수분을 오래 보유한다. 발효빵을 만들 때 가끔 꿀, 당밀과 시럽을 이용하여 독특한 향미를 부여하며 효모 발효의 먹이로도 이용한다.

4. 반죽의 종류

밀가루 반죽은 밀가루에 대한 물의 비율에 따라 진한 정도가 다양하며, 이 진한 정도에 따라 배터와 도우로 분류된다(표 5-6).

【표 5-6】 반죽의 종류와 특징

분류	반죽의 상태	비율(밀가루: 물)	조리 예
배터 (batter)	흐르는 반죽	1 : 2/3~1	밀전병, 쇼트케이크, 튀김옷, 크레이프 등
	떨어지는 반죽	1 : 1/3~1/2	핫케이크, 쿠키, 머핀 등
도우 (dough)	부드러운 반죽	1 : 1/3	비스킷, 롤쿠키, 발효빵
	단단한 반죽	1 : 1/8	파이, 국수, 만두피, 파스타

(1) 배터

배터는 흐르는 반죽과 떨어지는 반죽으로 구분된다. 흐르는 반죽은 1컵의 밀가루에 2/3~1컵의 액체가 들어간 반죽이며, 떨어지는 반죽은 1컵의 밀가루에 1/3~1/2컵의 액체가 포함된 묽은 반죽이다. 배터는 밀가루 2에 액체 1의 비율로 섞자마자 글루텐 형성이 이루어진다. 밀전병이나 쇼트케이크 반죽이 흐르는 반죽의 예이다. 떨어지는 반죽은 숟가락으로 뜰 수 있을 정도로 단단하며 머핀, 다양한 속성빵과 쿠키류를 만들 때 사용하는 반죽이다(그림 5-6).

(2) 도우

도우는 평평한 판 위에 놓고 주무를 수 있을 정도의 진한 반죽이다. 부드러운 반죽은 1컵의 밀가루에 1/3컵 정도의 액체를 포함하며, 단단한 반죽은 1컵의 밀가루에 약 1/8컵 정도의 액체를 포함한다. 부드러운 반죽은 베이킹파우더 비스킷, 롤쿠키, 발효빵 등에 이용되며 단단한 반죽은 파이 껍질을 만들 때 이용한다(그림 5-6).

【그림 5-6】 배터와 도우의 반죽 모양

5. 반죽의 혼합방법

반죽을 할 때에는 성분의 균일한 혼합, 팽창제 손실의 최소화, 각 제품에 따른 특징적 조직감 부여, 적절한 글루텐 형성 등이 이루어져야 한다. 많은 반죽법이 있으나 여기서는 세 가지 방법을 소개한다.

(1) 머핀 반죽

가루 성분을 체에 쳐서 잘 섞어주고 달걀 푼 것, 기름, 액체를 혼합하여 가루 재료와 섞어주는 방법으로 밀가루가 젖을 정도로만 조심스럽게 섞어주어 글루텐 형성이 이루어지지 않게 하는 반죽법이다.

팝오버나 와플과 같은 얇은 반죽에서는 덩어리가 생기지 않게 하기 위해 액체 성분을 서서히 섞는다. 반면 머핀이나 두꺼운 와플 반죽은 액체성분을 한꺼번에 가루 성분과 혼합한다.

(2) 페이스트리 반죽

가루 성분은 혼합하여 모두 체에 친 후 지방을 넣어 지방이 일정한 입자 형태로 될 때까지 페이스트리 블렌더와 같은 것으로 잘게 자른다. 이 반죽은 비스킷과 같이 켜가 생기는 속성빵을 만드는 데 많이 이용한다.

(3) 보통 반죽

지방과 설탕을 섞어 크리밍한 후 거품 낸 달걀을 섞고 가루와 액체를 혼합한다. 이 방법은 쿠키와 다양한 속성빵을 만드는 데 이용한다.

* 한 번 더 알아보기

1. 글루텐 함량에 따른 밀가루의 종류를 분류하고 용도를 설명하시오.
2. 글루텐의 결합을 형성하는 두가지 단백질은 무엇이며 글루텐 형성과정은 어떠한지 설명하시오..
3. 당의 첨가는 밀가루 반죽에 어떠한 영향을 미치는지 설명하시오.

CHAPTER
06

유지류

학습목표

1. 유지의 종류를 이해할 수 있다.
2. 유지의 조리성질을 이해할 수 있다.
3. 유지의 산패를 이해하고 산패에 영향을 주는 요인을 알 수 있다.

CHAPTER 06

유지류

유지는 일반적으로 상온에서 액체 상태인 기름(oil)과 고체나 반고체 상태인 지방(fat)을 말한다. 또한 식품에 존재하는 지방에는 눈에 보이는 지방과 눈에 보이지 않는 지방이 있다. 눈에 보이는 지방은 쇼트닝, 돈지, 샐러드 드레싱이나 식용유, 마가린, 버터 등으로 케이크, 쿠키, 튀김에 이용된다. 눈에 보이지 않는 지방은 식품에 존재하는 지방이 눈에 보이지는 않으나 많은 양 존재하는 것으로 육류, 가금류, 생선, 유가공식품, 달걀, 견과류의 지방이 여기에 포함된다.

유지는 음식에 향미를 제공하며 입 안에서의 촉촉한 느낌을 부여하여 음식에 대한 선호도를 증가시키고 먹는 즐거움을 제공하는 등 조리와 영양면에서 매우 중요한 역할을 한다. 이 장에서는 유지의 종류와 특성 및 조리법에 대하여 알아본다.

유지류

1. 유지의 분류 및 특성

상온에서 액체 상태인 기름과 고체 상태인 지방은 구성 지방산에 따라 이화학적 특성이 달라진다. 식물성 기름에는 올레산과 리놀레산의 함량이 비교적 많고, 동물성 지방은 올레산, 팔미트산, 스테아르산의 함량이 비교적 많다. 지방은 농축된 에너지원으로서 9kcal/g으로 같은 양의 탄수화물과 단백질보다 두 배 이상의 열량을 낸다.

【표 6-1】 식물성 기름의 종류와 특징

종류	주요지방산	특징	조리용도
대두유 (콩기름)	올레산 리놀레산	· 전세계 생산량 및 소비량 최대 · 변향을 일으켜 품질이 나빠지기도 함	튀김유, 샐러드유, 부침유, 마가린과 쇼트닝의 원료
옥수수	올레산 리놀레산	· 옥수수의 배아를 분리하여 정제한 기름 · 산화와 가열에 대한 안전성이 우수함	튀김, 샐러드원료, 마가린과 쇼트닝의 원료
올리브유	올레산	· 발연점이 매우 낮음 · 냉장온도에서 걸쭉해지고 혼탁해짐	샐러드 드레싱, 빵의 스프레드, 가니쉬
면실유	리놀레산 팔미트산	· 목화씨에서 짜낸 기름으로 고시폴이라는 천연 항산화제를 포함하지만 독성이 있어 정제한 후 사용함	튀김, 부침, 샐러드 드레싱, 마가린과 쇼트닝의 원료
채종유 (유채유)	올레산 리놀레산	· 에루스산라는 독성물질이 있어 이 성분이 적게 함유된 카놀라유를 사용함	튀김, 부침
홍화유 (잇꽃유)	리놀레산	· 불포화도가 높아 산화 안정성이 낮음	튀김, 무침, 샐러드 드레싱
참기름	올레산 리놀레산	· 천연항산화제인 토코페롤과 세사몰을 함유함 · 발연점이 낮아 튀김용으로 부적당함	나물요리, 양념 등 조리용
들기름	리놀렌산	· 천연항산화제가 없어 산패가 빠름	나물요리, 김, 양념 등 조리용
팜유	라우르산	· 상온에서 고체로 존재함 · 카로틴을 함유하여 등황색을 나타냄 · 동물성 지방과 비슷한 가소성	마가린 제조용, 제과
포도씨유	리놀레산	· 발연점이 높아 고온에서 가열하는 요리에 적합함	나물요리, 샐러드 드레싱, 튀김, 부침

(1) 식물성 기름

식물의 배아와 종자에서 분리하여 탈검, 탈색, 탈산, 탈취, 동유처리 등의 과정을 거쳐 만든다. 참기름과 들기름, 올리브유는 각각 볶거나 그대로 압착한 후 사용하고 샐러드유는 낮은 온도에서 결정화가 일어나지 않도록 동유처리 과정을 거쳐 제조한다. 식물성 기름의 종류와 특성은 표 6-1과 같다.

동유처리(winterization)

샐러드유가 냉장온도에서 굳게 되면 식감이 감소하여 소스로서의 가치가 떨어지게 된다. 이러한 현상을 막기 위하여 지방을 급속히 저온 냉각시켜 융점이 높은 지방 결정들을 제거하는 과정을 동유처리라고 한다.

(2) 동물성 지방

동물성 지방은 포화지방산인 팔미트산, 스테아르산의 함량이 많다. 소, 돼지, 생선 등의 기름과 우유의 지방을 정제, 가공하여 제조한다. 동물성 지방의 종류와 특성은 표 6-2와 같다.

【표 6-2】 동물성 지방의 종류와 특징

종류	주요지방산	특징	조리용도
쇠기름 (우지)	올레산 팔미트산 스테아르산	· 소의 지방조직에서 얻을 수 있는 고체지방 · 융점이 높아 실온에서 고체로 존재	마가린과 쇼트닝의 원료
돼지기름 (돈지)	올레산 팔미트산 스테아르산	· 쇼트닝 파워가 커서 음식의 맛을 부드럽게 함 · 크리밍 특성이 약하여 제과용으로 사용 시 마가린, 버터 등의 다른 유지와 보완 사용해야 함 · 발연점이 낮아 튀김용으로 부적당	제과, 제빵
어유	DHA, EPA 올레산	· 다가불포화지방산 함량이 높아 실온에서 액체 · DHA, EPA 함량이 높음	마가린의 원료

(3) 가공유지

가공유지는 식용유지를 경화 또는 동유처리하여 제조한 유지이다. 크리밍성, 쇼트닝 파워 등이 높아 제과 · 제빵에서 중요한 역할을 한다. 가공유지의 종류와 특성은 표 6-3과 같다.

【표 6-3】 가공유지의 종류와 특징

가공유지	특징	조리용도
버터 (butter)	· 우유에서 유지방을 분리하여 크림을 형성시키고 크림으로 제조 · 가소성, 쇼트닝 파워, 크리밍성이 높음 · 부티르산 같은 저급 지방산이 많음 · 가염버터와 무염버터로 구분	제과, 제빵, 소스, 일반 요리용
마가린 (margarine)	· 버터 대용으로 개발되었으나 대두유, 면실유 등을 수소화하여 제조 · 식물성이면서도 경화를 하여 실온에서 고체 형태	버터 대용 요리
쇼트닝 (shortening)	· 돈지의 대용품으로 제조되었으나 최근에는 식물성 기름을 수소화하여 제조 · 무색, 무미, 무취 · 발연점, 쇼트닝성, 크리밍성, 가소성, 유화성이 큼	튀김용, 패스트리, 파이, 돈지 대용의 요리에 사용

2. 유지의 물리적 특성

(1) 용해도

지방은 소수성 물질로 물에 잘 녹지 않지만 클로로포름, 에테르, 석유 에테르나 벤젠 같은 유기 용매에 잘 녹는다.

(2) 융점

융점은 고체 지방이 액체기름으로 변하는 온도를 말하며, 구성 지방산의 탄소수, 불포화도, 이중결합의 위치 등에 따라 달라진다. 고체 지방은 포화지방산 함량이 많아 융점이 높아서 상온에서 고체이며 액체 기름은 불포화지방산의 함량이 많아 융점이 낮아져 상온에서 액체 상태이다(표 6-4).

【표 6-4】 각종 지방의 지방산 조성과 융점

지방의 종류	포화지방산			불포화지방산				융점(℃)
	팔미트산 (C_{16})	스테아르산 (C_{18})	총계	올레산 ($C_{18:1}$)	리놀레산 ($C_{18:2}$)	리놀렌산 ($C_{18:3}$)	총계	
동물성 유지								
버터	27	13	59	35	3		41	28~38
쇠기름	28	19	48	47	2		19	40~50
돼지기름	31	7	38	46	10	1	57	28~48
양기름	34	19	55	43	2		45	27~39
난황지방			21~31	24~51	16~50			44~55
식물성 유지								
콩기름	9	6	15	20	52	7	80	−7~−8
옥수수유	8	2	10	28	53	1	84	−18~1
올리브유	9	2	11	76	7		84	0~6
참기름	7~16	1~3	−	35~46	35~48			−3~−6
가공유지								
마가린	21	3	26	57	9		70	30~38
쇼트닝(동물성)	27	12	43	41	11	1	53	40~44
쇼트닝(식물성)	14	6	23	65	7		72	30~41

자연에 존재하는 불포화지방산의 이중결합은 시스 지방산이지만, 식물성 유지를 마가린이나 쇼트닝으로 만드는 과정에서 일부 트랜스 지방산이 형성된다. 시스형은 굽어진 모양으로 서로 겹치기가 어려워 시스형 지방산으로 구성된 중성지방의 융점은 낮지만 직선형의 트랜스 지방산이 조밀하게 겹친 중성지방은 서로 떨어지는 데 더 많은 에너지가 필요하여 융점이 높다.

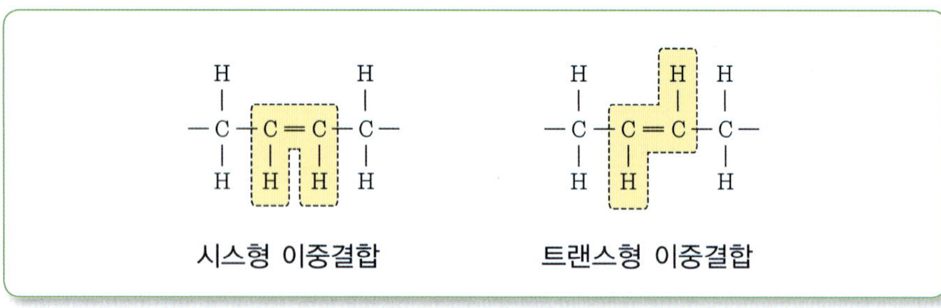

【그림 6-1】 시스와 트랜스형 이중결합

(3) 가소성

가소성(plasticity)이란 외부에서 힘을 받아 형태가 바뀐 후 그 힘을 없애도 원래의 상태로 돌아가지 않는 성질로 지방은 일정 온도 범위 내에서 가소성을 가진다. 지방이 가소성을 가지는 이유는 지방이 특정 온도에서 고체처럼 보이나 실제로 일부는 고체로 그리고 일부는 액체로 존재하기 때문이다. 버터나 마가린을 빵에 펴 바를 수 있는 것은 지방의 가소성 때문이며 가소성 온도 범위가 넓은 지방으로 마가린이나 치즈를 제조하는 것이 좋다. 대부분의 동물성 지방은 가소성 온도 범위가 좁아 펴 바르기 부적당하며 냉장고에서 바로 꺼냈을 때 펴 바르기 적당하면 가소성이 좋은 지방이다.

(4) 발연점

조리과정에서 지방이 일정 온도에 이르면 글리세롤과 지방산으로 분해되어 자극적인 냄새와 유지 표면에서 푸른 연기가 나면서 타기 시작하는데 이를 발연점이라 한다. 발연점은 식용유지 중의 유리지방산 함량이 많을수록, 또한 저급 지방산 함량이 많을수록 낮아진다. 또한 가열 횟수와 시간이 증가할수록, 이물질의 혼입이 많을수록 발연점이 낮아진다.

3. 유지의 산패와 조절

지방 함량이 높은 식품을 장기간 저장할 때 산소, 빛, 효소, 물, 미생물 등의 작용을 받아 색이 짙어지고 냄새가 나빠져 품질이 저하되는 현상을 산패라 한다. 특히 불포화지방산 함량이 많은 식물성 기름과 어유 등에서 쉽게 일어나는데 산패에는 가수분해와 산화에 의해 일어나는 두 가지 형태가 있다.

(1) 가수분해적 산패

가수분해는 물이 첨가되면서 화학 결합이 끊어지는 과정으로 중성지방이 가수분해되어 유리지방산과 글리세롤이 된다. 이 반응은 리파아제에 의해 가속화하는데 유리된 장쇄지방산은 단쇄지방산이 되거나 산화에 의해 다른 물질로 변하기 전까지는 유지에 나쁜 향이나 냄새를 내지는 않는다. 그러나 단쇄지방산인 부티르산이나 카프론산 등은 휘발성이 강하여 부패한 버터 냄새를 낸다.

(2) 산화적 산패

유지의 독특한 산패취는 일반적으로 산화적 산패에 의한 것이다. 산화적 산패는 일부 식품에 존재하는 리폭시게나아제 효소의 작용에 의한 것이다. 산화적 산패는 연속적으로 이루어지는 연쇄반응에 의한 결과로 중성지방의 불포화지방산 부분에서 우선적으로 산화적 변화가 일어난다. 유지의 화학적 산화는 지방산 사슬 내 이중결합 옆에 있는 탄소가 수소를 잃으면서 개시된다. 수소를 잃은 탄소는 반응성이 매우 큰 자유 라디칼이 된다. 이 라디칼은 주변에 있는 산소와 반응하여 반응성이 더 큰 과산화 라디칼이 된다. 연쇄반응이 진행되면서 과산화 라디칼은 다시 지방산으로부터 수소를 받아 과산화물이 되고 수소를 잃은 지방산은 다시 자유 라디칼이 되어 반응이 연속적으로 일어난다.

과산화물 자체는 산패취를 내지 않지만 이것이 더 분해되어 분자량이 작은 휘발성 물질이 되면서 특징적인 산패취를 내게 된다. 이러한 반응은 연쇄적으로 일어나기 때문에 일단 산패취가 생성되면 산패는 가속화한다. 산화적 산패는 대부분의 지방이나 지방 함유 식품에서 일어나며, 아주 소량의 지방을 포함하는 건조식품에서도 저장성을 낮추는 요인으로 작용한다. 지방의 산화적 산패는 온도, 수분, 공기, 빛, 금속물질, 불포화도, 항산화제의 존재 여부 등에 따라 달라진다.

(3) 변향

변향은 독특한 형태의 산화적 변패로 유지를 적외선, 가시광선이나 열에 노출시킬 경우에 발생한다. 소량의 산소 존재 시 철이나 구리 같은 금속이 촉매로 작용하여 반응이 이루어진다.

면실유나 옥수수기름은 이러한 변패에 강하나 대두유는 반응이 쉽게 일어나 대두유를 대량 사용하는 식품 제조과정에서는 커다란 문제가 되기도 한다.

유지 내 변향의 주요 원인 물질은 리놀렌산으로, 리놀렌산을 다량 함유한 콩기름은 정제과정에서 콩비린내를 제거하지만 저장과정 중 원래의 콩비린내가 다시 나타나게 된다. 따라서 리놀렌산을 많이 포함하고 있는 대두유에서는 변향을 방지하기 위해 리놀렌산 함량을 감소시키는 선택적 수소화 과정을 거치는 경우도 있다. 또한 식물 육종이나 유전자 조작에 의해 리놀렌산 함량이 낮은 유지를 개발하고 있다.

(4) 항산화제

유지는 저장조건을 조절하면 산패의 진행을 어느 정도 억제할 수 있다. 유지를 빛, 수분, 공기가 차단된 상태로 냉장저장하면 산패 방지에 도움이 된다. 식품을 튀긴 후에는 기름을 체로 걸러 찌꺼기를 없애고 불투명 용기에 넣어 보관하며 한 번 사용한 기름은 새 기름과 혼합하여 사용하지 않도록 한다.

유지를 안정화시키고 산화를 조절하기 위해 항산화제를 사용하기도 하는데 항산화 활성을 가지는 비타민 C와 베타카로틴 등은 천연식품에 존재한다. 비타민 E는 채종유의 산화적 산패를 억제하는 효과적인 천연항산화제이다. 항산화제는 산화 과정에서 산소를 가로채고 과산화 라디칼에 수소를 제공하여 자유 라디칼을 제거하면서 과산화 라디칼을 안정화시키는 역할을 한다. 즉, 항산화제는 지방산으로부터 수소가 빠져나가 연쇄반응을 새롭게 시작하게 하는 반응을 정지시키는 역할을 할 수 있기 때문에 지방과 지방 함유 식품의 유통기간을 연장시킬 수 있다. 식품산업에서 산패를 지연시키기 위해 유지와 유지 식품에 항산화제를 첨가하는 것은 매우 중요한 과정이다.

4. 유지의 조리원리

(1) 열전달 매체

지방은 열을 전달하는 좋은 매개체이며 볶기와 튀기기가 가장 대표적인 조리법으로 조리시간을 단축시킬 수 있을뿐만 아니라 음식에 독특한 향미를 더해준다.

볶기는 햄버거, 닭, 생선, 베이컨, 감자와 달걀 같은 식품의 조리에 많이 쓰이는 조리법이다.

튀기기는 뜨거운 기름에서 찬 식품으로 열이 직접 전달되는 조리법이다. 식품 표면의 수분이 수증기가 되면서 식품 표면의 에너지를 빼앗아 타지 않게 함으로써 수분이 증발하는 동안 식품의 온도는 100℃로 유지한다. 튀기는 동안 식품의 수분이 표면으로 이동하여 증발하게 되고 대신 기름이 흡수되어 튀긴 음식이 아삭아삭해진다. 찬 식품이 뜨거운 튀김기름에 들어가서 튀김기름의 온도가 떨어지면 튀긴 식품에 기름 흡수율이 높아져 튀김옷이 눅진해지고 아삭한 식감이 적어지게 되므로 식품을 튀기는 동안 튀김 온도를 일정하게 유지하는 것이 중요하다.

1) 가열된 유지의 변화와 식품과의 상호작용

유지를 지나치게 높은 온도로 가열하면 과열된 유지는 연기가 발생하게 되는데 유지 표면에서 계속적으로 연기가 나는 온도를 발연점이라 한다. 발연점에서는 글리세롤이 탈수되면서 아크롤레인이라는 물질이 생성되어 눈과 목을 자극한다(그림 6–2).

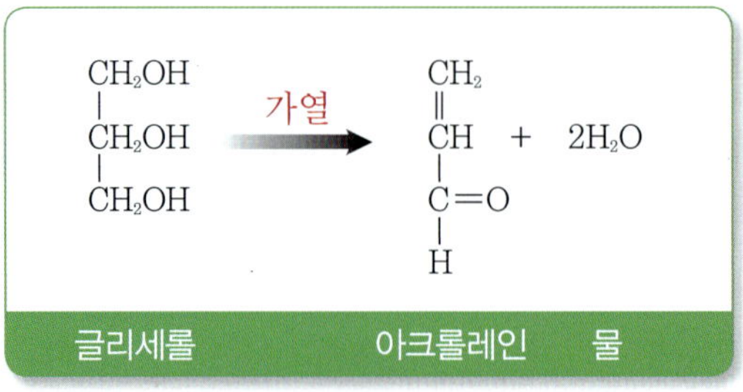

【그림 6–2】 아크롤레인의 생성

아크롤레인은 중성지방이 가수분해하여 생긴 글리세롤이 변한 물질로, 튀기는 과정 중 생성된 유리지방산은 튀김기름의 발연점을 낮춘다. 수분 함량이 높은 식품을 대량으로 튀길 때는 유리지방산의 생성 속도가 빨라지며 밀가루나 빵가루 같은 물질도 발연점을 낮추는 역할을 한다. 또한 공기에 노출되는 기름의 표면적이 증가하면 발연점이 빠르게 낮아진다.

사용한 튀김기름은 검게 변하여 튀긴 음식이 더 검게 되고 색깔이 고르지 못하다. 식품에 존재하는 물질이 튀김기름의 색 변화에 영향을 주는데, 감자는 튀김기름의 색 변화가 적으나 닭고기의 경우는 색 변화가 크다. 반죽 옷이나 반죽에 난황이 들어간 경우에는 튀김기름의 갈변화가 빠르게 일어난다(표 6–5).

【표 6-5】 튀김을 할 때 고려해야 할 점

튀김기름을 변화시키는 요인	튀김기름의 교체 원인
소금	기름 색 어두워짐
물	연기
과열조리	거품
음식조각	산패
산소	산패 유도

2) 유지의 교체

튀김기름은 튀기는 동안 식품에 흡수되어 기름양이 감소하기 때문에 주기적으로 신선한 기름을 보충해주어야 한다. 포테이토칩의 경우 24시간 동안 연속적으로 튀기는 동안 기름이 튀기는 음식에 흡수되기 때문에 100%의 기름을 보충해주어야 한다. 그러나 일반적으로 간헐적으로 튀기기 때문에 교체 기름양은 하루에 약 20~35% 정도이다.

3) 기름의 흡수

튀김의 맛, 소화 흡수의 용이성, 1일 지방 섭취량 등을 고려할 때, 튀긴 음식에는 기름이 최소로 흡수되는 것이 바람직하다.

*기름 흡수에 영향을 미치는 요인

① 튀기는 식품의 구성 성분과 특성
② 튀김기름의 조건, 계면 활성제의 사용 정도
③ 튀김온도
④ 기름의 표면 노출 정도
⑤ 가열시간

튀김기름의 온도는 간접적으로 기름의 흡수에 영향을 주어 낮은 온도에서 튀기는 경우 바람직한 갈색이 날 때까지 튀기는 시간이 길어져 기름 흡수가 증가하게 된다. 또한, 튀기는 식품의 표면적이 커지면 기름 흡수가 증가한다.

4) 튀김기름의 선택

튀김기름은 튀긴 음식의 맛과 질을 향상시킬 수 있어야 하므로 기름 자체의 향이나 냄새가 없으면서 산패에 안정한 채종유, 옥수수유와 대두유가 적당하다.

튀김기름을 선택할 때에는 색이 연하고, 거품이나 검 형성이 적은 것, 품질이 균일하며 장시간 사용하여도 안정하고, 사용이 편리하게 포장되어 있는 것을 선택한다.

(2) 유화

유화는 섞이지 않는 액체에 한 액체가 분산되어 있는 상태를 말한다. 이러한 상태를 안정화시키기 위해 제3의 물질인 유화제가 필요하다.

1) 유화성

우유, 크림, 달걀노른자 같은 많은 식품이 천연적으로 유화상태를 유지하고 있다. 이러한 식품에서는 지방이 작은 입자나 구로 쪼개져 식품의 수용성 부분에 분산되어 있다. 예를 들어 우유를 균질화하는 과정에서 지방구를 아주 작게 쪼개고 분산시켜 방치하면 지방구가 표면에 떠오르지 않는 유화액을 형성한다.

마요네즈, 샐러드 드레싱, 소스, 그레이비, 푸딩, 크림수프는 유화의 예로 지방이 분산되어 있으며, 분산매로는 물, 우유, 희석산, 레몬이나 과일주스 같은 것이 이용된다. 땅콩버터, 마가린, 소시지나 프랑크 소시지는 또 다른 유화를 형성하여 지방이 분산매로 작용하며 물이 분산되어 있다(그림 6-3).

2) 유화액의 종류

① 일시적 유화액

일시적 유화액은 기름과 물을 흔들면 유화를 형성하나 방치하면 기름이 다시 모여 분리된다(그림 6-4). 이러한 유화액은 즉시 사용하여야 하며, 재사용할 때에는 다시 흔들어 유화를 만들어 사용해야 한다. 이러한 형태의 유화액은 프렌치 드레싱과 이탈리안 드레싱 등이 있다.

② 영구적 유화액

영구 유화액은 유화제가 분산된 입자를 둘러싸면서 안정화시켜 섞이지 않는 두 액체가 분리되지 않고 유지되는 것이다(표 6-6).

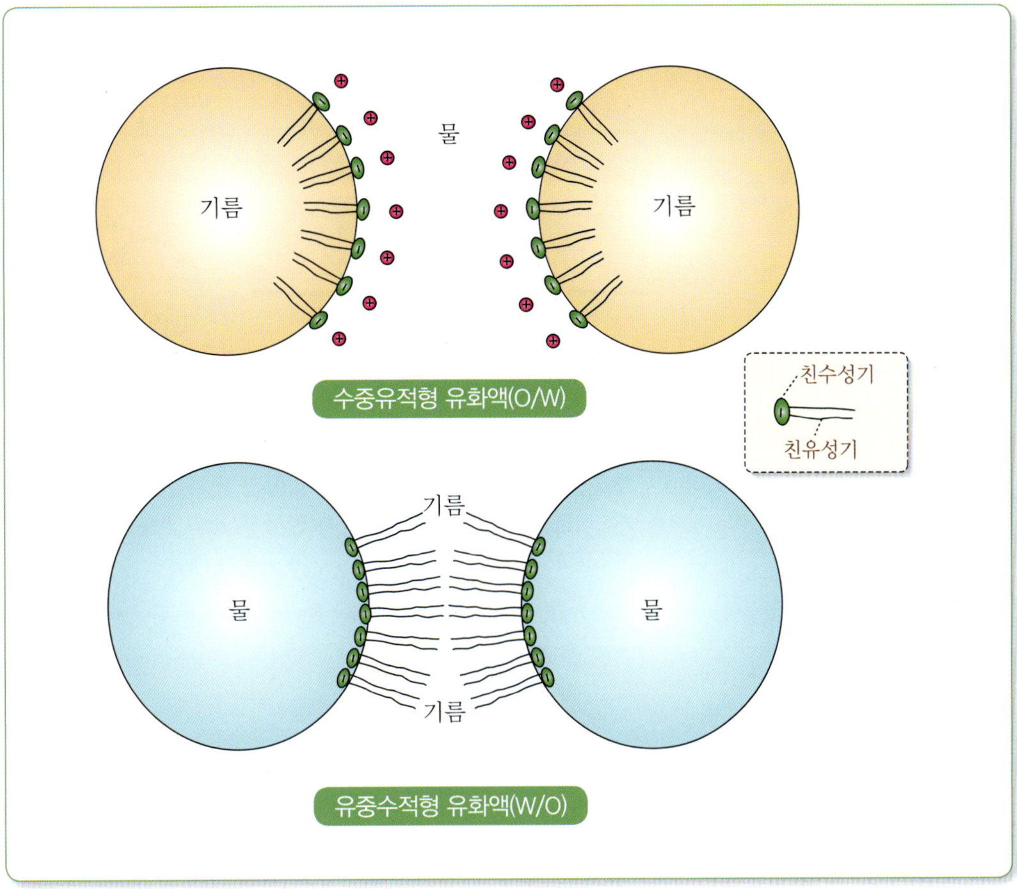

【그림 6-3】 유화액의 형태

【표 6-6】 유화액의 종류

종류	형태	예
일시적 유화	기름과 물을 일시적으로 결합시키는 형태	프렌치, 이탈리안 드레싱
영구적 유화	수중유적형	우유, 마요네즈
	유중수적형	버터, 마가린

유화제는 한 분자 내에 친유성과 친수성기를 모두 가지고 있는 양성물질이다. 따라서 유화제가 두 개의 섞이지 않는 액체의 경계에서 친수성기는 물 쪽으로, 친유성기는 기름 쪽으로 향하게 배열되어 있어 유화액을 형성할 수 있다(그림 6-3).

양성기의 한쪽이 다른 쪽보다 강하면 입자를 형성하여 다른 연속상에 분산된다. 유화제가 물을 더 좋아하면 분산된 지방구를 둘러싸 물에 분산되는 것을 촉진하여 수중유적형 유화액을 형성하고, 유화제가 기름을 더 좋아하면 유중수적형 유화액이 형성된다.

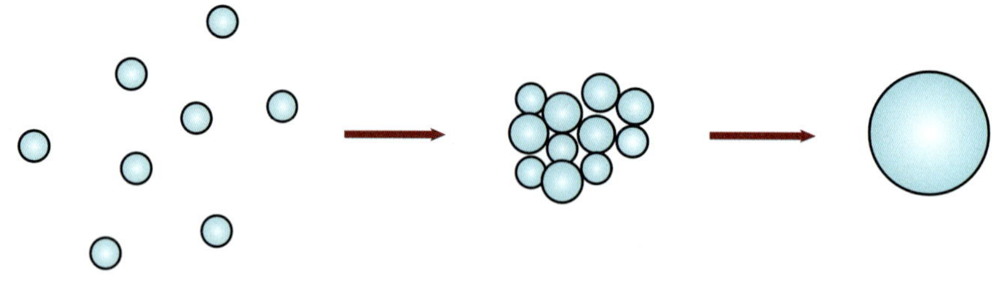

【그림 6-4】 유화액의 변화

(3) 연화작용

유지는 밀가루제품에서 글루텐의 신장을 방해하여 조직감을 부드럽게 해준다. 유지를 넣고 반죽하면 유지가 글리아딘과 글루테닌이 결합하는 것을 방해하고, 이미 형성된 글루텐 사이에 기름막을 형성하여 글루텐 간의 결합을 방해한다. 따라서 글루텐 생성이 적고 생성된 글루텐의 길이도 짧아져 최종 제품은 매우 연하고 부드러우며 아삭아삭한 질감을 가지게 된다. 파이, 약과, 크루아상 등이 대표적인 예이다. 유지의 연화능력은 유지의 종류와 양, 온도, 반죽 정도와 첨가물에 따라 달라진다(표 6-7).

【표 6-7】 연화에 영향을 주는 요인

종류	작용
유지 종류	· 액체유가 단단한 고체지방보다 반죽에 더 넓게 퍼지기 때문에 연화력이 더 큼 · 같은 동물성 지방이라도 불포화지방산을 많이 함유한 돈지가 연화력이 큼 · 연화력은 쇼트닝 > 버터 > 마가린
유지의 양	· 반죽에 지방을 많이 첨가할수록 연화력이 더 커짐 · 파이나 페이스트리에 지방을 많이 넣으면 층이 많아지고 얇아져 연하고 바삭한 질감을 가지지만 약과 반죽에 참기름을 너무 많이 넣으면 글루텐 형성이 되지 않아 튀기는 과정에서 모양이 풀어지므로 주의해야 함
유지 온도	· 냉장고에서 바로 꺼낸 고체지방은 단단하여 반죽에 잘 퍼지지 못하여 연화력이 적지만 지방을 실온에 두면 말랑말랑해지고 퍼짐성이 좋아짐 · 제품의 질감 특성에 따라 유지의 온도를 고려하여 반죽에 첨가하도록 함
반죽 정도	· 반죽을 오래 하면 지방이 존재하여도 글루텐 형성이 이루어지므로 원하는 제품의 물성에 따라 반죽 정도를 정함 · 파운드케이크와 같이 푹신한 질감의 제품을 만들기 위해서는 지방을 미리 녹인 후 설탕과 교반하여 크리밍시킨 후 반죽을 하면 지방이 반죽 안에 골고루 퍼짐
크리밍 작용	· 상온에 두어 말랑말랑해진 반고체 상태의 쇼트닝, 버터, 마가린 등을 교반하면 공기를 함유하여 부피가 증가하며 부드럽고 하얗게 변하는데 이것을 크리밍이라 함 · 유지의 크리밍성은 쇼트닝 > 마가린 > 버터

*** 한 번 더 알아보기**

1. 다가불포화지방산이 많은 동물성 지방의 예를 들고 특징을 설명하시오.
2. 가공유지 중 버터, 마가린, 쇼트닝의 특징을 설명하시오.
3. 유화액 종류를 나누고 특징을 설명하시오.
4. 유지의 가공방법 중 동유처리란 무엇인가?
5. 식물성 기름의 산화를 방지하는 천연항산화제에는 무엇이 있는가?

CHAPTER
07

육류와 가금류

학습목표

1. 육류와 가금류의 사후강직을 이해할 수 있다.
2. 육류의 부위별 조리방법을 이해할 수 있다.
3. 조리과정 중 육류의 색 변화에 대하여 이해할 수 있다.

CHAPTER 07

육류와 가금류

육류는 식용으로 이용되는 동물의 고기로 소와 돼지가 대표적인 육류 동물이다. 미국의 경우 양고기, 소량의 토끼와 사슴고기도 소비되고 있으며 세계의 다른 나라에서는 말, 개, 라마 및 낙타가 소비되기도 한다. 가금류는 식용하기 위해 사육되는 모든 종류의 조류로 닭, 칠면조, 오리, 거위, 메추리, 꿩, 비둘기 등이 있으며, 우리나라에서는 닭고기를, 미국에서는 칠면조를, 중국에서는 오리고기를 가장 많이 식용한다. 육류는 조리 중 많은 변화가 일어나므로 구조와 성분에 관하여 이해하는 것이 중요하다.

이 장에서는 육류와 가금류의 종류와 특성에 대하여 알아보고 조리과정 중 성분과 구조의 변화에 대하여 알아본다.

01
육류

1. 육류의 성분과 영양가

육류는 주로 수분, 단백질, 지방, 무기질로 구성되어 있으며 소량의 비타민, 색소, 그리고 효소도 함유하고 있다. 간은 글리코겐의 형태로 탄수화물을 함유하고 있는데 그 양은 대체로 1~5% 정도이다(표 7-1).

【표 7-1】 **육류 종류에 따른 영양성분**

종류	열량 (kcal)	수분 (%)	단백질 (g)	지방 (g)	회분 (g)	탄수화물 (g)	무기질				
							Ca (mg)	P (mg)	Fe (mg)	Na (mg)	K (mg)
쇠고기	190	67.0	19.3	11.3	1.0	0.6	14	154	3.6	259	277
돼지고기	208	65.8	18.5	13.9	1.0	0.8	4.5	179	2.1	17	51
양고기	144	74.4	16.4	8.0	1.2	0	7	210	2.0	–	–
닭고기	180	69.4	19.0	10.6	0.9	0.1	10	170	0.9	66	59
오리고기	318	55.3	16.0	27.6	1.0	0.1	15	180	1.7	–	–

–: 수치가 애매하거나 측정되지 않음

출처: 농촌진흥청 국립농업과학원(식품성분표 제7차 개정), 2006

(1) 단백질, 지방과 수분

육류는 동물의 품종이나 생물학적 형태, 영양 상태, 그리고 도축 부위에 따라 지방의 비율이 매우 다양하며, 동물의 종과 부위에 따라 지방 조성에도 차이가 난다. 쇠고기와 양고기의 푸석푸석하고 단단한 지방은 포화지방산의 비율이 높고, 상대적으로 지방이 부드러운 돼지고기와 닭고기는 불포화지방산의 비율이 더 높다(표 7-2).

근육의 수축에 관여하는 주요 세포 내 단백질은 미오신과 액틴이며, 액틴과 미오신이 결합하여 액토미오신을 만든다. 이때에 근육의 수축이 일어나고 이들이 다시 액틴과 미오신으로 분리될 때 근육이 이완된다.

마블링(marbling)이 잘된 익힌 살코기의 단백질과 지방의 함유 비율을 분석해보면, 10~21%의 지방과 23~32%의 단백질을 함유하고 있다. 마블링된 돼지고기는 비슷한 비율로 마블링된 쇠고기, 송아지고기, 양고기보다 지방의 함유량이 더 적다. 이것은 가금류나 생선과 함께 적정량의 붉은 살코기를 저지방 다이어트 식사계획에 포함하면 혈중 지방 함량을 낮출 수 있다는 것을 입증하는 것이다. 또한, 붉은 살코기는 지방만 잘 제거하여 섭취하면 단백질, 비타민과 무기질이 풍부하게 함유되어 있어 다이어트에 유익하다.

【표 7-2】 **육류와 가금류의 지방산 조성**

지방산의 종류	단축구조	지방산 구성	닭	돼지		소	양
				외부	내부		
포화지방산	$C_{12:0}$	라우르산	–	tr	tr	0.1	0.1
	$C_{14:0}$	미리스트산	0.1	1.3	0.1	4.5	3.2
	$C_{16:0}$	팔미트산	25.6	28.3	30.1	27.4	28.0
	$C_{18:0}$	스테아르산	7.0	11.9	16.2	21.1	24.8
	$C_{20:0}$	아라키드산	–	tr	tr	0.6	1.6
합계			32.7	41.5	47.3	53.7	57.7
불포화지방산	$C_{16:1}$	팔미토레산	7.0	2.7	2.7	2.0	1.3
	$C_{18:1}$	올레산	20.4	47.5	40.9	41.6	36.4
	$C_{18:1}$	리놀레산	21.3	6.0	7.1	1.8	3.5
	$C_{18:2}$	리놀렌산	–	0.2	0.3	0.5	0.5
	$C_{20:0}$	아라키돈산	0.6	2.1	1.7	0.4	0.6
합계			67.3	58.5	52.7	46.3	62.3

tr: trace
–: 수치가 애매하거나 측정되지 않음

(2) 비타민과 무기질

쇠고기는 티아민, 리보플라빈, 니아신뿐만 아니라 다른 비타민 B군의 훌륭한 공급원이 된다. 돼지고기는 특히 티아민이 풍부한데 간과 신장에는 리보플라빈이 많고, 다른 조직보다 니아신도 더 풍부하다. 모든 육류에는 니아신의 전구체로서 몸으로 흡수되는 아미노산인 트립토판이 함유되어 있으며 간은 훌륭한 비타민 A의 공급원이다. 육류는 철, 아연과 인의 좋은 급원이며, 일부 구리와 다른 무기질도 함유하고 있다.

무기질은 육즙이나 조리수에 용해되지만, 이것을 요리의 육수로 이용하면 영양가의 손실을 줄일 수 있다. 조리와 가공과정에서 과도한 열처리는 육류의 티아민 손실을 초래하여 가열된 육류 내 평균 티아민 보유량은 약 65%이며, 리보플라빈과 니아신은 티아민보다 조리 중 파괴에 대한 내성이 강해 보존이 잘 된다.

(3) 육색소

육류의 색은 주로 미오글로빈이며, 도축 시 방혈을 잘한 동물은 혈액 내 빨간 헤모글로빈 색소의 대부분이 제거된다. 미오글로빈과 헤모글로빈은 화학구조가 유사하여 글로빈 단백질과 철 함유 색소인 헴을 함유하고 있다. 헤모글로빈은 혈류 속에서 산소를 운반하는 반면, 미오글로빈은 근육세포 안에서 산소를 잡고 있다. 근육 내 미오글로빈의 양은 나이와 함께 증가하기 때문에 쇠고기가 송아지고기보다 더 어두운 색을 띠며, 육류의 색깔도 동물의 종류에 따라 다양하다. 돼지고기의 근육은 일반적으로 쇠고기 근육보다 미오글로빈을 적게 함유하고 있기 때문에 더 밝은 색상을 띠며 같은 동물도 부위가 다르면 근육의 색상이 다르다.

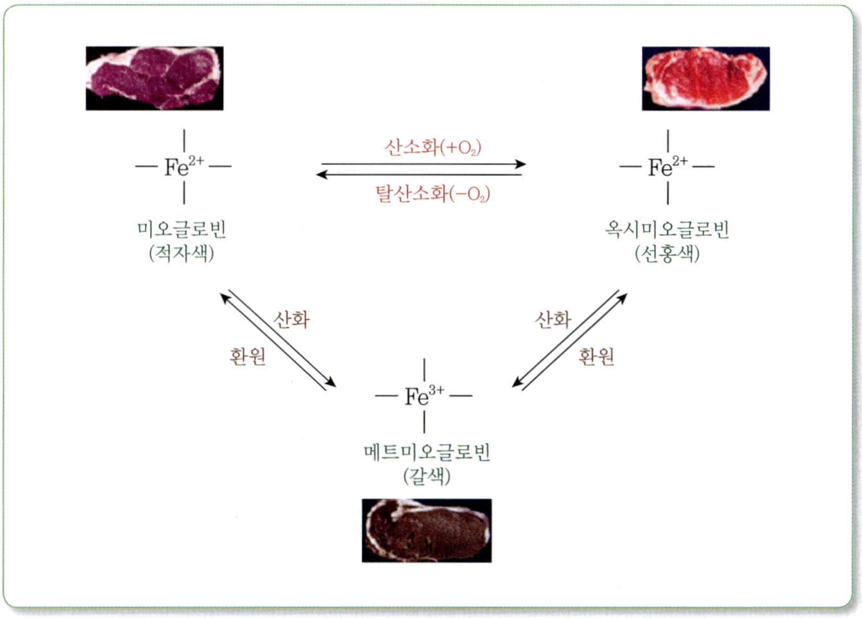

【그림 7-1】 **육색소의 변화**

고기를 자르면 미오글로빈은 화학적으로 환원된 형태로 적자색이 된다. 시간이 지나 산소와 결합됨에 따라, 혹은 산소화함에 따라, 미오글로빈은 옥시미오글로빈이라고 하는 밝은 빨간 색소로 바뀐다. 시장에 나와 있는 신선한 고기의 절단면은 공기에 노출되어 옥시미오글로빈 상태로 선홍색을 띠며, 일정 시간이 지나 환원물질이 조직 내에서 더 이상 만들어지지 않으면, 미오글로빈이나 옥시미오글로빈은 산화되어 메트미오글로빈 형태로 바뀌기 때문에 고기는 갈색을 띠게 된다(그림 7-1). 육류를 가열하면 단백질인 글로빈이 변성되고 헴 부분은 갈색의 헤마틴으로 유리되어 나온다. 유리된 헤마틴은 소금의 염소 이온과 결합하여 헤민을 형성하기도 한다.

2. 육류의 구조

시장에서 구입하는 육류는 근육, 결합조직, 지방이나 지방조직, 그리고 골격으로 나누어진다. 결합조직은 근육 전체에 분포하여, 세포와 세포 다발을 함께 결합시키며, 힘줄과 인대에도 존재한다. 등급과 부위에 따라 지방조직의 양은 매우 다양하다.

(1) 근육조직

근육은 수축과 이완을 함으로써 살아 있는 동물의 기능이 원활하게 이루어질 수 있는 구조를 가지고 있다. 근육구조의 기본 단위인 근섬유의 구조와 기능은 고기의 품질과 조리법에 영향을 끼치기 때문에, 근육들이 어떤 식으로 구성되어 있는가를 아는 것은 중요하다. 근육조직은 미오신과 액틴이라는 단백질 분자가 모여 근원섬유를 만들고 약 2,000개의 근원섬유가 모여 근섬유를 구성하게 된다(그림 7-2).

근육이 수축할 때 두꺼운 섬유상 단백질인 미오신 사이로 가느다란 섬유상 단백질인 액틴이 미끄러져 들어가서 서로 겹치므로 길이가 짧아지고 가교를 형성하여 액토미오신이라는 새로운 단백질을 형성한다.

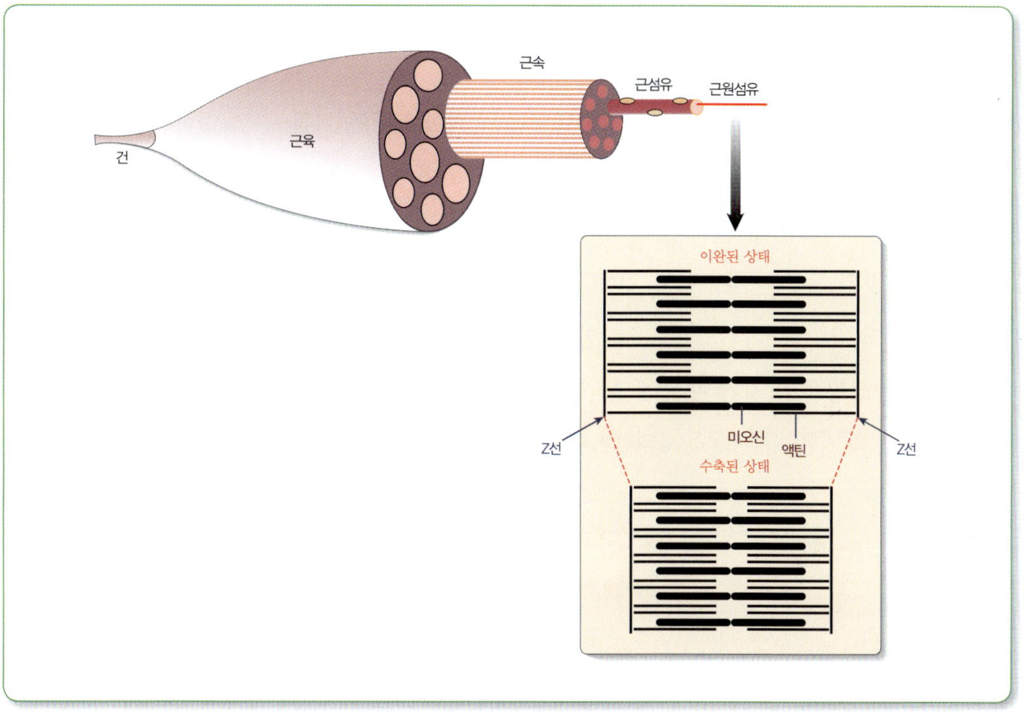

【그림 7-2】 골격근의 구조

(2) 결합조직

결합조직은 근육세포를 여러 크기의 다발로 묶기 때문에 근육조직은 결합조직 없이는 만들어지지 않는다. 일반적으로 결합조직은 세포를 거의 갖지 않으나 많은 양의 기저물질을 가지며, 기저물질의 매트릭스 안에 길고 강한 섬유상의 콜라겐과 엘라스틴이라는 단백질을 함유하고 있다. 콜라겐을 함유하는 결합조직은 희게 보이고 엘라스틴을 함유한 부분은 노랗게 보인다. 대부분 근육의 결합조직에는 콜라겐이 엘라스틴보다 훨씬 많다.

동물이 운동을 하는 데 사용하는 근육은 결합조직이 많이 발달하므로 육류의 질긴 부위는 연한 부위보다 더 많은 결합조직을 가지며, 돼지는 거의 운동을 시키지 않으므로 결합조직이 덜 발달하여 고기가 연하다. 결합조직에 물을 가하고 가열하면 콜라겐이 분해되어 젤라틴이 되지만, 엘라스틴은 거의 분해되지 않는다. 결합조직이 많은 고기는 습열조리하면 콜라겐이 분해되어 부드럽게 조리할 수 있다.

(3) 지방조직

많은 양의 지방을 저장하고 있는 지방세포들은 결합조직의 그물 구조 안에 끼어서 존재한다. 동물의 피하와 생식기 주위에 지방조직이 발달되어 있으며 동물이 살찌면 지방세포가 근육 사이에 모여 마블링을 형성하게 된다(그림 7-3).

마블링이 잘된 육류는 부드럽고 입에 넣었을 때 지방이 입 안에 퍼지는 촉감과 풍미가 우수하여 스테이크, 로스구이 등 건열조리법으로 요리한다. 동물의 나이, 사료, 운동량이 육류의 지방 함량에 영향을 미치기 때문에 잘 먹고, 운동량이 적고, 빠르게 성장한 동물일수록 지방 함량이 높다. 돼지는 다른 동물보다 더 빠르게 지방을 축적하여 쇠고기나 양고기보다 지방 함량이 더 높다.

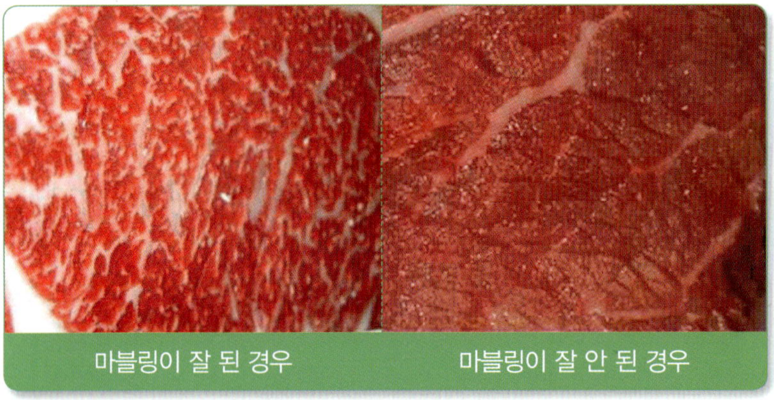

【그림 7-3】 고기의 마블링 상태

(4) 뼈

뼈의 상태는 동물의 나이에 따라 달라 어린 동물의 뼈는 연하고 분홍빛을 띠며 성숙한 동물의 뼈는 단단하고 백색이다. 사골 육수를 만들 때는 뼈를 끓이기 전에 찬물에 담가 핏물을 우려내고 다시 뜨거운 물에 한 번 데쳐낸 후 찬물을 붓고 끓여야 맑고 깨끗한 육수가 된다.

3. 육류의 부위별 명칭과 용도

(1) 쇠고기

1) 쇠고기의 부위별 명칭

소의 부위별 명칭은 그림 7-4와 같다.

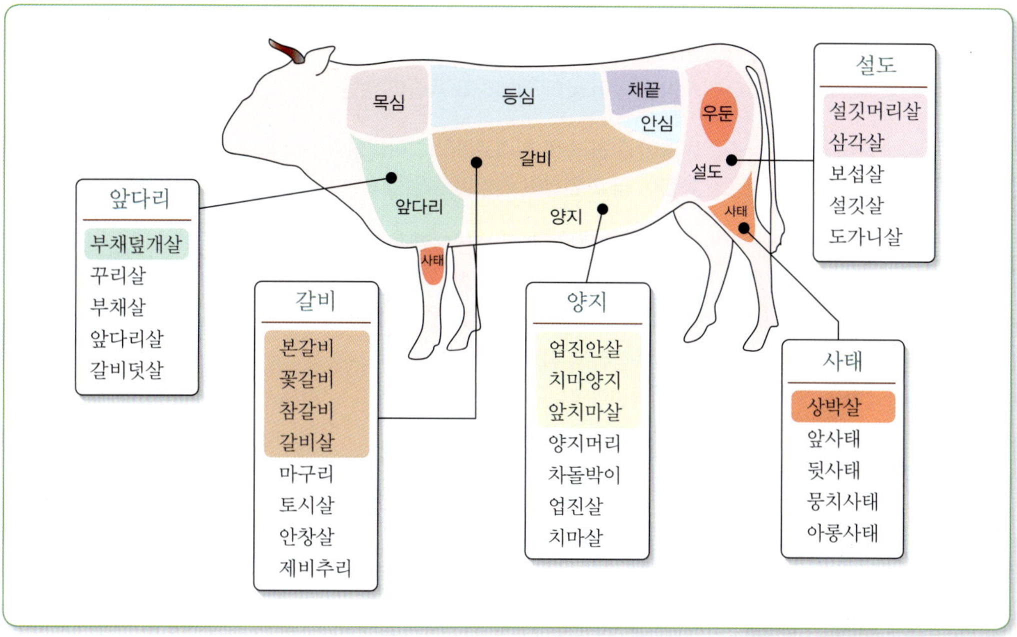

【그림 7-4】 소의 부위별 명칭
출처: 농림수산식품부, 2007

2) 쇠고기의 부위별 용도(표 7-3)

① 목심

목심은 소의 어깨 부분으로 전체 육의 28%를 차지한다. 어깨근육을 계속 사용하기 때문에 여러 개의 다양한 근육이 모여 있으며 선명하고 두꺼운 힘줄이 여러 갈래로 갈라져 표면에 나타난다. 약간 질기지만 지방이 적당히 박혀 있어 풍미가 좋아 스테이크, 구이와 불고기용으로 이용된다.

【표 7-3】 쇠고기의 부위별 특징과 조리법

부위별		특징	조리법
목심		· 어깨 위쪽에 붙어 있는 근육 · 결합조직이 발달하여 질긴 편	불고기, 조림
갈비		· 운동을 하지 않는 근육으로 부드러움 · 마블링이 잘 되어 있고, 농후한 맛	구이, 찜, 탕
안심		· 척추 뼈 안쪽에 위치한 근육으로 움직임이 없어 부드럽고 연함 · 지방 함량이 낮아 담백하고 육즙이 많음	고급 스테이크 및 구이
등심		· 비육이 잘된 소의 허리부분으로 마블링이 발달함 · 육질이 곱고 연하며 지방이 적당함	스테이크, 구이, 전골, 불고기
채끝		· 등심 뒷부분에 연결된 부분으로 운동을 하지 않는 근육이어서 육질이 연함 · 등심보다 지방이 적고 살코기가 많음	구이, 샤부샤부, 산적, 불고기, 국거리
앞다리		· 갈비 바깥쪽에 위치함 · 연한 부위와 질긴 부위가 섞여 있음 · 운동량이 많아 육색이 짙음	카레용 고기, 장조림
우둔, 홍두깨살		· 지방이 적고 살코기가 많음 · 고기의 결이 굵으나 근육막이 적어 연함	산적, 육포, 주물럭, 육회, 장조림
설도		· 근육이 다소 거칠고 질긴 편이며 부위별로 육질 차가 큼	조림, 탕, 전골, 구이, 육회
양지		· 결합조직이 많아 육질이 질기므로 오랜 시간 끓이면 육질은 질겨도 국물맛이 진함	국거리, 장조림
사태		· 운동량이 많아 색상이 진하고 근육다발이 모여 있어 특유의 쫄깃한 맛을 냄 · 기름이 없어 담백하고 깊은 맛을 냄	장조림, 찜

출처: 농림수산식품부, 2007

② 갈비

옆구리를 감싸고 있는 부위의 늑골은 13대이며, 육질은 근육조직과 지방조직이 3중으로 형성되어 있다. 갈비는 운동이 되는 부위가 아니라 부드럽고 마블링이 잘되어 있는 부위이다. 불갈비, 찜, 탕과 스테이크용으로 이용된다.

③ 안심

고기의 조직이 부드럽고 연하며 고급 스테이크와 구이용으로 이용된다.

④ 등심

지방이 박혀 있는 가장 부드러운 적색 살로 풍미가 좋아 스테이크와 구이용으로 쓰인다.

⑤ 채끝

고기의 결이 곱고 비육이 잘된 소의 채끝은 고기 속에 대리석상 지방이 박힌 것도 있다. 주로 스테이크와 구이에 사용된다.

⑥ 우둔

둥근 모양의 살덩이로 고기의 결이 약간 굵으나 근육막이 적어 연한 편이다. 구이나 주물럭 등심으로 이용할 수 있으며 주로 산적, 장조림, 육포와 불고기 등으로 사용된다.

⑦ 설도

설깃살, 도가니살과 보섭살로 구성되어 있고 육질은 우둔과 유사하다. 보섭살은 채끝과 연결되는 부분으로 풍미가 좋아 스테이크로도 이용할 수 있다. 주로 산적, 장조림과 육포를 만들 때 이용된다.

⑧ 양지

앞가슴에서 복부 아랫부분까지로 전체 육의 8% 정도이며 지방과 근막이 많이 형성되어 있고 차돌박이가 박혀 있다. 콜라겐 함량이 높고 맛이 풍부하여 물을 넣고 오래 끓이면 콜라겐이 젤라틴으로 전환되기 때문에 수프나 스톡을 만드는 데 가장 좋은 부위이다.

⑨ 사태

다리 상박 부위로 근막이 발달되어 있고, 고기의 결이 고우며 기름기가 없어 담백하고 깊은 맛이 있다. 이 근육에는 콜라겐이나 엘라스틴 등의 결합 단백질이 함유되어 있어 가열하면 젤라틴이 되므로 부드러워져 먹기 쉬워진다. 사태부위에서 가장 큰 근육을 아롱사태라 하여 육회용으로 이용되며, 탕, 스튜와 찜 등에도 사용된다.

(2) 돼지고기

1) 돼지고기의 부위별 명칭

돼지의 부위별 명칭은 그림 7-5와 같다.

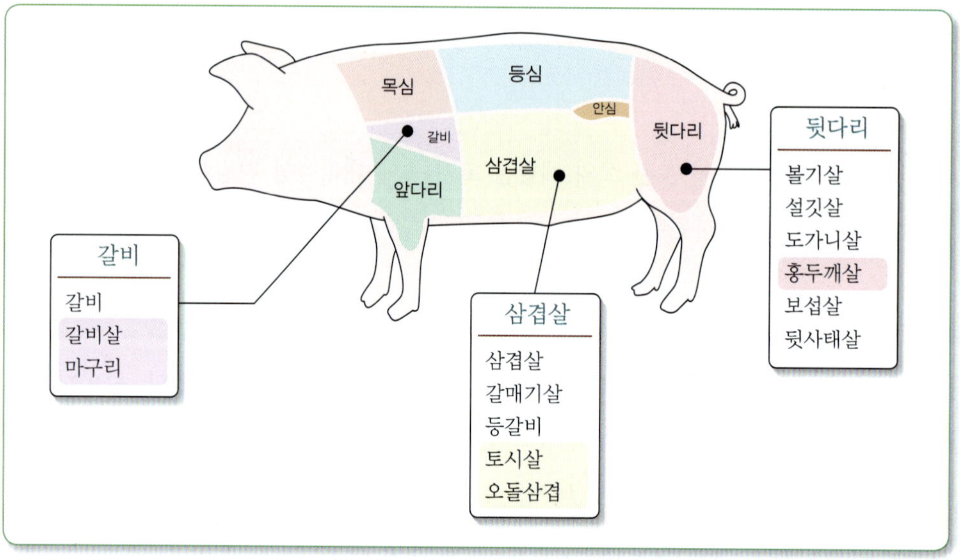

【그림 7-5】 돼지의 부위별 명칭
출처: 농림수산식품부, 2007

2) 돼지고기의 부위별 용도

【표 7-4】 돼지고기의 부위별 특징 및 조리법

부위별		특징	조리법
등심	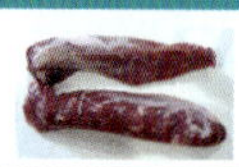	· 가장 연하고 지방이 적음 · 지방이 거의 없어 담백함	스테이크, 커틀릿, 불고기
앞다리살		· 지방이 적고 고기 조직이 치밀함 · 담백한 맛	찌개, 보쌈
목살		· 근육이 비교적 질기고, 살과 근육 사이에 지방이 있어 진한 맛이 남	스튜, 찌개, 장조림
삼겹살		· 지방과 살이 번갈아 있어 진한 맛이 남	베이컨, 불고기
뒷다리		· 연하며 지방이 적어 덩어리 고기에 적합함	햄, 로스트, 장조림
갈비		· 옆구리 늑골의 첫째부터 다섯째 늑골부위 · 근육 내 지방이 박혀 있어 풍미가 좋음	구이나 찜

4. 육류의 숙성과 연화

(1) 사후경직과 해소

동물이 도살되면 세포가 산소공급을 받지 못해 신진대사가 중단됨으로써 근육이 뻣뻣해지는데 이것을 사후경직(rigor mortis)이라 한다. 도살에 의해 순환이 정지되면 무산소 상태가 되면서 체내 고에너지 물질인 ATP, ADP와 크레아틴 인산이 분해된다. ATP가 고갈되고 산소의 공급이 차단된 상태에서 글리코겐이 해당과정을 통해 젖산이 되고 형성된 젖산이 근육에 축적되면서 pH는 6.5에서 5.5로 떨어지며 근육이 수축되고 딱딱하게 되는 경직이 일어난다(그림 7-6).

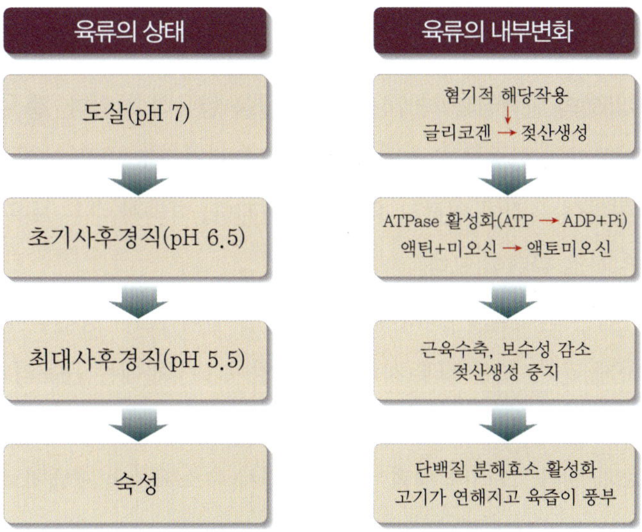

【그림 7-6】 육류의 사후경직 진행과정

동물의 사후경직은 여러 요인에 의하여 영향을 받는다. 냉장상태에서는 사후경직이 서서히 시작되며, 동물의 종류, 나이와 도살 직전의 활동 정도가 경직의 개시에 영향을 미친다. 또한 소와 같이 큰 동물은 작은 동물보다 경직이 더 천천히 개시되고 더 오래 지속된다. 소의 경우는 10~24시간, 돼지는 4~18시간, 닭은 2~4시간 내에 경직이 일어난다.

쇠고기의 사후경직은 경직 2~3일이 지나면 해소되면서 고기가 부드러워지기 시작하면서 숙성이 일어난다. 육류의 숙성은 근섬유에 있는 단백질 분해효소인 카텝신(catepsin)의 작용으로, 근육의 자가소화가 일어나 액토미오신이 분해되면서 근육 내 이온이 재분포되고, 이에 따라 수화도가 늘어나 숙성되면서 향미와 육즙이 증가한다. 그러나 지나치게 숙성이 진행되면 강한 풍미나 좋지 않은 냄새가 날 수도 있다. 고기가 더 연해지고 좋은 풍미가 형성되려면 쇠고기의 경우 0℃에서 14일, 8~10℃에서는 6일, 16~18℃에서는 4일이 걸린다.

숙성 동안 약간의 pH 증가는 수분 보유력을 증가시켜 가열처리 시 육즙의 손실을 막는다. 숙성에 의한 연화 작용은 세포 내 단백질 분해효소가 Z-라인의 결합 물질을 분해하여 나타난 것이다. 숙성 중 풍미의 향상은 단백질 분해효소의 작용으로 유리아미노산이 증가하고 ATP 분해로 이노신산과 같은 맛 성분이 생성되기 때문이다.

(2) 숙성에 따른 근육의 수분 보유력

근육조직은 20~25%의 단백질과 약 74~76%의 물을 함유하고 있다. 총 수분의 5% 정도가 단백질에 단단히 결합된 결합수이고, 나머지 95%가 모세관수로 많은 양의 물이 조직에 결합되면 근육이 더 팽창하여 육질이 연하고 육즙이 많아진다. 따라서 수분 보유력과 단백질 팽창 및 육질의 균질성은 서로 관련이 크다.

근육의 수분 보유력은 단백질의 pH와 이온의 영향을 받아 pH가 등전점에서 멀어질수록 수분 보유력이 증가하게 된다. 도살 직후 사후강직이 일어나기 전에는 근육의 ATP 농도가 높아 수분 보유력이 크나 시간이 지나면 ATP가 감소하고 pH가 떨어지면서 경직이 일어나 근육의 수분 보유력은 최소가 된다. 그러나 경직이 해소되면서 수소이온의 재배치로 pH가 약간 상승하면서 수분 보유력도 증가하게 된다.

(3) 육류의 연화에 영향을 미치는 요인

육류의 연화에 영향을 미치는 요인은 표 7-5와 같다.

【표 7-5】 육류연화에 영향을 주는 요인

요인	특징
결합조직 함량	• 결합조직의 양이 많을수록 질김 • 안심이나 등심 부위는 결합조직이 적어 부드러움 • 동물의 나이가 많아질수록 육질의 부드러운 정도는 감소
지방 함량	• 근내 지방은 고기를 부드럽게 함 • 마블링은 쇠고기의 부드러운 정도와 맛에 큰 영향을 미치는데, 마블링이 감소함에 따라 연화도가 감소하고 근육의 보수력과 풍미가 떨어짐
조리온도와 시간	• 높은 온도에서 오랫동안 가열할수록 육즙이 빠져 나가면서 근육섬유가 수축하여 질겨지기 때문에 고기의 부위와 조리방법에 따라 가열온도와 시간을 고려하여 조리하여야 함
기타 요인	• 운동량이 적은 등심, 안심, 갈비 부위의 근육이 운동량이 많은 목이나 다리 부분의 근육보다 더 연함 • 숙성이 잘된 근육이 수분 보유력이 크고 더 연함

(4) 육류의 연화방법

1) 기계적 방법

근섬유와 결합조직을 두들겨주거나 잘라주면 육질을 연하게 할 수 있으므로 질긴 부위의 고기는 다지거나 잘게 잘라서 조리한다.

2) 효소에 의한 방법

파파야 과일의 파파인과 키모파파인, 파인애플의 브로멜린, 무화과의 피신, 키위의 액티니딘 등의 단백질 분해효소가 근육내 단백질을 분해하여 고기가 연해진다. 이들 효소는 근육세포 단백질뿐만 아니라 결합조직에도 작용하기 때문에 과량 사용하면 육즙이 감소하고 푸석푸석한 질감을 가지게 된다. 효소의 활성은 60~70℃ 정도에서 일어나므로 가열 조리하는 동안 고기가 연해지며 온도가 높아지면 효소가 불활성화하여 효소작용이 정지한다.

3) 산에 의한 방법

고기를 토마토, 식초, 포도주 등이 들어간 양념소스에 담그면 수소이온에 의해 근육의 pH가 변하여 수분 보유율이 커져서 더 연해진다. 그러나 산미 때문에 고기의 풍미가 변하고 색이 더 검게 되며 아연, 철, 마그네슘과 같은 무기질의 손실이 일어날 수 있다.

4) 염에 의한 방법

간장이나 소금을 적당히 사용하면 염용효과(salting-in)로 단백질의 수화를 증가시켜 근육의 수분 보유력이 증가하여 육질이 더 연하게 된다. 반면에 고농도의 염을 사용하면 염석효과(salting-out)로 근육의 탈수작용이 일어나 중량이 감소하면서 육질은 오히려 질겨질 수 있다.

5. 육류의 조리원리

육류 조리의 주목적은 고기의 내부온도를 높여 맛을 향상시키고, 근육을 연하게 하여 소화를 잘 되게 하며, 고기에 오염되어 있는 세균과 기생충을 없애 위생적으로 하기 위한 것이다. 따라서 가열 속도나 조리기구 등의 여러 가지 요소들이 고기요리의 특성에 많은 영향을 미친다.

육류의 조리는 가열하는 온도나 시간에 따라서 정도의 차이는 있으나 결합조직과 근섬유의 변화, 지방조직의 변화, 색의 변화, 중량의 감소, 부피의 감소가 일어나며 향미와 영양가에 변화가 있게 된다(표 7-6).

【표 7-6】 굽는 정도에 따른 고기의 상태 변화

구분		색과 육질의 상태	고기의 내부온도
레어 (rare)		· 고기 중앙이 짙은 붉은색 · 고기 표면은 갈색, 내부는 빨갛고 육즙이 많음 · 수축은 겉에서만 조금 생김	52℃
미디엄 레어 (medium rare)		· 고기 중앙이 밝은 붉은색 · 일반적인 스테이크 하우스의 스테이크 조리 온도	55~57℃
미디엄 (medium)		· 고기 중앙이 핑크색	60~63℃
미디엄 웰 (medium well)		· 고기 중앙의 핑크색이 거의 없고 갈색이며 육즙이 적음 · 레어보다 고기 수축이 많이 일어남	65~67℃
웰던 (well done)		· 붉은색이 없음 · 고기 표면과 내부가 갈색 · 육즙이 적고, 더욱 수축함	71℃

(1) 조리손실

육류는 조리과정에서 무게와 영양소의 감소가 나타나는데 이를 조리손실이라 하며 고기의 내부온도가 증가할수록 조리손실은 커지게 된다. 무게의 감소는 육즙의 유출, 수분증발, 다른 휘발성 물질의 증발에 기인한다. 뚜껑을 덮지 않고 고기를 볶으면 고기 표면의 수분이 상당량 증발하지만 고기를 수증기나 물에서 조리하였을 때보다 영양소와 향미 성분은 잘 유지하게 된다. 수분이 증발할 때 무기질과 엑기스는 고기의 표면에 남게 되어 로스팅한 고기는 풍부한 향미를 가진 갈색을 띠게 된다.

육류의 조리과정 동안 비타민 B_1, B_2와 니아신의 손실이 있지만, 조리된 육류는 아직도 좋은 비타민의 급원이 된다. 찜이나 끓이는 방법이 조리수에 의한 비타민 손실을 가장 크게 하는데 물에서 조리하는 동안 조리시간이 길어질수록 더 큰 손실이 일어난다.

(2) 근섬유의 변화

근육이 가열될 때 결합조직의 양에 의해 영향을 받지만 근섬유 자체도 각각 다르게 영향을 받는다.

육류를 조리하면 근섬유가 짧아지고 단백질이 응고되어 50~60℃에서 수축이 일어난다. 근단백질인 미오신은 40~50℃ 부근에서 응고가 시작되어 수축한다.

(3) 결합조직의 분해

고기를 조각내어 익히면 40~60℃ 부근의 온도에서는 근섬유 단백질이 변성되어 응고가 일어나면서 섬유가 수축하여 연화도가 감소하고 콜라겐 결합조직이 우선 가열에 의해 수축되었다가 계속 가열하면 점차 젤라틴으로 가수분해되어 육질이 부드럽게 된다.

(4) 지방의 변화

지방 함량은 고기의 부위별로 차이가 있으며 다른 성분보다 조리과정에서 손실이 적다. 고기 내부의 지방은 열의 침투가 느려서 고기 표면 근처의 지방보다 조리에 의한 손실이 적고 고기 표면의 지방층은 증발에 의한 수분 손실을 막아준다.

지방세포는 콜라겐 막에 싸여 있다가 조리 시 젤라틴으로 변하면서 지방이 흘러내리게 된다. 하지만 내부지방은 용출이 어려워 외부의 물리적인 힘에 의해 파괴되지 않으며 내부온도를 70℃로 가열하여도 용출되지 않는다.

(5) 색의 변화

고기를 조리할 때 60~65℃와 75~80℃ 사이에서 고기 색깔이 변하는 것을 관찰할 수 있다. 고기의 내부온도가 증가하면 붉은색은 감소한다. 이는 고기색소인 미오글로빈이 60℃ 부근에서 변성되어 헴 부분이 분리된다. 분리된 헴 부분은 갈색의 헤마틴이 되어 육색은 갈색을 띠게 된다.

(6) 향미의 변화

육류의 맛 성분은 유리아미노산, 아미노화합물, 유리지방산, 암모니아, 황화수소, 핵산 분해산물, 크레아티닌과 당단백질 등인데 고기를 가열하면 이들 성분이 분해되어 독특한 향미를 형성한다. 육류의 향미는 조리 시간이 길어지면 향미가 더 많아지며 결합조직 함량이 많고 어느 정도 질긴 부위의 향미가 더 좋다. 또한 당의 캐러멜화, 지방의 용해, 단백질의 분해와 변성 등이 육류의 향미를 변하게 한다.

6. 육류의 조리

육류의 조리방법은 크게 습열조리와 건열조리가 있다.

건열조리는 운동량이 적은 연한 부위를 사용하여 구이와 같이 물을 사용하지 않고 직화로 익히는 조리법이다. 튀김 역시 조리하는 동안 물이 아닌 기름이 육류의 표면과 접촉하기 때문에 건열조리라 할 수 있다. 건열조리에 적당한 부위는 연하고 결합조직이 적은 부위로 단시간 조리하며 오랜 시간 조리하면 오히려 덜 부드럽게 된다. 브로일링, 로스팅, 튀기기, 볶기가 이에 속하며, 적(炙)이나 전(煎)도 건열조리에 속한다.

습열조리는 국, 찜, 조림과 같이 물에 조리하거나 압력냄비에서 조리하는 것으로 비교적 결합조직이 많은 질긴 부위에 적당한 조리방법이다. 결합조직 속의 콜라겐이 조리하는 동안에 젤라틴으로 가수분해되어 연하게 된다. 습열조리는 건열조리보다 낮은 온도에서 조리하기 때문에 근원섬유 단백질의 수축을 최소화할 수 있다.

(1) 습열조리

1) 육수

양지육 또는 사태육과 같은 질긴 부위 또는 꼬리나 사골을 물과 함께 끓여 육수를 만든다. 육수를 낼 때는 고기를 찬물에 넣고 끓이기 시작하며 이때 생기는 거품은 맛과 외관에 좋지 않으므로 걷어낸다. 국물에 용출되는 맛 성분은 수용성 단백질, 지방, 무기질, 엑기스 성분과 젤라틴 등이며 이때 향채를 넣으면 고기의 누린내를 없애 향이 좋은 국물을 만들 수 있다. 약한 불에서 장시간 끓여야 맛 성분이 충분히 용출되며, 사골을 끓일 때 국물이 뽀얗게 되는 것은 뼈에서 우러나는 인지질의 유화작용 때문이다. 물에 담가 핏물을 뺀 후 끓이며 물을 넉넉히 부어 센 불에서 한 번 끓이다가 거품이 나면 따라 버린 후 다시 물을 부어 끓인다. 끓기 시작하면 약한 불에서 오래 끓여야만 충분히 우러난다. 도가니, 꼬리, 족도 같은 방법으로 끓인다.

2) 찜

찜은 물을 부어 천천히 끓여 고기가 잘 무르게 익힌 음식이므로 질긴 부위의 고기를 이용하는 조리방법이다. 재료는 큼직하게 썰어서 약한 불에서 뚜껑을 덮고 오랜 시간 습기가 있는 조건에서 끓인다. 간은 약간 싱겁게 하는 것이 좋으며 고기가 어느 정도 연해진 뒤에 양념을 한다. 고기가 연해지기 전에 양념을 하면 간장의 염분이 삼투압에 의해 고기 내부로 침투하여 육즙이 많이 용출되며 근육조직이 거칠거칠하고 질기다.

3) 조림

조림은 재료에 간을 약간 강하게 하여 부드럽게 익히는 조리방법이다. 조림을 할 때는 약한 불에서 천천히 조려야 충분한 맛이 나며, 조림에 알맞은 조미료 또는 향신료를 사용한다. 즉, 돼지고기 조림에 생강즙을 넣으면 냄새를 없애는 데 좋다. 장조림은 우리나라의 대표적인 쇠고기 조리방법이다. 장조림에는 대접살, 우둔육, 사태육 등이 적당하다. 고기를 큼직하게 썰어 잠길 만큼 물을 붓고 어느 정도 연해질 때까지 서서히 익힌 후 일부 양념간장을 넣고 끓여 더 연하게 한 다음 나머지 간장을 넣고 익히면 고기가 더 이상 무르지 않고 부드러운 상태를 유지한다.

4) 편육 또는 수육

쇠머리, 우설, 양지머리, 업진, 사태 등은 결합조직이 발달되어 있어 편육으로 이용한다. 물이 끓기 시작하면 고깃덩어리를 넣어 육류의 표면 단백질을 빨리 응고시킴으로써 수용성 성분의 용출을 적게 한다. 다음 대파, 통마늘, 생강과 양파 등을 넣고 약 3시간쯤 뭉근한 불에 삶는다. 뜨거울 때 수육으로 먹어도 좋으며 베보자기로 싸서 무거운 것으로 7~8시간 눌러주어 편육을 만들어 먹어도 된다. 썰 때에는 근육섬유 길이의 반대 방향으로 썰어야 근육섬유의 길이가 짧아서 먹기가 좋다.

5) 브레이징

브레이징은 주로 질긴 고기를 조리할 때 사용되는 방법으로 먼저 고기를 기름에 지지거나 구워서 고기 표면을 갈색으로 한 다음 물을 조금 가하여 뚜껑을 닫은 채 고기가 수분이 있는 상태에서 부드러워질 때까지 익히는 방법이다. 물은 콜라겐이 젤라틴화되는 데 필요하다. 물은 한 번에 많이 넣는 것보다 조금씩 여러 번 넣는 것이 고기 표면의 갈색을 유지하는 데 좋다.

6) 스튜잉

브레이징과 비슷한 습열조리방법이나 물을 조금 더 많이 사용한다. 스튜잉하기 전에 고기를 갈색화하면 향미와 색을 더 좋게 할 수 있다. 질긴 부위의 고기를 토막 내어 채소와 소량의 물이나 액체를 넣고 약한 불에서 끓인다. 채소는 고기가 어느 정도 익은 뒤에 넣어야 모양과 색깔을 유지할 수 있다.

7) 압력조리

압력냄비를 이용한 조리는 질긴 부위의 고기를 조리하는 습열조리방법이다. 일반적인 끓는

점보다 온도가 높기 때문에 조리시간이 단축되며 육질이 연하다.

(2) 건열조리

건열조리는 근육단백질의 품질을 최대화하기 위한 조리방법이다. 연한 부위의 고기는 결합조직보다 근육단백질이 많으므로 건열조리에 적합하다.

1) 구이

구이는 직화법과 간접법이 있다. 직화법은 가스, 석탄 또는 전기와 같은 열로 직접 가열하는 방법으로 석쇠를 이용하므로 육류가 지닌 원래의 맛이 잘 보존되는 방법이며 간접법은 철판이나 은박지 위에서 굽는 방법이다. 육류 단백질은 40℃를 전후하여 응고되기 시작하며 고기의 맛은 이 단백질 응고점 전후가 가장 좋다. 양념한 고기를 구울 때의 풍미는 당과 단백질의 마이야르 반응으로 생기는 물질의 냄새이다. 고기를 양념할 때에는 파인애플, 배즙, 키위 등을 넣고 양념장을 만들어 사용하면 고기의 연화에 큰 효과가 있다. 고기에 칼집을 넣거나 칼등으로 두들겨주는 것은 쇠고기 근섬유를 기계적으로 끊어주어 육질을 연하게 한다. 고기를 양념장에 재우기 전에 설탕에 미리 10~20분 정도 재워 두면 설탕에 의해 육류의 수분 보유 상태가 증가되어 연육 효과가 커진다. 참기름을 먼저 넣으면 양념의 염분이 근육 속에 침투되는 것을 방해하므로 굽기 직전에 넣는 것이 좋다.

2) 로스팅

가장 간단한 육류조리 중 하나로 큰 고깃덩어리를 석쇠에 놓고 오븐에서 굽는 조리법이다. 육류 온도계로 고기의 내부온도와 익은 상태를 알 수 있다. 건열조리의 적정 구이온도인 163℃에서 조리하면 육즙이 풍부하고 연하며 향미가 좋은 구이를 만들 수 있다. 육류의 지방 함량은 로스팅 시간에 영향을 주어 지방 함량이 적은 부위의 조리시간이 더 길다.

내부온도에 따라 고기의 익은 상태가 달라 55~60℃는 덜 익힌 것(rare)이고, 65~70℃는 중간 정도 익힌 것(medium), 75~80℃는 잘 익힌 것(well done)의 상태로 된다(표 7-7). 고기의 내부온도가 너무 높거나 오븐 온도가 높으면 조리손실률이 증가한다. 고기 내부온도를 기준으로 67℃에서 오랜 시간에 걸쳐 조리하면 콜라겐이 효과적으로 젤라틴으로 전환된다.

고기를 알루미늄 호일에 싸서 굽는 경우에는 내부의 증기에 의한 습열조리의 효과가 있어 보통보다 약간 높은 온도에서 굽는 것이 좋다.

돼지고기 살은 선모충(*trichinella spiralis*)이나 기생충에 감염되어 있는 경우가 있으므로 완전히 익혀서 먹어야 한다(표 7-7).

【표 7-7】 육류의 조리 정도에 따른 내부온도

고기	레어 (rare)	미디엄 (medium)	웰던 (well done)
쇠고기	52℃	60~63℃	71℃
어린 양고기	54℃	63℃	71℃
송아지고기		63~66℃	71℃
돼지고기			74~77℃

3) 브로일링

가스, 숯불, 전기와 같은 열원에서 직접 익히는 방법을 브로일링이라 하며 고기 내부의 온도가 높을수록 조리손실이 많아진다. 스테이크나 불고기와 같이 작고 얇은 조각을 익히는 방법이다. 브로일링은 복사열을 이용하는 반면 팬 브로일링은 팬에 고기를 놓으면 전도에 의해 익는다. 석탄을 이용한 브로일링은 매우 일반적인 브로일링 방법으로 독특한 고기 풍미를 준다.

4) 튀기기

튀기기는 건열조리에 속하며, 튀김은 기름으로부터 고기로 열이 전달되는 것으로 기름의 온도가 높기 때문에 고기의 외부에 껍질이 쉽게 형성된다. 적은 양의 기름을 사용하는 방법과 많은 양의 기름을 사용하는 방법이 있다. 육류는 튀김옷을 입히거나 가루를 묻혀 튀기는데 이러한 방법은 고기 표면에 갈색 껍질을 만드는 데 효과적이다. 튀기기에는 발연점이 높은 기름을 선택하며, 튀김 온도는 170~190℃가 적당하다.

5) 전자레인지 조리

전자레인지 조리는 마이크로파에 의해 고기 내 수분이나 지방 분자가 진동하여 열이 발생하는 것으로 전도보다 고기 내부 깊숙이 빠르게 열이 전달된다. 전자레인지에서는 조리손실이 더 일어날 수 있는데 현재의 전자레인지는 다양한 수준의 에너지 출력이 가능하므로 맛과 연화도를 증가시킬 수 있다. 전자레인지에서는 고기가 균일하게 가열되지 않으므로 돼지고기를 조리할 때는 살균을 위하여 충분히 가열하여야 한다. 전자레인지를 이용한 조리는 로스팅과 브로일링 방법보다 조리시간이 짧지만 이들 방법으로 조리한 같은 부위의 고기보다 육질이 질겨진다. 베이컨은 지방 함량이 높아 전자레인지 조리에 적당하다.

02 가금류

가금류는 사람이 먹기 위해 사육하는 닭을 비롯한 칠면조, 오리, 거위, 꿩, 메추리 등의 모든 조류를 일컫는다. 우리나라에서는 닭고기를 가장 선호하며 중국은 오리, 미국은 칠면조와 닭고기를 선호한다.

가금류는 가격이 저렴하면서 양질의 단백질 공급원으로 육류와 유사한 영양적 가치를 가지며 다양한 요리에 이용되고 있다.

1. 가금류의 분류

가금류는 나이와 무게에 따라 분류하는데 미국 시장에서 판매되고 있는 닭은 성별, 무게에 따라 분류된다.

우리나라는 축산물등급판정원에서 위생검사를 거친 후 형태, 살코기의 색과 분포, 지방 함량, 껍질과 살코기의 상처 등에 따라 등급을 나누어 검안을 찍고 1^{+}, 1, 2 등급으로 품질등급을 나누며 중량등급은 특대, 대, 중, 중소, 소의 5개로 구분하여 판매하고 있다.

2. 가금류의 성분과 영양가

가금류의 성분과 영양가는 육류와 크게 다르지 않으나 닭과 칠면조 가슴살은 지방을 제거하면 육류 살코기보다 단백질 함량이 높으면서 지방과 콜레스테롤 함량이 낮고 티아민의 함량은 높다.

가금류 근육의 조성은 수분 72%, 단백질 20%, 지방 7%와 1% 정도의 무기질을 함유하고 있다(표 7-1). 육류와는 달리 가금류에는 마블링이라고 하는 근육 내 지방이 없는 대신 근육조직, 껍질 아랫부분과 복강에 저장되어 있어 조리 전에 제거하기 쉬우며, 거위와 오리는 닭고기나 칠면조보다 지방 함량이 높다.

가금류의 가슴살과 날개는 허벅지와 다리살보다 밝은색을 띤다. 이러한 색깔의 차이는 근육 내 산소를 저장하는 미오글로빈의 함량 차이로 운동성이 적은 부위는 미오글로빈의 함량이 낮아 밝은색을 띠게 되는데 닭이나 칠면조는 날지 못하기 때문에 가슴살과 날개가 밝은색을 띤다. 특히 가슴살은 붉은 살코기보다 근육 섬유가 짧고 결합조직이 적어 매우 연하다. 어두운 색을 띠는 부위는 많은 지방과 결합조직을 함유하고 있어 오랜 시간 조리해야 한다. 가금류의 결합조직은 수컷이면서 나이가 들수록 많기 때문에 시판되는 가금류는 육질이 부드러운 어린 것이 대부분이다.

3. 가금류의 조리원리

가금류의 기본적인 조리원리는 육류와 거의 같다. 굽기, 튀기기와 볶기 같은 건열조리방법은 어리고 연한 가금류를 조리할 때 사용하며, 습열조리방법은 질기고 나이 든 가금류를 연하고 먹기 좋게 하기 위해 이용한다. 최근 시판되는 가금류는 거의 대부분이 연하고 어린 것들로 건열조리를 할 수 있다. 닭의 부위별 명칭은 그림 7-7, 표 7-8과 같다.

【그림 7-7】 닭의 부위별 명칭

【표 7-8】 **닭고기 부위별 특징 및 조리법**

부위별		특징	조리법
안심 가슴살		· 가슴살 안쪽의 고기로 담백하고 지방이 거의 없음 · 지방이 매우 적어 맛이 담백하고 근육섬유로만 구성 · 회복기 환자 및 어린이 영양 간식에 적합	튀김, 볶음, 조림, 생채, 샐러드
윗다리		· 엉덩이 관절에서 분리한 넓적다리로 근육이 많으며 지방이 적당히 있어 감칠맛이 있음 · 육질이 단단하며 육색이 짙은 것이 특징	스테이크, 구이
아랫다리		· 근육이 비교적 질기고, 살과 근육 사이에 지방이 있음	스튜, 찌개, 장조림
아랫날개		· 가슴살 위에 붙어 있는 뼈대가 있는 살 · 콜라겐 성분이 함유되어 조리 시 육질이 쫄깃하고 감칠맛이 남	튀김, 조림
윗날개		· 날개 위쪽의 어깨부위로 단백질이 많고 지방이 적어 담백한 맛이 남	튀김, 조림

*출처: 농림수산식품부, 2007

닭가슴살은 밝은색을 띠며 지방 함량이 적어 연하고 담백한 맛을 가지지만 향미는 약하다. 지방 섭취를 제한해야 하는 사람에게 좋은 단백질 급원이 되는 부위로 찜이나 치즈 구이 등의 요리에 이용된다.

날개는 콜라겐 함량이 많아 조리과정에서 콜라겐이 젤라틴화하여 쫄깃한 느낌을 즐길 수 있으며 지방 함량도 높아 육수를 내면 감칠맛이 나므로 국, 튀김, 소금구이 등의 요리에 이용된다. 다리는 운동을 많이 하는 부위로 육색소인 미오글로빈을 많이 함유하고 있어 붉은색을 띠며 결합조직이 많아 육질이 쫄깃하고 감칠맛이 있다. 또한 철분 함량이 높아 바비큐, 프라이드 치킨, 튀김, 찜 등의 요리에 이용된다.

4. 가금류의 조리

(1) 볶기

어리고 연한 가금류는 로스팅하거나 오븐구이를 할 수 있다. 몸통 전체를 로스팅하는 경우 부위별로 육질이 다르기 때문에 골고루 익히기가 어렵다.

칠면조 같은 커다란 가금류의 조리 정도를 알아보기 위해서는 가슴살이나 허벅지의 가장 두꺼운 부분에 온도계를 꼽으며, 내부온도가 82~85℃에 도달하면 지나친 육즙의 손실 없이 알맞은 정도로 조리된 것이다.

칠면조를 로스팅하기에 적절한 오븐 온도는 163℃이며 허벅지살의 내부 온도는 82~85℃이다.

(2) 브로일링

가금류를 브로일링하려면 어리고 부드러운 것을 조각내어 불 위의 석쇠나 그릴에서 익힌다. 고기의 연결 부분에 칼집을 넣어 고기가 석쇠나 그릴 위에 평편하게 놓이게 한다. 석쇠나 그릴은 열원에서 12~15cm 정도 떨어지게 하며 닭고기는 양면이 잘 익도록 20~30분간 조리한다. 칠면조의 경우에는 닭보다 크기 때문에 양면을 고루 익히는 데 35분 정도 소요된다.

(3) 튀기기

어린 닭을 조리하는 가장 흔한 방법이 튀기기이며, 프라이드치킨은 가장 일반적인 패스트푸드이다. 닭 조각을 먼저 양념가루, 달걀과 빵가루를 입혀 표면이 지나치게 갈변화하지 않도록 조심스럽게 조리한다.

(4) 브레이징

브레이징은 수증기를 이용하여 가금류를 조리하는 방법이다. 팬에 소량의 기름을 두르고 닭 조각을 볶아 표면이 갈색을 띠게 한 후 수분을 첨가하고 뚜껑을 덮어 수증기로 살코기를 익힌다.

(5) 스튜잉

스튜잉은 가금류를 조각내거나 통째로 넣어 각종 채소와 향신료를 첨가한 후 비교적 많은 물을 넣고 부드러워질 때까지 적당한 불로 가열하여 뭉근하게 끓이는 방법이다. 우리나라의 여름 보양식인 백숙이나 삼계탕이 대표적인 예이다.

＊한 번 더 알아보기

1. 쇠고기의 부위별 조리방법을 설명하시오.
2. 조리과정 중 미오글로빈의 색깔 변화를 3단계로 설명하시오.
3. 육류를 이용한 육수 조리와 편육 조리 시의 차이점을 설명하시오.

CHAPTER 08

어패류

학습목표

1. 어패류의 종류를 이해할 수 있다.
2. 어패류의 비린내 원인과 제거방법을 학습하고 조리에 적용할 수 있다.
3. 생선 신선도 체크방법을 이해할 수 있다.

CHAPTER 08

어패류

어패류는 어류와 패류로 분류되며, 수천 종이 있으나 몇 종류만이 우리들에게 익숙해져 있어 다양한 종류가 이용되지 못하고 있다. 어류는 지느러미가 있고 뼈로 구성된 골격을 가지고 있는 것을 말하며 패류는 껍질이나 등딱지가 있는 무척추 수중생물로 조개류, 연체류와 갑각류로 분류된다. 특히 우리나라는 삼면이 바다로 둘러싸여 있어 어종이 풍부하다. 어패류는 육류보다 지방 조성이 우수하여 최근 들어 건강에 대한 관심이 높아지면서 어패류의 소비가 증가하고 있다. 이 장에서는 어류와 패류의 분류, 구조 및 조리 특성에 영향을 미치는 성분에 대하여 알아본다.

어패류

1. 어패류의 분류

어패류는 지느러미를 가진 어류, 패류와 연체류로 분류된다. 어류는 머리, 몸체, 꼬리의 세 부분으로 나눌 수 있으며, 지느러미를 가지고 있다. 생선의 근육은 근섬유가 모인 다발로 이루어지며 몸통에서 꼬리에 이르는 측근을 주로 식용한다(그림 8-1). 가식부는 주로 근육으로 등뼈 양쪽에 붙어 있으며 등 쪽의 근육은 두껍고 배 쪽의 근육은 내장을 감싸고 있어 얇다.

어패류는 육류와 가금류보다 불포화지방산이 많이 함유되어 있어 산화가 용이하며 향미가 섬세하기 때문에 지방의 산패 없이 맛있는 요리를 만들기 위해 세심한 주의가 요구된다.

(1) 어류

어류는 서식 장소에 따라 해수어와 담수어로 분류되며 향미와 품질이 상당히 다른 특성을 보인다. 해수어는 지방 함량에 따라 저지방과 고지방 어류로 분류되며(표 8-1) 저지방 어류는 5% 이하의 지방을 가지고 있다. 해수어는 담수어와는 구별되는 향미를 가지며, 고지방 어류는 저지방 어류보다 향이 더 강하다.

【표 8-1】 지방 함량에 따른 해수어의 분류

분류	종류	특징
저지방 어류 (lean fish)	도미, 가자미, 민어, 광어, 대구, 숭어 등	· 근육이 흰색을 띠고 지방 함량이 5% 이하 · 해저 가까이 살고 횟감으로 선호 · 지방 함량이 낮아 조리 시 쉽게 건조해지므로 습열조리가 적당하며 건열조리 시 소스와 함께 제공
고지방 어류 (fat fish)	연어, 참치, 방어, 고등어, 꽁치, 송어, 뱀장어 등	· 지방 함량이 5~20%로 많아 근육이 다양한 색을 띰 · 바다의 표면 가까이에 살며 운동량이 많아 근육이 단단하고 살이 많음 · 지방 함량이 높아 건열조리 시에도 맛이 풍부하고 살이 건조해지지 않음

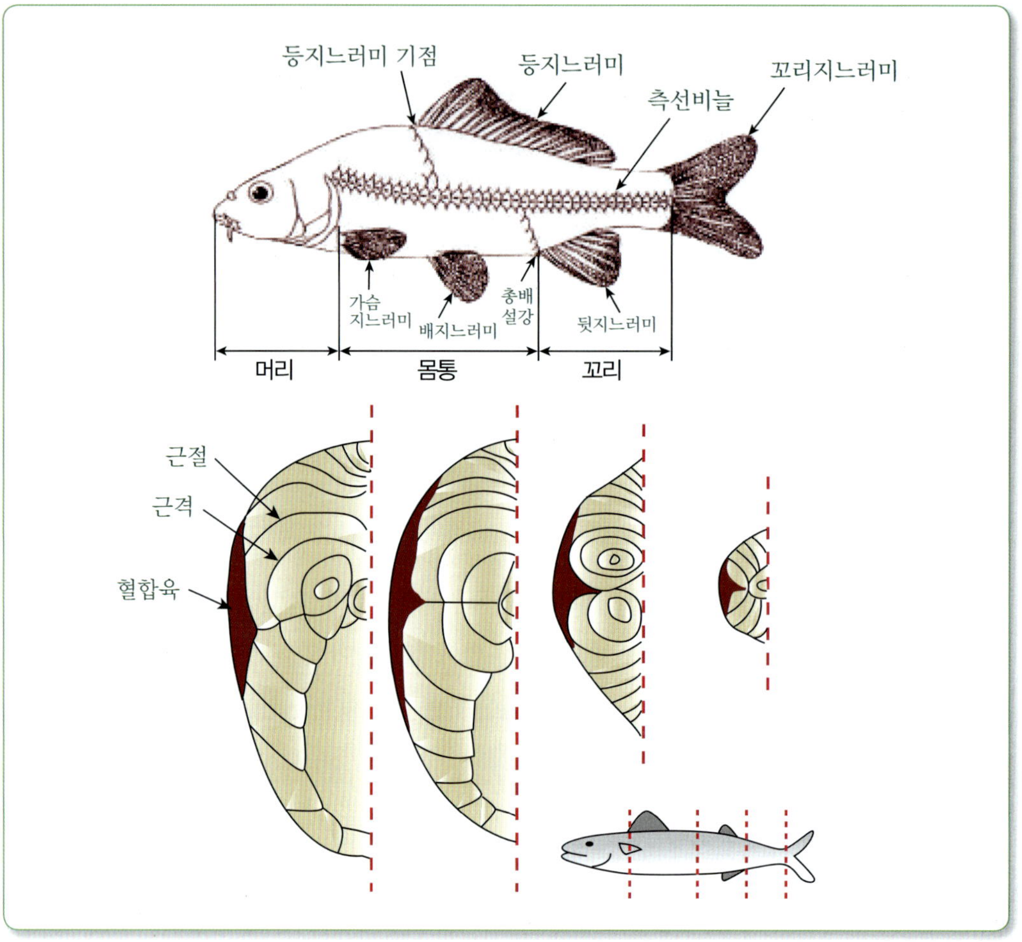

【그림 8-1】 어류의 구조와 근육조직의 형태
출처: 한국생명과학연구소, 2009

(2) 패류

패류는 다시 조개류, 갑각류와 연체류로 분류된다. 조개류는 부드러운 근육조직을 가지면서 단단한 껍질이 부분적 또는 전체적으로 둘러싸여 있는 패류로 굴, 조개, 홍합, 가리비와 전복 등이 있다. 갑각류는 몸이 분절되어 있으면서 단단한 외피로 둘러싸여 있는 게, 새우와 가재류가 포함된다.

2. 어패류의 성분 및 영양가

어패류의 가식부 비율은 어종에 따라 다르며 같은 어종에서도 계절, 암수, 나이, 어장, 영양 상태에 따라 차이가 있다. 대략적인 가식부율을 살펴보면, 어류는 50~60%, 패류의 경우는 20~40% 정도이다.

어패류의 일반조성은 대략 수분 70~85%, 단백질 15~25%, 지방 1~10%, 탄수화물 0.5~1.5%, 회분이 1~2% 정도이다.

(1) 영양성분

어패류의 전체적인 영양성분 조성은 육류의 살코기와 유사하다. 육류나 가금류처럼 어패류도 우수한 단백질 공급원으로 식사에서 전체 단백질의 18~20%를 어패류로부터 공급받고 있다. 어류의 영양성분은 표 8-2와 같다.

생선의 근육 단백질은 세포 내 단백질과 세포 외 단백질로 나뉜다(표 8-3). 세포 내 단백질은 액틴, 미오신의 근섬유 단백질과 주로 효소단백질인 수용성 구형단백질 같은 근형질 단백질이 있다. 근섬유 단백질인 액틴과 미오신은 생선이 사후경직되면서 액토미오신이 되기 때문에 근육의 수축이 일어난다. 세포 외 단백질은 결합조직 단백질로 콜라겐과 엘라스틴이 있는데 육류와 비교하면 콜라겐의 함량이 적으며 엘라스틴은 더 적은 양으로 존재하고 있어 살이 연하고 담백한 맛을 가진다.

어류는 지방과 콜레스테롤 함량이 육류보다 적기 때문에 영양학자들은 식사에서 붉은색 고기의 많은 부분을 어류로 대치할 것을 권장하고 있다. 어류의 지방을 구성하는 지방산을 보면 포화지방산 약 20%, 불포화지방산 약 80% 수준으로 불포화지방산의 함량이 높으며, 특히 EPA와 DHA 같은 ω-3계 지방산을 많이 함유하는 특징이 있다. 일반적으로 생선은 8~12%의 EPA를 포함하며 총 ω-3 지방산으로는 30~45%를 함유하고 있어 이 영양소의 주요 급원이며, 섭취 시 관상동맥 심장병의 발병 위험을 감소시킨다.

지방 함량이 높은 생선은 지방 함량이 낮은 생선보다 비타민 A 함량이 높아 연어는 비타민 A의 아주 좋은 급원이 되며, 리보플라빈과 니아신도 많이 함유하고 있다. 조리하지 않은 생선에는 티아미나제(thiaminase)가 있어 티아민을 파괴하기 때문에 조리하지 않은 상태로 생선을 보관하는 것은 바람직하지 못하다.

【표 8-2】 어류의 영양성분

종류	열량 (kcal)	수분 (%)	단백질 (g)	지방 (g)	회분 (g)	탄수화물 (g)	무기질					비타민				
							Ca (mg)	P (mg)	Fe (mg)	Na (mg)	K (mg)	A (R.E)	B_1 (mg)	B_2 (mg)	니아신 (mg)	C (mg)
가자미	129	72.3	22.1	3.7	1.6	0.3	40	196	0.7	230	377	8	0.18	0.26	4.3	2
갈치	149	72.7	18.5	7.5	1.2	0.1	46	191	1.0	100	260	20	0.13	0.11	2.3	1
고등어	183	68.1	20.2	10.4	1.3	0	26	232	1.6	75	310	23	0.18	0.46	8.2	1
꽁치	164	70.5	19.5	8.7	1.2	0.1	54	234	1.8	80	150	21	0.02	0.28	6.4	1
광어	103	76.3	20.4	1.7	2.3	0.3	53	199	1.6	160	420	8	0.10	0.20	6.5	1
농어	96	78.5	18.2	1.9	1.2	0.2	58	196	1.5	108	390	36	0.18	0.13	3.1	1
대구	80	80.5	17.6	0.5	1.2	0.2	64	197	0.6	119	420	23	0.12	0.16	2.4	1
옥돔	110	77.0	17.8	3.7	1.4	0.1	31	205	1.4	80	400	33	0.15	0.20	4.5	1
참돔	109	75.0	21.6	1.8	1.5	0.1	66	256	0.9	75	380	9	0.26	0.15	4.8	1
메기	114	78.4	15.1	5.3	1.1	0.1	26	190	0.8	46	320	48	0.20	0.07	2.3	1
멸치	114	74.8	17.7	4.1	3.2	0.2	509	421	2.9	240	370	38	0.04	0.26	8.8	1
명태	80	80.3	17.5	0.7	1.5	tr	109	202	1..5	132	293	17	0.04	0.13	2.3	tr
민어	127	74.4	19.7	4.7	1.2	tr	52	139	1.1	107	290	9	0.05	0.29	3.7	1
박대	85	80	17.3	1.1	1.3	0.3	39	137	0.3	155	356	15	0.20	0.08	1.7	0
방어	155	68.6	23.9	5.8	1.5	0.2	53	203	1.5	32	380	14	0.15	0.16	7.8	1
병어	122	75.9	17.8	5.0	1.3	tr	33	189	1.3	158	360	63	0.32	0.09	3.2	1
붕어	94	78.9	18.1	1.8	1.1	0.1	56	193	2.4	30	340	7	0.31	0.15	2.6	1
삼치	137	73.6	18.9	6.1	1.4	tr	24	214	0.8	57	410	9	0.08	0.29	8.9	1
송어	121	73.8	21.0	3.4	1.7	0.1	35	263	1.3	110	400	26	0.46	0.12	9.8	1
숭어	105	75.3	22.0	1.2	1.4	0.1	83	234	2.1	80	330	9	0.10	0.14	3.7	tr
아귀	68	83.6	14.4	0.6	1.1	0.3	16	182	1.1	130	300	26	0.03	0.13	4.2	tr
연어	106	75.8	20.6	1.9	1.5	0.2	24	243	1.1	95	330	18	0.19	0.15	7.5	1
우럭	103	77.0	19.5	2.2	1.3	tr	42	220	1.5	–	–	8	0.10	0.18	2.6	1
잉어	113	76.9	17.5	4.0	1.3	0.3	50	225	1.4	48	370	11	0.35	0.12	3.3	1
장어	223	67.1	14.4	17.1	1.1	0.3	157	193	1.6	65	250	1050	0.66	0.48	4.5	1
조기	93	78.7	18.3	1.7	1.3	tr	36	175	0.9	155	380	8	0.05	0.21	4.4	1
청어	163	70.6	23.1	1.8	1.2	0.1	87	225	2.3	118	290	69	0.03	0.25	6.3	1
홍어	84	77.5	19.6	0.5	2.4	tr	305	250	1.2	222	240	0	0.07	0.13	2.4	0

tr: trace

–: 수치가 애매하거나 측정되지 않음

출처: 농촌진흥청 국립농업과학원(식품성분표 제7차 개정), 2006

【표 8-3】 어류의 근육 단백질의 분류

분류		용해도	소재	단백질의 예
세포 내 단백질	근형질 단백질 20~50%	수용성	근세포 간 근원섬유 간	다양한 효소 미오글로빈
	근원섬유 단백질 50~70%	염용성	근원섬유	미오신, 액틴 트로포미오신 트로포닌
세포 외 단백질	근기질 단백질 <10%	불용성	근격막, 혈관, 근세포막 등의 결합조직	콜라겐 엘라스틴

(2) 맛 성분

어패류의 맛 성분은 글리신, 알라닌, 글루탐산 등의 유리아미노산과 핵산계 화합물인 이노신산, 구아닐산, 각종 유기산과 염기성 화합물이 맛 성분으로 작용한다. 저분자 질소화합물인 트리메틸아민옥사이드(trimethylamine oxide: TMAO)는 살아 있는 생선의 강한 단맛 성분이며 베타인(betaine)은 청량한 단맛 물질이다. 그 외에 ATP 분해산물 중 IMP, AMP와 ADP 등이 구수한 맛을 내는 성분이다. 오징어, 문어, 새우는 타우린과 베타인, 조개류는 호박산이 맛난 맛의 주체가 된다.

(3) 냄새 성분

생선의 비린내는 생선의 종류나 선도에 따라 다른데, 담수어의 비린내는 리신에서 생긴 피페리딘과 아세트알데히드의 축합 물질이며, 해수어의 비린내는 TMAO가 세균에 의해 환원되면서 생기는 트리메틸아민(TMA)에 기인한다. 선도가 떨어지면 오래된 생선은 아미노산이 분해되면서 아민류, 탄산가스, 유기산, 지방산과 암모니아 등을 생성하여 부패취를 발생한다.

(4) 색소

어육의 색소는 헤모글로빈, 미오글로빈, 시토크롬 등의 수용성 색소단백질과 지용성 카로티노이드 색소로 나눌 수 있다. 어육의 붉은색은 근육 색소인 미오글로빈이며 신선도가 떨어지면 미오글로빈이 산화되어 메트미오글로빈이 되면서 그 색깔이 다소 변하게 된다. 송어와 연어의 붉은 살은 카로티노이드계의 아스타잔틴으로 가재와 새우 및 게의 껍질에서도 발견된다. 새우나 게 껍질의 아스타잔틴은 가열 시 단백질과 분리되어 적색의 아스타신이 된다. 전복이나 소라 같은 패류의 청색은 구리(Cu)를 함유하는 청색 혈색소인 헤모시아닌에 의한 것이다.

3. 어패류의 취급과 보관

(1) 어패류의 선택

어패류는 육류와 마찬가지로 죽은 뒤 일정 시간이 지나면 근육이 굳어지며 사후경직 상태가 된다. 사후경직이 일어나는 시간은 어종, 어획법, 보관온도와 방법 등에 따라 달라지지만 육류보다 근섬유가 짧고 결합조직이 적어 일반적으로 1~4시간 내에 최대 경직 상태에 도달한다. 대체로 고지방 어류가 저지방 어류보다 경직이 빨리 시작되며 경직 시간도 짧다. 어패류는 최대 경직 상태를 유지할 때가 육질에 탄력이 있고 신선하여 가장 품질이 좋은 상태이다. 사후경직이 시작되면 근육 중에 있는 단백질 분해효소의 작용으로 단백질이 분해되면서 사후경직이 풀려 근육이 연화하기 시작하면서 신선도가 저하된다.

1) 관능검사법

어패류는 사후경직 상태의 것이 신선한 것으로 몸체는 근육이 단단하게 밀착되어 있어 손으로 눌러도 자국이 생기지 않으며 몸체가 빳빳한 외형을 유지하고 있는 것을 선택한다. 선도가 떨어지면 몸체를 들었을 때 힘없이 처지고 근육의 치밀도가 약화되면서 탄력성이 없어진다.

신선한 것은 표면에 윤기가 흐르고 비늘이 가지런히 단단하게 붙어 있으나 오래된 것은 윤기가 없어지고 비늘이 떨어지거나 색이 변한다. 또한 점액 물질이 분비되어 미끈거리면서 생선 특유의 비린내가 나기 시작한다. 생선의 복부 부분에는 다양한 효소와 미생물이 존재하기 때문에 선도가 저하되면 빠르게 연화하여 내장이 터져 나오게 된다. 신선한 생선의 아가미색은 선명한 적색이며 단단하나 선도가 떨어지면 점차 회색을 띠고 윤기가 없어진다.

안구는 광채가 있고 투명하면서 움푹 들어가지 않은 것이 신선하다. 선도가 떨어지면 안구의 광채가 없어지고 색이 탁해지면서 각막이 눈 속으로 내려 앉아 움푹하게 된다.

신선한 생선은 신선한 바다 냄새가 나지만 선도가 저하되면 트리메틸아민, 암모니아, 아민류, 지방산화물이 생성되어 비린내가 강해진다. 생선 신선도의 일반적인 체크포인트는 표 8-4와 같다.

【표 8-4】 생선 신선도의 체크포인트

특성	신선한 생선	신선하지 않는 생선
냄새	냄새가 없는 것	비린 냄새가 나는 것
눈	깨끗하고 윤기가 나며 돌출된 것	흐릿한 것
아가미	붉은색 또는 분홍색	갈색 또는 회색
조직감	견고하고 탄력적인 것	물러진 상태
비늘	윤기가 있고 피부에 밀착	빛나지 않고 늘어짐

2) 화학적 검사법

생선이 부패하면서 생성되는 암모니아, TMA 등을 측정하거나 휘발성 유기산, 인돌, 휘발성 환원물질, 히스타민 등을 정량분석하는 방법이 있다.

3) 미생물 검사법

어패류의 세균 수를 측정하여 그 번식 정도에 따라서 선도 판정을 하는 방법으로 1g의 근육에 세균 수가 10^3 이하이면 신선하며 10^5~10^6이면 초기부패 상태로 판정한다.

(2) 어패류의 안전성

어패류는 위생적으로 취급하고 완전히 익히면 안전하게 먹을 수 있으나 그렇지 않으면 가장 변질되기 쉬워 상당한 위험성을 가지는 식품이다. 어패류에 의한 질병은 원인 불명이 가장 많은데 강과 바다가 만나는 지역은 많은 도시가 위치하고 있어 물이 오염되면 이러한 곳에 주로 서식하는 조개류는 오염되기 쉽다.

어패류에 의한 또 다른 질병의 원인은 비브리오균에 의한 것이다. 이 세균은 일반적인 해양환경에서 서식하며 해수어의 장내 주요 미생물이다. 비브리오는 열처리에 의해 쉽게 파괴되기 때문에 어패류의 바이러스와 세균에 의한 질병은 어패류를 완전히 익혀 먹으면 방지할 수 있다.

(3) 어패류의 보관

신선한 생선은 부패가 아주 용이하여 빠르게 상한다. 따라서 생선은 어획 직후부터 판매하기 전까지 조각 얼음이나 냉동 염 용액에 보관하여야 한다.

세균은 생선의 근육조직을 파괴하여 트리메틸아민을 생성하며 생선의 구조는 세균 침입이 용이하여 빠르게 부패한다. 낮은 온도에 보관하여도 작용하는 효소가 있으므로 생선은 가능하면 −1~1℃에서 보관해야 한다. 구입한 생선은 포장 그대로 조리하기 전까지 냉장고 온도가 가장 낮은 곳에 보관해야 한다. 신선한 생선은 구입한 후 이틀 내에 소비하여야 하며 장기간 저장 시에는 냉동시켜야 한다. 급속 냉동을 하여야 세포의 손상이 적으며 해동할 때 육즙 손실의 원인이 되는 커다란 얼음 결정의 생성을 막을 수 있다. 어패류는 낮은 온도에서 냉동할수록 저장기간이 길어진다(표 8-5). 냉동생선은 냉장고에서 해동시켜야 하며 해동 후에는 신선한 생선과 동일한 방법으로 다루어야 하며 재냉동하지 않는다.

【표 8-5】 냉동 어패류의 가식기간

종류	가식기간(개월)		
	−18℃	−25℃	−30℃
고지방 어류	4	8	12
저지방 어류	8	18	24
바닷가재 종류	6	12	15
게	6	12	12
굴	4	10	12

4. 생선 비린내 제거

생선 비린내 제거방법은 표 8-6과 같다.

【표 8-6】 생선 비린내 제거 방법

물	· 생선 표면의 점액물질을 물로 씻는 과정에서 수용성 아민류(TMA, NH_4) 제거
마늘, 파, 양파	· 황화아릴류(allyl sulfide)가 어취 감소
생강	· 생강의 매운맛 성분인 쇼가올과 진저롤이 미뢰를 둔화시켜 어취 인식 억제 · 생선을 조리한 후 생강을 첨가하는 것이 비린내 제거에 더 효과적
고추, 후추	· 캡사이신, 채비신이 미뢰 마비
고추냉이, 겨자	· 겨자유가 미뢰를 마비시켜 어취 약화
셀러리, 파슬리, 쑥갓, 미나리, 깻잎	· 채소의 강한 향기로 어취 약화 · 먹기 직전에 넣어야 어취 제거 효과가 큼
무	· 메틸멜캅탄과 겨자유가 어취 제거
산	· 산이 알칼리인 아민류, 암모니아와 결합하여 비린내 제거
술	· 술의 알코올이 어취와 함께 휘발 · 술의 숙신산이 어취를 줄이고 맛 향상 · 정종, 미림 등의 당은 어육단백질과 반응하여 갈색과 향미 부여
간장, 된장, 고추장	· 장류의 콜로이드성이 어취 흡착 · 간장은 단백질 응고를 촉진하고 고기에 탄력성을 부여하는 동시에 비린내 제거 효과

5. 어패류의 조리원리

(1) 가열

생선을 가열하면 결합조직 단백질인 콜라겐은 변성되어 수축하고, 장기간 가열하면 젤라틴으로 변한다. 근육섬유 단백질의 주성분인 액토미오신은 45℃에서 응고되고 수용성 단백질인 미오겐은 50~60℃에서 응고되는 등 응고온도가 다른 단백질이 섞여 있어 생선살은 단계적으로 변성하게 된다. 생선 조리 시 껍질이 수축하거나 살이 굽어지는 것은 콜라겐 단백질이 열에 의해 응고되면서 수축하기 때문이다. 가열 시 근육의 수축으로 탈수가 일어나면서 어육의 무게가 감소하게 되는데 신선한 생선일수록 탈수에 의한 중량 감소량이 적다.

프라이팬이나 석쇠에 생선을 구울 때 생선이 들러붙는데 이를 열응착성이라 한다. 이것은 온도가 상승되면서 단백질이 풀어지고 금속면과 닿아 반응을 일으켜 나타나는 현상으로 조리 도구 표면을 기름칠하거나 금속으로 코팅하면 열응착성을 막을 수 있다.

(2) 소금

생선을 조리할 때 1~2%의 소금을 첨가하면 생선살이 단단해지고 탄력성이 증가하면서 투명해진다. 이것은 어육의 염용성 근원섬유 단백질이 소금에 용해되어 보수성이 증가한 것에 기인하며 조리 시 중량 감소도 적게 일어난다. 소금의 농도가 2%가 넘으면 단백질 용출량이 급격히 증가하며, 2~6%에서는 용출된 미오신과 액틴이 액토미오신을 형성한다. 이 액토미오신이 서로 엉겨 입체적 망상구조의 겔을 형성하게 되는데, 이것이 어묵제조의 원리이다. 생선 조리 시 소금 농도가 15% 이상이 되면 단백질 표면의 수분이 소금과 대치되어 단백질이 응고되고 탈수량이 증가한다.

(3) 식초

식초는 생선 비린내를 감소시키고 생선단백질을 응고시켜 조직을 단단하게 하며 생선 외부에 부착된 미생물에 대한 살균효과도 가진다.

6. 어패류의 조리

(1) 어류의 조리

생선은 건열과 습열조리방법으로 모두 조리할 수 있다. 생선은 결합조직이 적어 가수분해가 용이하며, 생선의 구조가 섬세하여 조리하지 않은 상태에서도 육질이 매우 부드럽다. 따라서 육질을 부드럽게 할 목적으로 습열조리방법을 사용할 필요성은 없다. 그보다는 생선을 조리하였을 때 생선의 형태를 유지하려면 매우 조심스럽게 다루어야 한다. 따라서 육류와 가금류보다 조리시간이 짧아야 하고 조리 동안 자주 뒤집지 않도록 한다. 생선을 물속에서 조리할 때는 생선살이 조각나지 않게 면포나 양피지에 싸서 조리한다. 생선은 육즙이 적기 때문에 향미를 더해주는 튀기기, 브로일링과 베이킹 같은 조리방법이 적당하다.

1) 구이

생선은 필릿, 또는 통째 스테이크나 구이를 할 수 있다. 뼈를 제거한 생선을 구울 때는 껍질 부분이 석쇠 쪽을 향하게 놓고 굽는다. 생선은 익으면 생선살이 부드러워 잘 부서지게 되므로 구이를 할 때 지나치게 갈변화되지 않게 낮은 온도에서 굽고 윗 표면에 기름 양념을 발라 생선 표면을 코팅함으로써 굽는 동안 수분이 보유되도록 하며 뒤집지 않고 굽는 것이 좋다.

2) 튀기기

생선을 튀길 때에는 생선을 적당한 크기로 잘라 튀김옷을 입혀 튀기는데 튀김옷이 갈색이 되는 동안 생선이 완전히 익도록 195~200℃의 높은 온도에서 튀겨 낸다. 튀김은 튀기는 과정에서 기름이 생선살에 스며 들어가므로 지방 함량이 낮은 흰살생선이 적당하다. 튀긴 생선은 아삭아삭하고 기름이 스며들어 풍부한 맛을 낸다.

3) 찌기와 끓이기

생선은 오븐을 이용하여 찔 수도 있고 밑부분에 끓는 물이 담긴 찜기에 넣고 찔 수도 있다. 또한, 뚜껑을 덮은 오븐팬이나 생선을 알루미늄 호일로 싼 후 오븐에서 찔 수도 있다. 호일은 수분을 보유하여 생선이 수증기에 의해 조리되게 한다.

끓이기는 많은 물에 생선을 넣고 뚜껑을 덮은 후 끓는점 이하의 온도에서 조리하는 것으로, 크고 육질이 단단한 생선이 적당하다. 우럭, 생태, 민어, 조기 등이 많이 이용되며 생선을 손질한 뒤 소금을 조금 뿌려두면 살이 단단해져 끓여도 살이 흐트러지지 않고 탄력성을 유지하게 된다. 끓이는 물에 식초나 레몬주스와 소금을 첨가하면 생선의 맛이 좋아지며 습열조리한 생선은 일반적으로 소스와 함께 내어야 풍부한 맛을 즐길 수 있다.

4) 전유어

대구, 동태, 쥐치, 가자미 등의 흰 살 생선을 3장 뜨기하여 가시부분은 제거한 후 먹기 좋은 크기로 얇게 포를 떠서 후추, 소금으로 밑간을 한다.

생선포에 소금을 소량 뿌리면 생선살의 염용성 단백질이 녹아 근육조직 간에 밀착이 이루어져 조리 후 살이 탄력성을 가져 퍼석하지 않고 쫄깃하다.

간이 된 생선포에 밀가루를 묻히고 여분의 밀가루는 털어 낸 후 바로 달걀 푼 물에 담갔다가 기름을 두른 팬에 노릇하게 구워낸다. 달걀 물을 씌우기 때문에 약한 불에서 구워야 타지 않고 잘 구워지며 팬에 기름이 많으면 전유어 주위로 거품이 많이 생기므로 기름 사용량에 주의한다.

(2) 패류의 조리

패류는 신선한 상태의 것을 이용하여 껍질이 열릴 때까지만 조리하여야 부드럽게 조리된다. 패류의 살은 어류와는 달리 매우 단단하여 높은 온도로 조리하면 바로 질겨진다. 이러한 차이가 결합조직의 종류와 양에 의한 것인지는 명확하지 않지만 패류는 높은 온도에서 장시간 조리하는 것을 피해야 한다. 패류도 습열조리를 할 수는 있으나 낮은 온도(82~85℃)에서 해야 부드러운 맛을 즐길 수 있다.

*** 한 번 더 알아보기**

1. 저지방 어류와 고지방 어류의 특징을 설명하시오.
2. 생선의 신선도 체크포인트는 무엇인가?
3. 생선의 비린내 제거방법에는 어떤 것이 있는가?

CHAPTER

09

달걀류

학습목표

1. 달걀의 구조와 성분의 특성을 이해할 수 있다.
2. 달걀류를 이용한 조리원리 및 조리방법을 이해하고 조리에 활용할 수 있다.

CHAPTER 09

달걀류

달걀은 양질의 단백질과 지방, 각종 비타민류, 무기질 등을 고루 함유한 완전식품에 가까운 식품이면서 가격이 저렴하여 식탁에 자주 오른다. 달걀 단백질은 가열 시 응고하는 특성이 있어 조리된 식품의 구조를 형성하는 데 주요한 역할을 하며, 난황의 유화성과 난백의 기포성은 달걀 요리에 다양한 성질을 부여한다.

이 장에서는 달걀의 구조와 성분 및 조리 특성에 대하여 알아본다.

달걀류

1. 달걀의 성분과 영양가

달걀은 약 75%의 수분, 12%의 단백질, 10%의 지방, 1%의 탄수화물, 그리고 1%의 무기질로 구성되어 있다. 하지만 표 9-1에서 보는 것처럼 난황과 난백은 성분 조성이 서로 완전히 달라 지방은 난황에 존재하며, 수분은 난백에 더 많이 함유되어 있다. 껍질은 달걀 총 중량의 약 11%를 차지하며 95%가 결정상 탄산칼슘($CaCO_3$)으로 이루어져 있다.

난황에 대한 난백의 비율은 달걀마다 다르지만, 난백은 대개 전체 가식 부분의 2/3이고, 난황은 대략 1/3 정도이다. 일반적으로 난황이 난백보다 더 영양 밀도가 높아, 그 무게에 비해 무기질과 비타민을 더 많이 함유하고 있다.

【표 9-1】 껍질을 제거한 달걀의 영양성분(개당)

구분	무게 (g)	수분 (%)	에너지 (kcal)	단백질 (g)	지방 (g)	철 (mg)	비타민		
							A (R.E)	B_1 (mg)	B_2 (mg)
전란	50	75	72	6	5	0.7	95	0.03	0.25
난백	33	88	15	4	0	–	0	–	0.15
난황	17	49	60	3	5	0.6	97	0.03	0.11

(1) 단백질

달걀 단백질은 필수아미노산을 고르게 함유하고 있어 영양학적으로 매우 우수하며 높은 단백질 효율을 가진다. 난백의 주요 단백질은 오브알부민으로서, 전 단백질의 54%를 차지하고 있다. 이 단백질은 열에 의해 쉽게 변성되어 열응고성을 가진다. 난백에는 그 외에도 오보트랜스페린, 오보뮤코이드, 오보뮤신, 오보글로불린, 그리고 라이소자임 등이 있다. 난황의 주요 단백질은 지단백질인 리포비텔린과 리포비텔리닌으로 유화 특성에 관여한다(표 9-2).

【표 9-2】 달걀 단백질의 종류 및 특징

종류		특징
난백	오브알부민	· 난백 단백질 중 54% 함유 · 열응고성
	오보글로불린	· 기포특성
	오보뮤코이드	· 트립신의 저해 작용 · 당단백질로 열에 응고하지 않음
	오보뮤신	· 섬유 같은 성질을 가지는 당단백질 · 기포 안정성에 기여
	라이소자임	· 용균 작용
난황	리포비텔린 리포비텔리닌	· 지단백질로 우수한 유화성 · 마요네즈 제조에 사용

(2) 지방

난황에 들어 있는 지방 함량은 신선한 난황 무게의 약 30%를 차지하며 주로 중성지방, 인지질, 콜레스테롤로 이루어져 있다. 이중 콜레스테롤이 약 5% 함유되어 있어 높은 함유량을 보이지만 인지질인 레시틴(lecithin)을 가지고 있어 콜레스테롤의 흡수를 억제하는 역할을 한다. 또 레시틴은 유화성의 주체가 되는 성분이다. 큰 달걀 하나의 난황은 약 215mg의 콜레스테롤을 함유하지만 난백에는 콜레스테롤이 없다. 난황의 지방산 조성은 사료에 의해 영향을 받아 산란하는 암탉의 사료에 등푸른생선이나 특별한 혼합물을 첨가하면 ω-3 지방산의 수준이 증가한다.

(3) 색소

황색 카로티노이드 색소 중 일부는 체내에서 비타민 A로 전환될 수 있기 때문에, 색깔이 더 선명한 난황이 옅은 색의 난황보다 비타민 A의 더 좋은 섭취원인지의 여부가 의문시되어 왔다. 난황의 주된 색소는 크산토필로서 체내에서 비타민 A로 전환되지 않는다. 하지만 더 진한 난황은 대개 비타민 A 함유량이 더 높다. 달걀껍데기의 색은 품종에 따라 색이 달라지고 색에 따른 품질과 영양성분의 차이는 없다.

2. 달걀의 구조

달걀의 구조는 그림 9-1과 같이 난각, 난각막, 난백, 난황의 4부분으로 이루어져 있다.

난각은 난각막과 밀착되어 있는데 투과성이 있어 가스교환을 하므로 저장기간이 길어지면 달걀의 수분이 감소하면서 기실이 커진다. 껍질의 색은 갈색 또는 흰색으로 닭의 품종에 따라 달라지며, 내용물의 맛이나 질에는 영향을 미치지 않지만 일반적으로 소비자들은 갈색란을 선호하는 경향이 있다. 달걀의 뭉툭한 쪽에 형성되는 기실은 껍질과 난백 사이에 있는 두 개의 얇은 섬유상 단백질막이 분리되어 생성된다(그림 9-1).

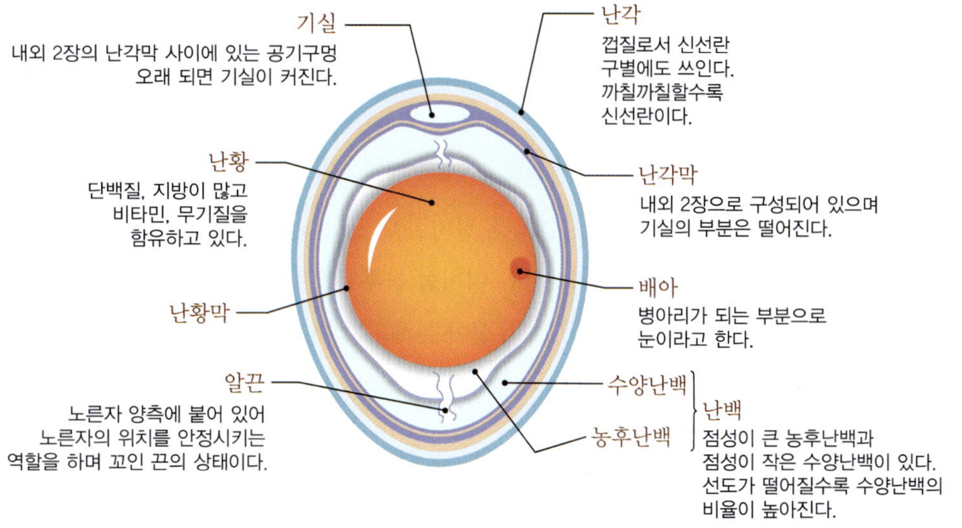

【그림 9-1】 달걀의 구조

달걀 표면의 까칠까칠한 느낌의 외피(cuticle)는 달걀을 보호하고 있어, 외피가 벗겨지면 껍질의 투과성이 증가하여 박테리아나 곰팡이가 침입할 수 있고, 좋지 않은 맛이나 향을 흡수하게 된다. 하지만, 껍질 표면의 먼지나 흙은 달걀의 박테리아 침입을 일으키는 가장 대표적인 원인이 되기 때문에 더럽혀진 달걀은 세척해야 된다.

난백은 점성이 큰 농후난백과 점성이 적으면서 난황을 둘러싸고 있는 내수양난백, 난각 근처에 분포되어 있는 외수양난백의 3층으로 이루어져 있으며 그 비율은 달걀의 종류에 따라 매우 다양하고 저장하는 동안 농후난백이 수양화되기 때문에 비율이 바뀌게 된다.

난황을 둘러싸는 얇은 막인 난황막에 바로 근접해 있는 것은 알끈층으로, 난황막을 단단히 받쳐주고 알끈으로 연장된다. 알끈(chalazae)은 난황을 달걀의 중심에 고정시키는 역할을 하는 것으로 오보뮤신과 거의 유사한 분자구조를 가진다.

난황은 난황막으로 단단히 싸여 있으며 그 안에는 단백질 알갱이와 기름방울이 있다. 시판되는 달걀은 대개 무정란으로 난황 표면의 배아는 발육하지 않는다. 유정란과 무정란 사이의 영양가에는 차이가 없지만 유정란이 더 빨리 품질이 저하된다.

3. 달걀의 품질

(1) 달걀의 저장 중 품질 변화

평평한 곳에 달걀을 깨어 놓았을 때 신선한 달걀은 점도가 높은 농후난백의 양이 많아 둥근 모양으로 서게 된다. 그러나 달걀의 신선도가 떨어짐에 따라 농후난백이 수양화되어 난백의 점도는 감소하고 달걀은 표면에 퍼지게 된다. 이처럼 농후난백이 수양화되는 것은 저장 중 라이소자임의 작용으로 섬유상 단백질인 오보뮤신이 분해되기 때문이다(그림 9-2).

달걀을 저장하면 난황은 난백으로부터 수분을 흡수하여 난황막이 팽팽해지고 약해져 막이 터지게 된다. 또한, 알끈은 붕괴되기 시작하고 더 이상 난황을 달걀의 중심에 고정시키지 못하게 되어, 난황은 자유롭게 움직인다. 달걀이 오래될수록, 특히 따뜻하고 건조한 환경에서 달걀의 수분은 더 빠르게 증발하여 기실의 크기가 커진다.

신선한 달걀의 난황은 대개 pH 6.0~6.2의 약산성인데 반해 난백은 pH 7.6~7.9로 알칼리성이다. 그러나 저장 동안 달걀은 이산화탄소를 생성하여 난백과 난황이 모두 알칼리성을 띠게 됨에 따라 난백은 pH 9.0~9.7에 이른다. 저장 동안 달걀의 이러한 pH 증가는 산란 직후 달걀 표면에 얇은 기름막을 코팅하여 어느 정도 늦출 수 있다.

(2) 달걀의 등급

달걀의 규격과 등급은 유통 질서를 확립하고 소비자에게 품질 좋은 제품을 공급하기 위한 지침으로서, 달걀을 마련된 표준에 따라 분류하여 질에 따라 등급을 매긴다.

품질등급은 표본 달걀 검사방법에 따라 껍질, 기실, 난백과 난황이 나타내는 현상을 고려하여 A, B, C, D의 네 가지 소비등급 중 한 가지로 결정한다. 신선한 달걀과 오래된 달걀을 깨뜨렸을 때 모습은 그림 9-2와 같다.

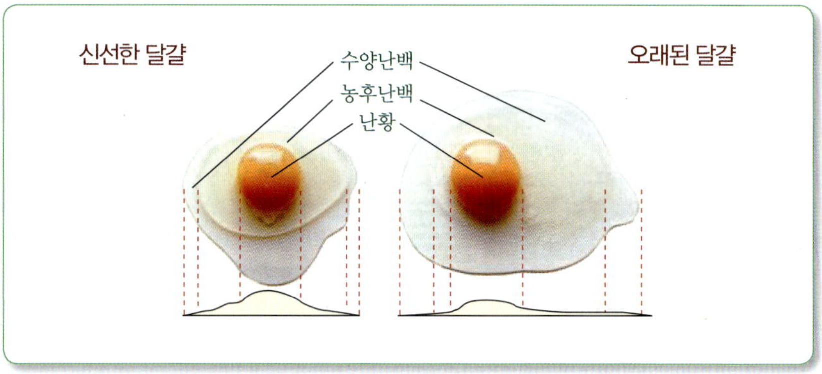

【그림 9-2】 신선도에 따른 깨뜨린 달걀의 형태

난황 주위를 둘러싸는 농후난백의 비율이 높은 신선한 달걀은 특히 외견이 중요한 볶기나 데치기에 좋다. 오래된 달걀은 난백이 얇고 퍼져 있어 일반적인 구이요리에 좋다. 등급에 따른 달걀의 상태와 조리법은 표 9-3과 같다.

【표 9-3】 등급에 따른 달걀의 상태와 조리법

구분	A등급	B등급	C등급
스프레드*	작게 유지	조금 펼쳐짐	넓게 펼쳐짐
난백	투명하고 두껍고 단단하며 알끈이 선명	투명하고 적당히 단단하며 알끈이 분명함	투명하며 약하고 질퍽거림
난황	중앙에 위치하고 둥글고 높음	단단하며 높음 실질적으로 결함이 없음	커지고 평평해짐 미세한 결함이 보임
껍질	깨끗하고 보통 모양 깨어지지 않음		허용한도 내 약간의 얼룩 비정상적인 형태 깨어지지 않음
이용	모든 음식에 이용 가능하며, 특히 프라이나 데치기, 삶은 달걀에 이용		굽기, 스크램블, 대량 조리의 달걀 제품에 이용

*스프레드 : 달걀을 접시 위에 처음 깨트렸을 때의 외관을 말함

달걀의 품질은 불안정하여 산란된 순간부터 떨어지기 시작하므로, 적절하게 다루어야 품질이 떨어지는 것을 최소화할 수 있다.

달걀의 중량 등급은 달걀 무게를 기초로 한다(표 9-4).

달걀을 살 때 고려할 또 다른 점은 조리의 용도에 따라 구매할 때 가장 좋은 크기라는 건 없다는 것이다. 큰 달걀이 식탁용으로는 더 좋겠지만, 조리 목적으로는 크기에 따른 가격을 더 중요하게 고려해야 할 것이다.

【표 9-4】 달걀의 무게에 따른 분류

축산물등급판정원(한국)	미국공정규격
왕란(68g 이상), 특란(60~67g), 대란(52~59g), 중란(44~51g), 소란(43g 이하)	거대란(70.8g 이상), 과대란(63.8g 이상) 대란(56.6g 이상), 중란(49.6g 이상) 소란(42.5g 이상), 왜소란(35.4g 이하)

(3) 달걀의 신선도 판정법

달걀의 신선도 검사는 외관검사, 형광등이나 자외선으로 투시하는 투시검사와 할란검사가 있다. 외관검사는 난각의 오염, 균열상태, 달걀의 형태 등을 육안으로 검사하는 방법으로 껍질이 까칠까칠하고 흔들었을 때 소리가 나지 않는 것이 신선한 달걀이다. 달걀이 오래되면 껍질이 매끈해지고 기실이 커져 흔들면 소리가 난다. 투시검란법은 달걀 내부의 질을 판단하는 데 이용되는 방법이다. 달걀을 강한 광원 앞으로 가져가 그 빛이 달걀을 통과할 때, 껍질의 질, 기실의 크기, 노른자의 위치와 움직임, 혈액, 형태, 그리고 태아의 생성 등을 관찰한다. 신선한 달걀은 기실의 크기가 적고 난백부가 밝다. 또한 난황이 둥글고 중앙에 위치하며 옅은 장미색을 띤다. 그러나 달걀이 상하거나 알끈이 약해지면, 난황은 농후난백 안에 매달려 있기보다는 껍질 쪽으로 치우쳐 있으며 난백부가 어둡고 난황은 붉은색을 띤다(그림 9-3).

투시검란법은 달걀의 품질을 평가할 수 있는 가장 적절한 비파괴 검사법이지만, 항상 신뢰성 있게 달걀의 질을 나타내지는 못한다. 따라서 깨뜨린 달걀의 무게에 대한 농후난백의 높이를 측정하여 수치로 환산한 호우(Haugh) 단위와 난황의 폭에 대한 난황의 높이(난황계수)를 측정하여 달걀의 품질을 평가하는 방법도 사용된다. 신선란의 난황계수는 0.36~0.44이며 난황계수가 0.25 이하인 경우 달걀을 깨뜨리면 난황막이 쉽게 터진다.

【그림 9-3】 **투시검란법**

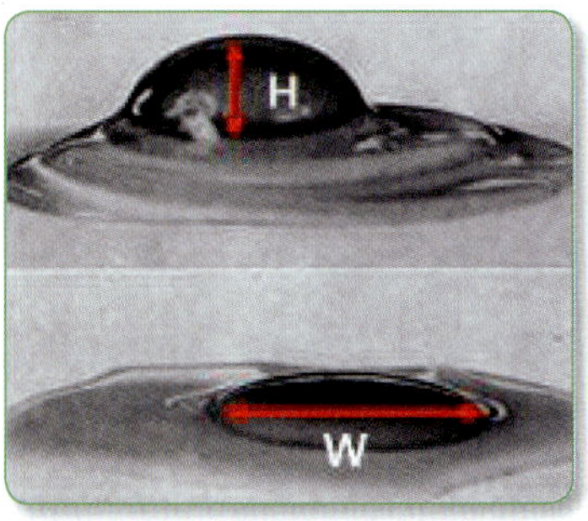

$$\text{호우단위(H.U)} = 100\log(H + 7.75 - 1.7W^{0.37})$$

H: 난백 높이(mm)
W: 달걀 중량(g)

$$\text{난황계수} = \frac{\text{난황의 높이(H)}}{\text{난황의 직경(W)}}$$

가정에서는 10%의 소금물에 달걀을 담가 신선도를 알아 볼 수도 있다. 신선한 달걀의 비중은 1.08~1.09로 소금물에 넣으면 밑바닥에 수평으로 가라앉으나 신선도가 저하됨에 따라 수분의 증발로 기실이 형성되면서 비중이 감소하여 위로 떠오르게 된다.

【그림 9-4】 **비중(10% 소금물)을 이용한 달걀 신선도 측정 방법**

(4) 달걀의 안전성과 취급법

미국의 식품의약품안전청은 달걀을 잠재적으로 위험한 식품으로 규정하여, 식품관계자들이 달걀을 냉장 보관하고, 적절하게 취급하며 충분히 가열할 것을 권장하고 있다. 살모넬라균이 암탉의 생식체계에 침투하면 이 균으로 오염된 알을 낳기 때문에 일부 달걀은 살모넬라균에 오염될 수 있다.

만약 달걀에 살모넬라균이 있다면 산란 당시에는 그 수가 적어 즉시 먹는다면 문제를 일으키지 않으나, 유통과정 중 잘못 처리되면 식중독을 일으킬 수 있다. 따라서 달걀은 항상 적절하게 냉장 보관되어야 한다.

4. 달걀의 조리원리

달걀은 단독으로 조리하거나 다른 음식과 혼합하여 조리할 수도 있다. 달걀의 색상, 점도, 유화성, 응고성, 기포는 조리과정에서 식품에 다양한 특성을 부여한다(표 9-5).

【표 9-5】 달걀의 조리 특성과 조리 예

특성	역할	음식의 종류
응고성	농후제 점착제 청정제	알찜, 커스터드, 푸딩, 소스, 전유어, 커틀릿, 만두소, 햄버거 패티 맑은 장국, 콘소메
유화성	유화제	마요네즈, 아이스크림, 스펀지케이크
기포성	팽창제, 구조 형성제	머랭, 레몬파이, 시폰케이크, 마카롱
장식성	고명	알쌈, 지단

달걀 단백질의 열 응고성은 커스터드, 푸딩, 그리고 다양한 소스 요리의 농도를 진하게 하거나 겔을 형성하는 데 관여한다. 달걀 단백질의 응고성과 날달걀의 점도는 빵가루를 묻힌 음식 표면에 껍질을 형성하도록 빵가루끼리 잡아주는 접착제 역할을 한다.

달걀은 국물을 맑게 하는 청정제로도 이용되어 음식의 색상과 맛을 증진시킨다. 따라서 달걀 가공업체에서는 여러 가지 달걀 제품을 생산, 판매하고 있다(표 9-6).

【표 9-6】 시판되는 달걀의 형태

종류	용도
신선란	· 거의 대부분의 달걀요리에 이용
냉동란	· 전란, 난황, 난백과 전란에 난황을 섞은 형태 · 스크램블드 에그, 프렌치 토스트와 제빵에 이용 · 살균되어 캔 형태로 판매
건조란	· 전란, 난황, 난백 · 주로 제빵에 이용되며 일반적인 달걀요리에 사용하지 않음 · 건조란은 유통기간이 짧아 밀봉하여 냉장 또는 냉동 보관

(1) 열응고성

난황과 난백 단백질은 모두 가열하면 응고하여 농도를 진하게 하거나 겔을 형성할 수 있다. 가열하면 달걀 단백질은 변성되면서 점차적으로 3차원적 망상구조의 겔을 형성한다. 겔 구조는 이황화결합을 포함한 가교결합과 수소결합에 의해 안정화되어 생것일 때보다 단단한 상태가 된다. 달걀 단백질의 열응고성에 영향을 미치는 요인은 다음과 같다.

1) 사용한 달걀의 농도와 부위

달걀 단백질이 열에 의해 응고하는 온도와 응고 특성에는 차이가 있다. 난백은 55~57℃에서 응고하기 시작하여 60℃에서는 젤리와 같이 되고 65℃에서 완전히 응고한다. 난황은 난백보다 조금 더 높은 온도에서 응고하는데 응고가 시작할 때 난황의 색상은 약간만 변하기 때문에 농도가 진해지기 시작하는 정확한 온도를 결정하기가 난백보다 더 어렵다. 일반적으로 62~65℃에서 응고하기 시작하여 70℃가 되면 완전히 응고한다. 따라서 난백이 난황에 비해 먼저 응고한다.

달걀은 높은 온도에서 조리하면 응고물의 수축이 심하게 일어나고 질감이 단단해진다. 그러므로 낮은 온도에서 서서히 가열해야 부드럽고 연한 열응고물을 얻을 수 있다.

달걀을 희석하면 응고가 일어나는 온도가 상승한다. 우유 1컵으로 희석한 달걀은 가열 속도와 다른 물질의 혼합 여부에 따라 변하지만 약 80℃에서 응고한다.

2) 시간과 온도

달걀 단백질의 응고율과 응고량은 온도가 높을수록 증가한다. 난백을 고온으로 가열했을 때 형성되는 응고물은 딱딱하고 심지어는 질기다. 반면, 낮은 온도에서 가열하였을 때 얻어지는 응고물은 부드럽고 균일하다. 고온에서 응고된 단백질은 질기고 심하게 수축하기 때문에 달걀을 조리할 때는 약불이나 중불로 하는 것이 기본이다. 이용하는 온도가 70℃보다 낮을 필요는 없지만, 이 온도도 충분히 장시간 동안 유지되면 달걀 단백질이 거의 완전히 응고한다. 달걀을 물속에서 중탕 가열할 때, 물의 온도를 약 85℃로 유지하면 견고하면서도 부드러운 조직감의 달걀 응고물을 만들 수 있다.

3) 가열 속도

급속하게 가열하는 달걀 혼합물은 서서히 가열하는 것보다 더 높은 온도에서 응고한다. 급속하게 가열할 때의 응고 온도가 응고점에 더 빨리 도달한다는 것은 빠르게 가열된 커스터드가 서서히 가열한 것보다 더 잘 응고하는 현상으로 알 수 있다.

4) 첨가물의 효과

설탕은 단백질의 열 안정성을 증가시키기 때문에 설탕을 첨가한 달걀 혼합물은 설탕이 없을 때보다 더 높은 온도에서 응고하며 응고물을 부드럽게 만드는 역할을 한다.

토마토나 오렌지 주스를 넣어 만든 오믈렛, 그리고 레몬 주스를 넣어 만든 홀렌다이즈 소스 같은 약산성 달걀 혼합물은 조금 낮은 온도에서 더 빨리 응고한다. 형성된 응고물도 산도가 낮을 때보다 더 견고하다.

소금은 달걀 단백질의 열 응고성을 촉진시키기는 하나 응고 온도는 저하된다.

(2) 난백의 기포성

난백을 교반하면 공기방울이 액체 속으로 들어가 부드럽고 촉촉한 거품이 형성된다. 거기서 더 교반하면 기포가 더 단단해지고, 교반을 과하게 하면 기포가 건조해지면서 뭉침 현상이 나타나게 된다(그림 9-5).

난백 거품의 구조를 형성하게 하는 각각의 기포를 둘러싸는 얇은 막의 단백질은 교반 과정 중에 응고되어 거품에 견고성과 안정성을 부여하게 된다. 그러나 단백질이 너무 지나치게 응고하면 거품은 건조해지고 덩어리지는 현상을 보이는데, 이는 기포를 둘러싼 얇은 막이 탄력성을 잃어 기포가 깨지기 때문이다. 따라서 난백을 너무 지나치게 교반하면 거품은 깨지기 쉽고 탄력이 없으며, 가만히 두면 액체가 흘러나와 다른 식재료와 잘 섞이지 않는다.

【그림 9-5】 교반 정도에 따른 거품 형성과정의 변화

1) 수양난백과 농후난백

수양난백을 교반시켜 만든 거품은 농후난백으로 만든 것보다 더 폭신폭신하다. 수양난백이 기본적으로 더 부피가 큰 거품을 형성하지만 농후난백은 더 안정된 거품을 만들어 낸다.

2) 온도

실온에 둔 달걀이 냉장고에서 바로 꺼낸 달걀보다 더 쉽고 빠르게 거품을 일으킬 수 있으며 부피도 더 커진다. 그 이유는 온도가 높아지면 달걀의 표면장력이 낮아지고 점도가 떨어지기 때문에 기포성은 증진된다. 그러나 달걀의 온도가 높으면 기포의 안정성은 감소한다.

3) 교반기의 종류

난백의 기포 형성에 사용하는 교반기의 종류와 교반기의 와이어나 날의 형태는 만들어지는 기포의 크기와 기포 형성의 용이성에 영향을 미친다. 날이나 와이어가 두꺼우면 가는 와이어보다 난백을 쪼개기가 어려워 기포가 커지게 된다. 기포는 교반기의 종류와는 관계없이 오래 교반하면 할수록 더 작아진다.

4) 용기

바닥이 점점 좁아지는 둥근 그릇이 크고 평평한 바닥의 그릇보다 거품을 내는 데 더 적합하다. 그 이유는 교반기가 달걀 덩어리를 더 쉽게 긁어 올릴 수 있기 때문이다. 그릇의 크기는 교반할 달걀의 양에 맞추어야 한다.

5) 첨가물

난백의 기포성은 첨가되는 식품 성분에 따라 영향을 받는다(표 9-7).

【표 9-7】 난백의 기포 형성에 영향을 주는 식품 성분

종류	달걀 거품 형성과 첨가물의 상호 작용
지방	• 거품 형성 방해(0.5% 이상 지방) • 난백에 소량의 난황이 들어가면 거품 형성 지연
소금	• 거품 부피가 작아지고 거품 안정성 저하 • 거품 형성시간 증가
산	• 난백 거품 안정성 증가하나 거품 형성시간 증가 • 거품 내기 전이나 바로 직후에 산을 첨가해야 단단하고 큰 부피의 거품형성
설탕	• 달걀 단백질의 변성과 응고 지연 • 거품 형성시간 증가(교반시간 증가) • 거품이 산 모양으로 형성된 후 설탕을 첨가하면서 교반

(3) 난황의 유화성

난황은 인지질과 지단백질을 함유하고 있어 유화력을 가지는 천연유화제이다. 마요네즈는 난황의 유화성을 이용한 제품으로 식물성 기름에 산과 난황을 넣고 혼합하면 식초를 연속상으로 기름이 분산상을 형성하는 수중유적형(O/W) 유화액이 된다. 신선한 난황을 사용하면 유화 형성이 빠르고 유화액의 안정도가 높으며, 교반시간이 길어지면 기름방울이 작게 쪼개지면서 견고성이 증가한다.

실제로 마요네즈에 함유된 기름의 양은 전체 성분의 70% 정도 되는데, 기름기를 느끼지 못하는 것은 난황에 의한 유화작용으로 안정한 수중유적형 유화액이 형성되었기 때문이다. 난백도 유화력을 가지나 난황의 약 1/4 정도이다. 마요네즈 외에 홀렌다이즈 소스나 케이크 반죽에서도 난황은 중요한 유화제 역할을 한다.

5. 달걀의 조리

(1) 수란

수란은 껍질 벗긴 달걀을 뜨거운 물, 우유나 액체에 넣어 조리하는 방법이다. 달걀을 넣을 때 물의 온도가 낮으면 달걀 표면의 응고가 지연되면서 모양이 흐트러진다. 익은 달걀의 부드러운 조직감과 조리시간을 고려할 때 85℃가 적당하다.

소금물에서 조리한 달걀은 맹물에 조리한 경우보다 난백이 더 불투명하고 광택이 덜 난다. 조리시간은 온도에 따라 달라지지만 85℃에서 5~8분 정도 걸리며, 조리시간이 길어지면 응고가 더 많이 되어 조직감이 단단해진다.

(2) 달걀 삶기

삶는 정도에 따라 반숙 또는 완숙 상태로 조리할 수 있다. 일반적으로 부드럽게 응고된 난백과 최소한도로 응고되면서 흐르지 않는 정도의 난황상태가 가장 이상적으로 조리된 달걀이지만 난황의 내부는 살모넬라균이 사멸될 수 있는 68℃까지 가열해야 한다.

물을 끓인 후 달걀을 조심스럽게 넣고 불을 끄고 8~10분간 익히거나 85℃ 정도의 뜨거운 물에 달걀을 넣고 온도를 유지하면서 약 7분간 익히면 난백은 부드럽게 익고 난황은 반고체상태로 익은 반숙란이 되지만 끓는 물에 조리하면 난백이 완전 응고하여 단단해진다.

달걀은 100℃ 끓는 물에서 15분 이상 가열하면 난황과 난백 사이의 표면에 암녹색을 형성하고 색과 향미가 좋지 않다. 이것은 달걀 내부의 철과 황에 기인된다. 달걀 내 대부분의 철은 난황에 함유되어 있고, 황은 난황과 난백에 반반씩 함유되어 있다. 난백은 난황보다 점도가 낮아 조리 시 난백에서 형성된 황화수소(H_2S)가 난황 쪽으로 이동하게 된다. 황화수소의 생성은 가열 온도가 높고 조리시간이 길어지고 달걀의 pH가 알칼리일 때, 즉 오래된 달걀일수록 현저하게 증가한다. 난백에서 형성된 황화수소와 난황의 철이 반응하여 초록색의 황화제1철(FeS)이 난황 주변에 생성된다. 삶은 달걀을 찬물에 담그면, 달걀 표면이 차가워지면서 압력이 낮아져 생성된 황화수소가 난백 쪽으로 이동하여 난황 표면에 초록색이 덜 생기게 된다.

(3) 프라이

팬의 온도를 조절하기 어렵기 때문에 조직감이 질겨지기 쉬워 조리 시 숙련된 기술이 요구된다. 사용되는 기름의 양은 팬에 달걀이 달라붙지 않을 정도로 충분하며 팬의 온도는 난백이 서서히 응고될 정도라야 한다. 팬의 온도가 높으면 조직감이 질겨지고, 기름이 분해된다. 프라이드 달걀은 기름의 온도가 높기 때문에 표면이 갈색이 되며 가장자리가 아삭아삭하고 주름이 진다.

(4) 달걀찜

달걀을 잘 풀어 중탕하여 쪄낸 것으로 크림색을 나타내며 표면에 기공이 없고 매끈하고 먹었을 때 부드러워야 한다. 가열온도, 가열시간, 물의 첨가량이 질 좋은 달걀찜을 만드는 데 중요한 요인이 된다. 중탕하는 물의 온도는 85~95℃가 좋으며 기호에 따라 소금이나 새우젓국을 넣는다.

(5) 커스터드

달걀에 우유와 설탕을 넣고 중탕으로 찌거나 180℃ 정도의 오븐에 구워낸 것이다.

(6) 머랭

난백을 부드러운 거품이 생기도록 교반한 후 설탕을 조금씩 넣으면서 계속 교반하여 적당한 굳기의 거품을 만들어 구운 것이다. 부드러운 머랭은 레몬파이나 빵의 토핑으로 이용되며 단단한 머랭은 그대로 구우면 아삭아삭한 쿠키처럼 되어 후식용으로 이용하기도 한다.

*** 한 번 더 알아보기**

1. 난백과 난황 단백질의 종류와 특성을 설명하시오.
2. 난백과 난황의 응고 온도와 난황을 오래 삶을 때 나타나는 색변화를 설명하시오.
3. 난황의 유화력과 마요네즈의 조리 특성을 설명하시오.

CHAPTER 10

우유 및 유제품

학습목표

1. 우유의 성분과 특성을 이해할 수 있다.
2. 우유의 조리 특성을 이해하고 활용할 수 있다.

CHAPTER 10

우유 및 유제품

우유는 포유동물의 유선에서 합성되는 백색 또는 담황색의 불투명한 액체로 어린 동물의 생육과 발육에 필요한 영양소를 제공한다. 각 포유동물이 생산하는 우유는 각각의 어린 동물 성장에 알맞은 조성을 가지며 다른 동물의 먹이로도 이용할 수 있다.

우유의 전체 소비량은 감소하였으나 저지방 우유나 무지방 우유와 우유 가공품인 치즈의 소비량은 증가하고 있다.

우유는 각종 영양소가 골고루 함유되어 있을 뿐 아니라 소화 · 흡수가 용이하여 체내 이용률이 98% 이상 되는 완전식품으로 이 장에서는 우유 및 우유 가공품의 성분, 제조방법 및 조리 특성에 대하여 알아본다.

우유 및 유제품

1. 우유의 성분

우유는 일반적으로 수분 88%, 단백질 3.3%, 지방 3.3%, 탄수화물 4.7%와 회분 0.7%를 함유하고 있다. 각 성분의 함량은 여러 가지 요인에 의해 영향을 받아 젖소의 품종, 우유를 짜는 시기, 사료, 외부 온도, 계절, 소의 나이와 건강 상태 등이 우유의 성분 조성에 영향을 미친다.

특히 지방 함량 변동이 가장 크며, 그 다음이 단백질 함량이다. 탄수화물, 회분과 무기질 함량은 거의 영향을 받지 않고 일정하게 유지된다.

(1) 단백질

우유 단백질의 약 80%는 카세인이며, 나머지는 유청 단백질로서 락트알부민과 락토글로불린으로 구성되어 있으며, 그 외 소량의 다른 단백질도 포함되어 있다.

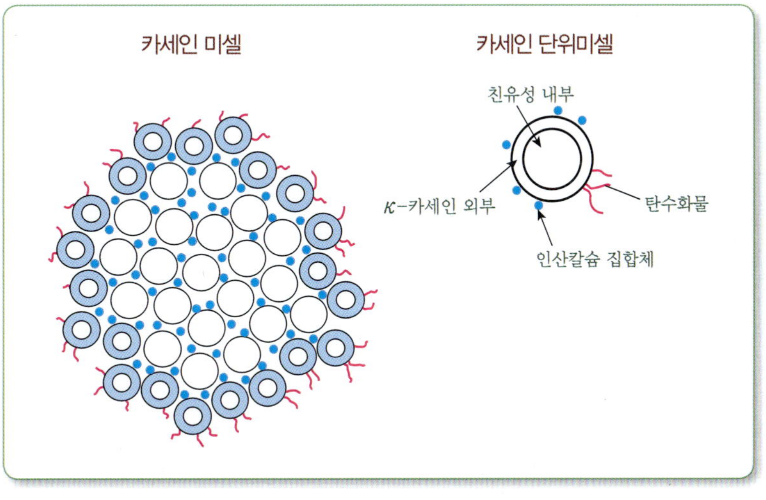

【그림 10-1】 카세인 미셀구조의 도식화

카세인, 락트알부민과 락토글로불린은 복합 단백질로 카세인에는 αs1-, αs2-, β-와 κ-카세인이 있으며 κ-카세인이 카세인 입자를 안정화시켜 콜로이드 용액을 형성할 수 있게 한다. 카세인은 인산과 결합한 후 칼슘이온과 결합되어 카세인-인산-칼슘-인산-카세인의 미셀입자로 중합되어 있으며 미셀의 표면에는 κ-카세인과 복합체를 형성하고 있는 탄수화물이 머리카락처럼 돌출되어 있다(그림 10-1).

카세인은 신선한 우유의 산도(pH 6.6)에서는 칼슘 카세이네이트(calcium caseinate)를 형성하며 우유의 유청에 분산되어 있다가, 우유의 pH가 4.6 이하로 떨어지면 칼슘과 인이 전하를 잃고 가용성이 되면서 카세인은 응고하여 침전된다. 또한 어린 소의 위에 존재하는 응유효소인 레닌에 의해서도 침전을 형성한다. 레닌이나 젖산을 형성하는 미생물은 요거트나 치즈를 만들 때 카세인을 응고시키기 위해 이용된다.

유청 단백질은 산에는 응고하지 않으나 열에 의해 응고하여 우유를 가열하면 표면에 막이 형성되는 것을 볼 수 있다. 치즈를 만들 때 부산물인 유청 단백질을 농축하면 단백질 함량이 약 50~80%인 농축 유청 단백질을 만들 수 있다. 또한, 더 가공하여 단백질 함량이 90% 이상인 분리 유청 단백질을 만들 수도 있다. 이러한 단백질은 운동선수를 위한 고단백 음료, 제과제빵과 수프 등의 다양한 식품 제조에 이용되고 있다.

(2) 지방

유지방은 유제품의 성분 규격을 결정하는 주요성분이며 아주 작은 입자로 분산되어 유화액을 형성하고 있다.

지방구가 유화 형태로 분산되어 있으려면 얇은 막이 지방구를 둘러싸야 하는데 이 막은 소량의 탄수화물을 함유하는 지단백 복합체이다. 지방 부분에는 중성지방이 총 지방의 95~98%를 차지하고 그 외 인지질, 스테롤, 미량의 지용성 비타민 및 유리 지방산으로 구성되어 있다.

우유의 중성지방을 구성하는 지방산은 부티르산과 카프로익산 같은 단쇄 포화지방산을 포함하는 것이 특징적이며 이로 인해 용융점이 낮아 부드러운 조점도를 가진다(표 10-1). 버터 내 중성지방이 가수분해되어 변패하면 불쾌한 냄새와 향이 나는데 이는 중성지방 내 부티르산과 카프로익산이 유리되어 나오기 때문이다.

금방 짠 우유를 균질화하지 않고 두면 지방구들이 모여 덩어리를 형성하면서 우유 표면에 크림층이 쌓이게 된다. 균질화 과정을 거쳐 지방구를 작고 균일하게 만들면 분산액이 안정화되어 방치하여도 크림층을 형성하지 않는다.

지용성 비타민과 지용성 색소인 카로티노이드도 지방구에 녹아 있어 우유의 중후한 크림색에 기여한다.

【표 10-1】 우유의 지방산 조성

단쇄지방산(%)	중쇄지방산(%)	장쇄지방산(%)	융점(℃)
$C_{4:0}$ = 11 $C_{6:0}$ = 5 $C_{8:0}$ = 1	$C_{10:0}$ = 3 $C_{12:0}$ = 3 $C_{14:0}$ = 10	$C_{16:0}$ = 18 $C_{18:0}$ = 10 $C_{18:1}$ = 29 $C_{18:2}$ = 2 $C_{18:3}$ < 1	29~38

출처: Davies et al. Biochemistry of lactation, 1983

(3) 탄수화물

우유의 주요 탄수화물은 포유류의 젖에만 존재하는 특유의 당인 유당으로 약 98.8%를 차지한다. 유당은 가수분해되면 포도당과 갈락토오스가 되며 갈락토오스는 뇌 및 신경조직의 주요 성분인 당지질의 구성성분이 된다. 유당은 다른 당과 비교해 보면 용해도가 아주 낮아 단맛이 적다. 용해도가 낮아 유당의 농도가 높아지면 결정화하여 식품의 조직감을 거칠게 만들기도 한다. 아이스크림 제조 시 무지방 우유를 과량 첨가하면 녹지 않은 당이 낮은 온도에서 결정화하여 모래알 씹는 느낌의 조직감을 가지게 된다. 유당의 일부는 대장에서 장내 유산균의 발육에 이용되어 유해균의 번식을 억제하는 정장작용을 하며 칼슘의 흡수를 촉진시킨다.

소장벽에서 분비되는 유당 분해효소인 락타아제는 유당을 단당으로 분해한다. 유당 분해효소의 분비가 적은 사람은 유당불내증(lactose intolerance)이라 하여, 소장에서 유당이 분해되지 못하고 대장에서 미생물의 작용을 받아 배에 가스가 차고 더부룩해지면서 설사를 하게 된다. 이러한 유당불내증인 사람은 요거트와 버터 밀크 같은 발효유나 숙성 치즈를 섭취하면 된다. 이러한 발효유는 유당이 발효과정에서 이미 포도당과 갈락토오스로 분해되어 유당불내증을 일으키지 않기 때문이다.

최근에는 우유에 락타아제를 첨가하여 우유 내 유당의 함량을 70%까지 감소시킨 우유가 판매되고 있다. 이러한 우유는 유당이 포도당과 갈락토오스로 분해되어 단맛이 증가하게 된다.

또한 유당불내증 환자를 위한 락타아제가 캡슐 형태로 판매되고 있어 우유에 첨가하거나 섭취할 수도 있다.

(4) 무기질과 비타민

우유에는 약 0.5~0.9%의 무기질이 들어 있으며 주요 성분은 칼슘, 칼륨, 나트륨, 마그네슘, 인, 황 등이고 특히 칼슘과 인의 함량이 높다. 그러나 철이 적게 들어 있어 우유만 먹는 유아는 철 결핍이 되기 쉽기 때문에 6개월 이후부터 철을 보충해주어야 한다.

우유에는 무기질 중 칼슘과 인의 비율이 이상적으로 존재하여 영양상 중요하다. 우유에는 인체에 필요한 각종 비타민이 골고루 들어 있다. 우유는 지용성 비타민을 함유하는데 비타민 A는 소의 사료에 따라 함량이 변한다. 지방을 제거한 탈지우유는 지용성 비타민이 크림층으로 이동하여 지용성 비타민 함량이 낮다. 수용성 비타민인 티아민은 우유에 상당히 많이 존재하며 비교적 일정한 양을 유지한다. 리보플라빈은 다른 비타민 B 복합체보다 많이 존재하며 열에 안정하여 우유는 리보플라빈의 좋은 급원이나 자외선에 약하기 때문에 빛에 노출되면 많은 양이 손실된다. 우유에는 아주 소량의 비타민 C가 존재하나 살균과정에서 약 25%가 파괴되기 때문에 우유는 비타민 C의 좋은 급원은 되지 못한다.

(5) 색

우유의 유백색은 콜로이드상으로 분산된 카세인 미셀과 인산칼슘염이 빛에 반사되어 나타난다. 또한 카로틴과 리보플라빈도 우유의 색에 기여한다. 지용성 카로틴은 지방구에 존재하며 리보플라빈은 수용성이다. 카로틴 농도에 따라 우유색의 황색도가 달라지며, 리보플라빈에 의해 형광 연둣빛을 띤다.

(6) 향

우유의 향은 매우 순하며 유당이 함유되어 있어 약한 단맛이 난다. 우유의 주요 향은 유화된 유지방뿐 아니라 단백질과 인산칼슘의 콜로이드 구조로 입안에서 느껴지는 'body' 감각이라 할 수 있다.

신선한 우유의 냄새는 아세톤, 아세트알데히드, 다이메틸 설파이드, 메틸케톤, 단쇄 지방산과 락톤 같은 저분자 물질에 기인하며 특유한 휘발성 향은 유지방 때문이며 초고온 살균한 우유에서는 가열취(cooked flavor)가 난다.

우유의 불쾌취는 인지질의 산화에 의한 것이며, 우유를 빛에 노출시키면 우유 단백질과 리보플라빈에 의해 부패취가 생성되고 리보플라빈의 함량은 감소한다. 따라서 우유는 종이상자나 불투명한 플라스틱 용기에 담는 것이 영양소 파괴를 줄일 수 있는 방법이다.

(7) 산도

신선한 우유의 pH는 6.6 정도로 중성이나 우유를 공기 중에 방치하면 이산화탄소가 빠져나가면서 산도가 약간 감소한다. 생우유는 약간의 유산균을 포함하고 있어 시간이 지나면 유당이 유산균의 작용을 받아 젖산이 생성되면서 산도가 증가하여 sour milk가 된다. 살균된 우유는 살균과정에서 미생물이 모두 파괴되기 때문에 부패 미생물의 작용으로 우유 단백질이 분해되면서 부패가 일어나 쓴맛과 불쾌한 향을 낸다.

2. 우유의 위생과 등급

우유는 미생물 성장의 좋은 매개체 역할을 하기 때문에 모든 식품 중 가장 상하기 쉬운 식품이다. 일부 미생물은 인체에 무해하나 일부는 병원균으로 인간에게 병을 옮길 수도 있다. 따라서 우유의 품질은 생산, 가공, 유통 과정 동안 엄격한 위생 관리가 요구된다.

(1) 살균

위생적인 처리과정에서 생산된 우유라도 병원균으로부터 자유로울 수 없기 때문에 소비자의 안전성을 고려하여 우유는 살균과정을 거친다. 살균은 병원균이 파괴되기에 충분한 온도와 시간이 요구되는데, 일반적으로 비병원성균도 95~99% 파괴된다. 우유의 살균방법과 특징은 표 10-2와 같다.

【표 10-2】 우유의 살균방법

살균방법	살균온도	살균시간	특징
저온 장시간 살균법 (LTLT, Low Temperature Long Time)	63~65℃	30초	· 병원균과 부패효소 사멸 · 원유의 색, 풍미, 영양소 파괴 최소화
고온 단시간 살균법 (HTST, High Temperature Short Time)	72~75℃	15초	· 병원균과 부패효소 사멸 · 우유의 영양에는 거의 변화 없음 · 연속살균에 의한 대량처리 가능
초고온 순간 살균법 (UHT, Ultra High Temprature)	130~135℃	2~3초	· 무균상태의 우유 제조 · 상온에서 3개월간 보관 가능 · 개봉 후에는 냉장 보관 · 가열취(cooked flavor) · 우유의 영양적 가치에는 큰 변화 없음

출처: 한국유가공협회, http://www.koreadia.or.kr

우유의 살균 정도 지표는 우유에 존재하는 alkaline phosphatase라는 효소로 효소가 완전히 비활성화되면 우유 내 병원균이 완전히 파괴되었다는 지표가 된다.

(2) 우유의 보관

우유는 청결하게 낮은 온도에서 오염을 막기 위해 뚜껑을 덮어서 저장, 유통해야 하며 4~7℃에서 냉장 보관하여야 한다.

우유를 담는 용기는 빛이 차단되어 산패취가 나지 않도록 하며, 저장 동안 밀폐되어 다른 음식의 냄새가 흡수되지 않도록 하고 미생물 번식을 억제하기 위해 사용 후 즉시 냉장 보관한다. 컵에 따랐던 우유는 원 용기에 다시 넣으면 남은 우유가 오염되기 때문에 담지 않는다.

탈지분유는 저장 동안 산소에 노출되면 쉽게 상하고 수분을 흡수하여 덩어리지므로 상온보다 낮은 온도에서 밀봉하여 보관하여야 한다.

밀폐된 무당연유는 상온에 보관하나 용기를 개봉한 후에는 냉장 보관하며 수개월 보관할 때는 우유 덩어리가 가라앉지 않도록 주기적으로 용기를 뒤집어 준다.

3. 우유의 가공

(1) 균질화

갓 생산된 우유는 지방구가 떠올라 크림층을 형성하기 때문에 균질화 과정을 거쳐 안정화시킨다. 이 과정에서 지방구는 아주 작은 입자로 쪼개져서 분산되어 매우 고운 유화액을 형성한다(그림 10-2). 균질화 과정에서 우유 내 단백질이 유화제로 작용하여 지방구를 둘러싸게 되고, 지방의 분산이 증가되면 우유의 풍미가 향상되면서 점도가 증가하게 된다. 균질화한 우유는 균질화하지 않은 제품보다 열이나 산에 의해 쉽게 응고되므로 조리 시 주의하여야 한다.

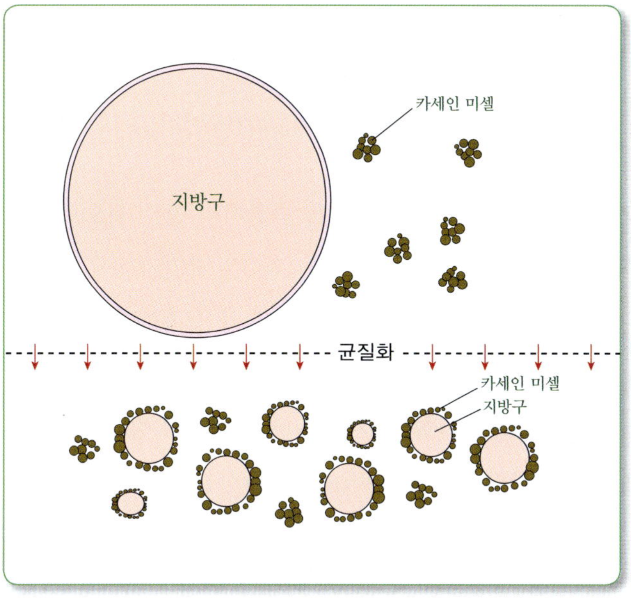

【그림 10-2】 **균질화에 따른 우유 지방구의 모양**

균질화 과정에서 지방구가 작아지면서 표면적이 증가하여 산패가 용이하므로 우유를 균질화시키기 전에 살균과정을 거쳐 효소를 불활성화시킨다.

4. 유제품의 종류

우유는 소비자의 요구에 따라 다양한 맛을 가진 여러 형태의 것이 시판되고 있다. 또한 생산자들은 품질 개선, 유통과 저장성 개선, 부산물의 이용을 극대화하기 위해 새로운 유제품을 개발하고 있다.

(1) 전유

원유를 그대로 살균 처리한 우유는 전유로 3.25%의 지방과 8.25%의 무지방 고형분을 함유하고 있으며 시유(city milk)라고도 한다.

우유의 지방 함량을 2.0% 이하로 낮춘 저지방우유는 지방을 제외한 다른 영양소의 함량이 전유와 동일해야 한다. 탈지우유는 무지방우유로 소비자는 지방이 전혀 없다고 생각하지만 공정상 제거가 가능한 지방을 제거한 것으로 0.5% 이하의 지방을 함유하고 있다. 저지방우유 제품은 무지방 고형분을 최소한 8.25% 함유해야 한다.

(2) 연유

무당연유는 50~55℃의 진공 상태에서 약 60% 정도의 수분을 증발시켜 만든 것으로 당분을 첨가하지 않는다. 무당연유는 생우유에 비해 소화하기 쉬운데, 그것은 고열압축에 의해 카세인이 미세한 커드를 형성하고, 지방 입자가 작아지면서 지방분해효소와 접촉하기 쉽기 때문이다.

가당연유는 전유나 탈지유에 15% 정도의 당을 첨가한 후 처음 부피의 약 1/3 정도로 농축시킨다. 가당연유는 약 42% 정도의 당 함량을 가지기 때문에 따로 살균과정을 거치지 않아도 된다. 연유는 보존성이 있는 우유제품으로 편리한 반면 당분 함량이 높고, 무당의 경우에는 고열(115℃에서 15~20분)로 살균했으므로 신선한 영양분을 기대하기 어려운 단점이 있다.

전지연유는 8%의 유지방을 함유하나, 탈지연유는 0.5% 이하의 유지방 함량을 가진다. 연유의 갈변반응은 살균과 저장 동안에 일어나는 마이야르 반응으로 상온에서 저장시간이 길어짐에 따라 반응 속도가 빨라진다.

(3) 분유

탈지분유는 살균된 신선한 탈지우유의 수분을 진공 상태에서 약 2/3 정도 증발시킨 후 분무건조하여 만든 것이다. 이렇게 제조한 탈지분유는 약 3% 정도의 매우 낮은 수분 함량을 가진다. 전유나 저지방우유로 분유를 만들기도 하나 지방의 산화로 저장성이 떨어진다. 분유는 우유에 비해 오랫동안 보존할 수 있고 부패하는 일이 적으며 운반에 편리하다는 장점이 있다.

(4) 발효유

발효유는 오래된 저장 식품으로 전 세계적으로 다양한 형태의 발효유가 소비되고 있다. 각 미생물은 독특한 특성과 향미 물질을 생성하고, 일부 단백질의 분해가 일어나 부드럽고 소화가 용이한 응고물을 형성한다. 발효유는 원유 또는 유제품을 유산균 또는 효모로 발효시켜 만든 것으로 무지방 고형분을 3% 이상 함유하고 있다(한국식품공전).

소비자들은 건강과 영양적 측면에서 다양한 발효유 제품을 요구하고 있는데 발효유와 유산균 음료는 다음과 같이 구분된다(표 10-3).

【표 10-3】 **발효유와 유산균 음료의 구분**

구분	변형된 이름		유산균음료
	농후발효유	액상발효유	
정의	우유 등 유제품을 유산균이나 효모로 발효		발효유를 물로 희석
무지방우유가루	8.0% 이상	3.0% 이상	3.0% 이하
유산균수(1mL당)	10^8 이상	10^7 이상	10^6 이상

1) 요거트

요거트는 우유를 살균한 후 *L. bulgaricus*와 *S. thermophilus* 등의 유산균을 접종하여 42~46℃에서 바람직한 향, 산도와 조점도를 가질 때까지 발효시켜 만든다. 요거트의 영양성분은 사용된 우유의 영양성분 조성에 따라 차이가 나지만 발효과정에서 엽산의 농도가 상당히 증가한다. 미생물은 유당 분해효소인 락타아제를 가지고 있어 유당불내증 환자의 유당 소화에 도움을 준다. 또한 발효 동안 일부 유당은 포도당과 갈락토오스로 분해되어 요거트의 유당 함량이 약 4%로 떨어지게 된다. 이처럼 발효과정에서 유당이 젖산으로 변하면서 요거트는 상쾌한 신맛을 가지게 된다. 요거트의 형태는 호상과 액상 요거트가 있으며 당절임한 과일이 첨가된 제품도 있다. 요거트는 만들어진 후 미생물의 생육을 지연시켜 맛을 유지하기 위해 냉장시켜야 한다.

2) 버터밀크

버터밀크는 버터를 만들기 위해 교반하여 크림을 제거한 후 남는 액체에 *S. lactis*를 접종하고 20~22℃에서 젖산 함량으로 산도가 0.8~0.9(pH 4.6)가 될 때까지 발효시켜 만든 대표적인 산성우유이다. 우유의 향미를 향상시키기 위해 버터 입자, 염과 소량의 구연산을 첨가하기도 한다.

5. 우유의 조리원리

(1) 가열에 의한 우유의 변화

1) 단백질의 응고

우유는 가열하면 유청 단백질인 락트알부민과 락토글로불린이 응고하여 침전한다. 락트알부민은 66℃에서 응고하기 시작하며 응고물의 생성량은 가열온도와 시간의 증가에 따라 증가한다. 우유를 가열하면 형성된 응고물은 단단하기보다는 작은 입자들로 용기 바닥에 가라앉아 눋게 된다. 따라서 우유를 가열할 때 계속 저어주거나 이중 냄비에서 중탕으로 조리하면 바닥에 눋는 것을 방지할 수 있다.

카세인은 보통의 조리온도에서 응고되지 않으나 100℃에서 12시간 정도 가열하면 응고하게 된다. 가열에 의한 우유 단백질의 응고는 산도의 증가에 의해 가속화하며 염의 종류와 농도에 의해서도 영향을 받는다.

2) 피막 현상

우유 내 분산되어 있던 인산칼슘은 가열하면 일부가 유청 단백질과 함께 냄비 바닥에 가라앉으며 일부는 우유 표면에 피막을 형성한다. 이는 우유의 지방구를 둘러싸고 있는 단백질인 락트알부민과 락토글로불린이 변성, 응고한 것으로 우유를 가열할 때 형성되는 피막은 가열한 우유를 끓어 넘치게 하는 원인이 된다. 얇은 피막은 낮은 온도에서도 형성되며 냄비의 뚜껑을 덮거나, 우유를 희석하거나, 우유 표면에 지방 입자를 띄워 피막 형성을 막으면 우유가 끓어 넘치는 현상을 막을 수 있다. 가열온도가 높아지면 두꺼운 피막이 형성되어 제거할 수 있으나 영양소 손실이 일어나며 바로 새로운 피막이 만들어진다.

3) 지방구의 융합

가열한 우유의 표면에 생성되는 지방층은 유화제 역할을 하는 단백질의 변성으로 지방구들이 서로 뭉치게 된다.

4) 갈변

단백질과 당은 함께 가열하면 비효소적 갈변반응인 마이야르 반응에 의해 갈변이 일어난다. 가당연유 같은 농축유에는 상당량의 단백질과 유당이 함유되어 있어 단백질의 아미노기와 유당 사이에 아미노-카르보닐 반응이 일어나기 때문에 가열 시 갈변이 잘 일어나며 분유를 장시간 저장하였을 때에도 나타난다.

가당연유를 장시간 가열하면 갈색의 점도가 높고 달콤한 캐러멜 향이 나는 시럽이 되는데, 이는 유당이 열에 의해 쉽게 캐러멜화하는 성질을 가지고 있기 때문이며 푸딩을 만들 때 사용한다.

5) 가열취

우유를 74~78℃로 가열하면 특유의 고소한 향과 맛이 나는데 이를 가열취라 한다. 우유 단백질이 가열에 의해 변성되면서 티올기(-SH)가 활성화하여 휘발성 저분자 황화합물과 황화수소를 생성하게 된다. 우유 지방도 가열로 구조가 변화하면서 특이한 향미 성분을 형성하여 가열한 우유의 향과 맛을 더한다.

(2) 우유 단백질의 응고

우유 단백질의 80%를 차지하는 카세인은 열에 의해 잘 응고하지 않으나 산이나 효소에 의해 응고된다.

1) 산에 의한 응고

카세인은 열에 잘 응고하지 않지만 산에는 매우 민감하여, 첨가된 산이나 미생물에 의해 생성된 산에 의해 응고된다. 이것은 버터밀크, 요거트, 사워크림, 치즈 등의 발효식품제조에서는 매우 바람직한 현상이나 토마토 크림수프, 우유와 과일 혼합 음료나 셔벗 등의 식품에서는 바람직하지 못하다.

산의 첨가로 우유의 pH가 6.5~6.8에서 4.6으로 떨어지면서 교질상으로 분산되어 있는 입자들이 불안정해져 서로 모여 덩어리를 형성하게 된다. 이것은 일반적으로 음이온을 띠는 카세인들이 서로 반발하여 분산되어 있는 상태에서 산이 첨가되면서 수소이온에 의해 카세인이 중화되기 때문에 발생하는 현상이다. 이 과정에서 카세인의 인산기와 결합되어 있던 상당량의 칼슘이 유청으로 빠져 나오게 된다.

원유는 자체에 유당을 발효시켜 젖산을 생성하는 미생물을 함유하고 있어 시간이 경과하면 유산균의 작용으로 생성된 젖산에 의해 우유가 산성화하여 응고물을 형성하는데 깨끗한 신맛을 가진다.

2) 효소에 의한 응고

레닌(rennin)은 어린 동물의 위에서 발견되는 응유효소로 다른 단백질 분해효소의 작용을 받기 전에 우유를 응고시키는 작용을 한다. 이 효소는 카이모신 효소의 일종으로 대부분의 치즈를 제조할 때 오랜 세월 동안 이용된 효소로 최적 작용온도는 40~42℃이며, 10℃ 이하와 65℃ 이상의 온도에서는 작용하지 않는다. 또한 레닌은 산성 환경에서 작용하며 알칼리 환경에서는 작용하지 않는다.

레닌을 이용하여 카세인을 응고시키면 칼슘이 유청으로 빠져나가지 않고 카세인에 붙어 있기 때문에, 레닌으로 만든 치즈는 산으로 응고시켜 만든 치즈보다 칼슘함량이 높다. 코티지치즈는 산 응고로 만든 치즈로 레닌으로 응고시킨 체다치즈보다 상당히 적은 양의 칼슘을 함유한다.

파인애플에 존재하는 단백질 분해효소인 브로멜린도 우유를 응고시키나 나중에 응고물을 다시 분해한다.

3) 페놀 화합물에 의한 응고

과일과 채소에 존재하는 페놀 화합물도 우유를 응고시킬 수 있다. 과일은 종자와 줄기에 상당량의 페놀 물질을 함유하고 있으며, 채소는 뿌리, 꼬투리, 종자와 목질부에 많은 페놀 물질을 포함하고 있다. 감자와 같이 페놀 물질이 들어 있는 식품과 우유를 함께 조리하면 우유가 응고되며 가열시간과 온도에 따라 응고 정도가 달라진다.

4) 염에 의한 응고

우유를 넣어 조리한 식품이 응고되는 것은 여러 가지 요인에 의해 복합적으로 나타난다. 우유에 있는 염, 첨가된 식품과 식염이 카세인의 응고에 영향을 줄 수 있다. 육류를 우유와 함께 조리할 때 햄은 닭고기, 쇠고기와 돼지고기보다 우유의 응고를 더 많이 일으키는데 이는 소금 농도가 높은 햄이 조리 시 우유를 더 빨리 응고시키기 때문이다.

(3) 냉동

우유나 크림을 서서히 냉동시키면 지방구 주위를 둘러싸 유화제 역할을 하던 단백질 층이 약해지면서 부서져 지방구들이 뭉치게 된다. 또한 단백질과 인산칼슘의 안정한 분산도 냉동에 의해 파괴되기 때문에 해동시키면 가라앉아 우유의 흰빛이 감소하게 된다.

6. 크림

(1) 크림의 형태

크림은 전유에서 분리한 지방층으로 최소한 18%의 지방을 함유하고 있으며 유백색으로 우유보다 점도가 높다. 시판되는 크림 제품의 종류와 특징은 표 10-4와 같다.

크림의 농도는 지방 함량에 따른 차이로 지방 함량이 높을수록 농도가 농후해진다. 상온에 방치한 크림은 냉장온도의 크림보다 묽은데, 이는 지방구가 냉장온도에서 단단해져 크림의 점도가 증가하기 때문이다. 사워크림은 발효시키거나 산성화시킨 가벼운 크림이다. 배양된 *S. lactis*를 크림에 첨가하여 산도가 0.5%가 될 때까지 22℃에서 발효시켜 만든다.

최근에는 여러가지 유제품 대체물이 만들어져 시판되고 있다. 휘핑크림 대체물은 물, 식물성 지방, 설탕, 카세인 나트륨, 유화제와 안정제 역할을 하는 식물성 검류를 이용하여 만든다. 커피크림 대체물은 고체 옥수수시럽, 식물성 지방, 카세인이나 대두단백질, 유화제, 염으로 만든 것으로 뜨거운 음료에 많이 이용되고 있다.

휘핑하지 않은 크림은 냉동이 아닌 냉장에서 보관하며 냄새가 나는 식품과 함께 보관하거나 빛이 드는 곳에 보관하면 향미가 저하된다.

【표 10-4】 크림의 종류와 특징

크림의 종류	특징
Half-and-half cream	· 10~18%의 유지방 함유 · 커피크림이나 가벼운 크림 · 기포 형성하지 못함
Light cream (coffee cream or table cream)	· 18~30%의 유지방 함유 · 제과제빵용으로 사용 · 커피, 과일, 곡물과 함께 제공하기도 함
Whipping cream	· 30~36%의 유지방 함유 · 소스의 농후제와 아이스크림 제조에 이용 · 기포를 형성하여 디저트에 토핑
Heavy cream	· 36~40% 의 유지방 함유 · 안정한 기포 형성 · Light whipping cream과 같이 상용
Double cream	· 48%의 유지방 함유 · 매우 단단한 기포 형성 · 푸딩과 디저트에 활용
Clotted cream	· 55~60%의 유지방 함유 · 비살균 우유를 가열하여 기포를 형성한 후 우유를 냉각시켜 크림층을 분리하여 만듦

(2) 크림의 거품 특성

크림을 휘핑하면 단백질을 함유한 크림 내 수분이 공기를 둘러싸 거품을 형성한다. 휘핑 초기에는 거품이 형성되나 지나치게 오래 저으면 거품이 깨지면서 버터가 만들어진다. 이것은 크림을 휘핑하는 동안에는 유지방이 거품 표면을 둘러싸 거품을 안정화시켜 거품이 유지되나, 젓기를 멈추면 지방 입자를 떨어지게 하는 힘이 없어져 지방구들이 뭉치게 되기 때문이다.

크림의 거품 특성에 영향을 주는 요인은 표 10-5와 같다.

【표 10-5】 크림의 거품 특성에 영향을 주는 요인

요인	거품 특성에 미치는 영향
온도	· 냉장온도에서 거품 형성이 잘됨 · 온도가 낮을수록 거품의 점도 증가 · 거품을 내기 위한 도구를 차게 해서 이용하면 거품 형성이 잘됨
유지방 함량	· 최소한 30%의 지방을 함유해야 거품 형성 · 유지방 함량이 증가할수록 기포 안정성 증가
교반 용기와 크림의 양	· 용기에 맞는 크림 양으로 거품 형성
그 밖의 요인	· 산도: 0.3%까지 증가하여도 거품 특성에 영향을 주지 않음 · 설탕: 거품의 부피와 견고성 증가, 초기 거품형성은 어려우므로 거품이 형성된 후에 첨가하는 것이 바람직, 백설탕보다는 분당이 효과적

7. 치즈

치즈는 우유의 주단백질인 카세인을 응고시킨 후 유청 부분을 제거하여 농축 · 숙성한 발효유 제품이다. 카세인에 미생물 배양액을 첨가하여 생성된 산이나 레닌으로 응고시킨다.

대부분 치즈의 제조과정은 유사하여 ① 유산균에 의해 생성된 산이나 응유효소에 의한 커드 형성 ② 커드를 일정 크기로 잘라 유청과 분리 ③ 가열에 의해 유청 분리와 커드 간의 결합 촉진 ④ 커드의 성형, 염분 첨가와 압착 ⑤ 숙성의 과정을 거친다. 단, 코티지치즈, 크림치즈와 모차렐라 치즈는 숙성을 시키지 않는다.

(1) 숙성

치즈의 숙성은 온도를 정확히 유지하면서 짧게는 2주, 길게는 7년까지도 이루어진다. 커드가 치즈 고유의 특성을 가지게 될 때까지의 기간으로 치즈의 냄새, 향미, 조직감 및 성분 변화 등의 물리화학적 변화가 일어난다.

치즈는 숙성을 거치면서 유산균에 의해 유당이 분해되고, 단백질 분해효소의 작용으로 펩타이드와 유리 아미노산이 생성된다. 곰팡이 숙성 치즈의 경우에 곰팡이에 의해 가스 형성과 리파아제 작용으로 지방이 분해되면서 독특한 향미와 냄새 성분이 형성된다.

(2) 치즈의 성분과 영양가

치즈는 매우 농축된 식품으로 단백질과 지방을 많이 함유하고 있으며 단백질은 생물가가 높고, 지방은 포화지방산 함량이 높다. 향미를 위해 염이 첨가되고 우유 자체에 나트륨 함량이 높아 고나트륨 식품이다.

치즈의 성분은 사용되는 우유의 종류와 수분 함량에 따라 다양하다. 전유로 만든 치즈는 유청이 분리될 때 지방이 커드에 남는 반면 유당, 수용성 염과 비타민은 유청과 함께 빠져나간다.

레닌으로 응고시킨 치즈는 칼슘과 인의 우수한 급원인 반면 산으로만 응고시킨 경우에는 칼슘 함량이 낮다. 이러한 현상은 산도가 증가되면 칼슘 이온이 인산기에서 떨어져 나가 카세인으로부터 분리되어 유청에 존재하고 치즈 커드에 남지 못하기 때문이다.

체다치즈 같이 레닌으로 응고시킨 치즈는 원유의 약 80%의 칼슘을 보유하나 크림치즈같이 산으로 응고시킨 치즈는 우유 칼슘의 1/4~1/2 정도이다.

(3) 치즈의 종류

치즈는 제조방법에 따라 유즙으로 직접 만든 천연치즈와 천연치즈를 혼합하여 유화제를 첨가하고 가열 용해하여 제품화한 가공치즈로 분류한다. 천연치즈는 수분 함량에 따라서는 연질, 반연질, 경질과 초경질로 분류되며 숙성의 종류와 정도에 따라서는 비숙성, 곰팡이 및 세균 숙성치즈로 분류된다(표 10-6).

(4) 치즈의 보관

모든 치즈는 냉장 보관하는 것이 좋으며 표면이 건조되는 것을 방지하고 냄새가 스며드는 것을 막기 위해 랩이나 호일로 싸서 보관한다. 경질치즈는 몇 주간 보관이 가능하나 연질치즈는 수분 함량이 높아 7~10일 정도가 되면 상하게 된다.

치즈는 냉동하였다가 해동시키면 푸슬푸슬해지고 덩어리지기 때문에 냉동하는 것은 바람직하지 못하다. 일단 냉동했던 치즈는 냉장온도에서 10일 정도 서서히 해동시키면 냉동에 의한 피해를 줄여 향미와 조직감 등을 유지할 수 있다.

천연치즈의 맛과 향은 비숙성 치즈를 빼고는 상온에서 가장 좋다. 따라서 치즈를 냉장고에서 꺼내 30분에서 1시간 정도 두었다가 먹는 것이 좋다. 코티지와 크림치즈 같은 비숙성 치즈는 차가운 상태로 제공한다.

【표 10-6】 치즈의 분류

<table>
<tr><th>구분</th><th>경도(수분%)</th><th colspan="2">숙성에 관여하는 미생물</th><th>치즈의 종류 (생산국)</th></tr>
<tr><td rowspan="7">자연 치즈</td><td rowspan="2">연질
(50~75)</td><td colspan="2">곰팡이</td><td>Camembert, Brie(프랑스), Elpaese(이탈리아)</td></tr>
<tr><td colspan="2">숙성시키지 않은 것</td><td>Cottage, Cream(미국), Neufchatel(프랑스)</td></tr>
<tr><td rowspan="2">반연질
(40~50)</td><td colspan="2">세균</td><td>Brick(미국), Munster, Tilsit(독일), Havarti(덴마크),
Limburger(벨기에), Port ducalut(프랑스)</td></tr>
<tr><td colspan="2">곰팡이</td><td>Roquefort(프랑스), Gorgonzola(이탈리아),
Stilton(영국)
Blue(프랑스, 덴마크, 미국)</td></tr>
<tr><td rowspan="3">경질
(30~40)</td><td rowspan="3">세균</td><td>큰 치즈 눈</td><td>Emmenthaler(스위스), Gruyère(프랑스)</td></tr>
<tr><td>작은 치즈 눈</td><td>Gouda, Edam(네덜란드),
Samsoe, Fynbo(덴마크),
Provolone, Cacicavallo(이탈리아)</td></tr>
<tr><td>치즈 눈이 없는 것</td><td>Cheddar, Colby(미국), Cheshire(영국)</td></tr>
<tr><td rowspan="2">가공 치즈</td><td>초경질(30)</td><td colspan="2">세균</td><td>Grana, Parmesan, Romano(이탈리아)</td></tr>
<tr><td>경질형</td><td colspan="3">천연치즈를 분쇄, 가열하여 고형화시킨 제품</td></tr>
</table>

(5) 치즈의 조리원리

치즈는 다양한 요리에 향미, 색과 질감을 부여한다. 치즈는 신선한 과일이나 채소와 혼합하여 맛있고 보기 좋은 샐러드나 디저트 요리를 만들 수 있다. 우리나라에서도 최근 영양지식의 보급으로 치즈를 찾는 소비자가 많지만 거의 가공치즈이고 일반 가정에서 천연치즈는 아직 친숙하지 못하다.

체다치즈 같은 경질치즈는 일반적으로 낮은 온도로 가열하여 녹여 사용하는데 지나치게 가열하면 지방이 분리되면서 거칠고 질긴 커드를 형성하기 때문에 숟가락으로 저으면 늘어나 긴 줄이 생긴다. 따라서 이중 가열하거나 낮은 온도에서 계속 저으면서 조리한다.

치즈는 가열하였다가 냉각시키면 단단해지므로 재료가 익은 후 마지막 단계에 첨가하는 것이 좋다.

8. 버터

우유에서 분리한 크림을 교반하여 유지방만을 모아 압착한 유중수적형의 유화액으로 80% 이상의 유지방, 16% 이하의 수분, 2~4% 유고형분을 함유하고 있다.

버터는 식염의 첨가에 따라 1.5~2.0%의 소금을 첨가한 가염버터와 무염버터로 분류되며, 원료 크림의 발효 유무에 따라 젖산발효시킨 사워크림버터와 발효시키지 않은 크림버터로 분류된다. 유염버터는 소금 첨가로 버터의 향미에 변화 없이 저장기간을 길게 할 수 있다.

버터는 냉장온도에서는 단단하나 상온에 두면 부드러워져서 퍼짐성이 좋으며, 녹는점은 33℃, 발연점은 127℃이다. 버터는 냄새가 흡수되지 않도록 잘 밀봉하여 0~2℃에 냉장 보관하는 것이 좋으며 무염버터는 사용 전까지 냉동 보관한다.

* 한 번 더 알아보기

1. 우유 단백질의 종류와 특성에 대하여 설명하시오.
2. 우유의 살균처리방법에는 어떤 것이 있는가?
3. 우유 단백질의 응고성에 대하여 설명하시오.

CHAPTER 11

채소 및 과일류

학습목표

1. 채소의 종류와 특성을 이해할 수 있다.
2. 채소의 조리 특성을 이해하고 활용할 수 있다.
3. 과일류의 종류와 특성을 이해할 수 있다,
4. 감자와 고구마의 성분과 조리원리를 이해하고 조리에 적용할 수 있다,

CHAPTER 11

채소 및 과일류

채소는 식용하는 식물이나 식물의 일부분을 의미하는 것으로 주로 식물의 잎, 줄기, 뿌리, 종자와 꽃 등을 식용한다. 채소는 과일에 비해 당 함량이 낮아 단맛이 적으면서 독특한 향미를 가진다. 채소는 독특한 색, 향미와 질감을 부여하여 우리의 식탁을 풍요롭게 만들며 비타민, 무기질, 섬유소가 많이 함유되어 있어 식품구성자전거에서 많은 부분을 차지하고 있다.

과일은 식물의 꽃으로부터 만들어지는 것으로 씨방과 주변 조직이 성숙된 것이다. 식물학적인 관점에서 채소, 견과류나 곡류도 과일에 속하나 식품학에서 과일로 분류하는 것은 신선도가 높은 것, 부드럽고 즙이 많은 과육, 일반적으로 향기롭고 단맛을 가지는 것 등의 식물학적 유사성과 공통의 특징을 지니는 것을 말한다. 토마토나 호박은 단맛이 없기 때문에 채소로 분류되며 곡류, 견과류와 콩은 건조한 상태로 과일의 신선함을 가지고 있지 않기 때문에 따로 분류한다.

이 장에서는 채소 · 과일류의 분류, 영양 성분, 가공 · 조리 특성에 대하여 알아본다.

01 채소류

1. 채소의 성분과 영양가

채소의 영양적 가치는 식물의 생명에서 어떠한 역할을 하느냐에 따라 다르기 때문에 엽채류, 근채류, 과채류에 따라 영양성분에 차이가 있다. 잎은 식물의 활동적인 대사를 담당하고 있어 에너지 관련 영양소를 저장하고 있지는 않으나 대사에 필요한 비타민을 많이 함유하고 있으며, 뿌리나 씨앗은 전분과 단백질 등 에너지 관련 영양소의 저장고 역할을 한다.

채소는 식사에 식이섬유소, 무기질과 비타민을, 감자와 고구마는 탄수화물을, 건조 콩류는 탄수화물과 단백질을 제공한다.

대부분의 신선채소는 1회 섭취량에 약 20kcal를 제공하지만 양상추나 셀러리 같은 잎과 줄기채소는 칼로리가 더 낮다. 당근, 비트 같은 뿌리채소와 완두콩은 약 35kcal를 제공한다. 칼로리의 차이는 성분 차이에 기인한 것으로 잎은 수분 함량이 높고 지방, 탄수화물과 단백질의 함량이 낮아 칼로리를 적게 낸다. 뿌리채소는 수분 함량이 낮고 당의 함량이 높으며, 종자류는 전분을 저장하기 때문에 탄수화물의 함량이 많아 칼로리가 높다(표 11-1).

채소와 과일을 충분히 섭취할 경우 위, 식도, 폐, 췌장, 대장의 암 발생을 억제할 수 있으며 심장질환과 흡연에도 효과가 있다고 알려져 있다. 이러한 채소와 과일의 건강에 대한 효과는 영양성분뿐만 아니라 비영양성분인 피토케미컬에 의한 것으로 알려지고 있다. 또 채소 중에서도 양파와 양배추, 당근, 녹색채소 및 토마토와 같은 생채소는 항암효과가 큰 것으로 알려져 있다.

채소와 과일은 우리의 식탁에서 특유의 색, 향미와 조직감으로 식욕을 자극하는 역할을 한다.

채소에 다량 함유된 식이섬유소는 소화기능을 도와주는 역할을 하는 것과 동시에 만성질환의 예방에도 효과적이다. 대표적인 섬유소 성분인 셀룰로오스, 헤미셀룰로오스와 펙틴 등은 식물세포벽의 구성성분이며 이러한 다당류는 인체 내에서 소화효소의 작용을 받지 못한다. 펙틴은 세포벽뿐 아니라 세포 사이에도 존재하여 세포를 접착시키는 역할을 한다. 또한 식물은 목질부에 존재하는 리그닌, 다양한 검류, 점성 물질 등의 섬유소 성분을 함유하고 있다(표 11-2).

【표 11-1】 채소의 일반성분

채소(생것)		에너지	수분	단백질	지방	회분	탄수화물	섬유소	칼슘	철	칼륨	비타민 A	베타카로틴	비타민 B_1	비타민 B_2	나이신	비타민 C
		(kcal)	(%)	(g)	(g)	(g)	(g)	(g)	(mg)	(mg)	(mg)	(R.E.)	(μg)	(mg)	(mg)	(mg)	(mg)
엽채류	배추	10	95.6	0.9	0	0.5	3	0.7	37	0.5	239	0	1	0.06	0.03	0.5	17
	양배추	19	93.5	0.6	0.1	0.4	5.4	0.6	29	0.5	205	1	6	0.04	0.03	0.3	36
	시금치	30	89.4	3.1	0.5	1	6	0.8	40	2.6	502	607	3640	0.12	0.34	0.5	60
	상추	6	97.3	0.9	0.2	0.3	1.3	0.7	38	1	329	39	234	0.05	0.07	0.3	13
	부추	21	91.4	2.9	0.5	1.3	3.9	1.1	47	2.1	446	516	3094	0.11	0.18	0.8	37
	들깻잎	7	95.1	0.7	0.1	0.6	2.5	2	29	7.8	–	8	47	0.04	0.19	0.1	7
근채류	조선무	18	94.3	0.8	0.1	0.4	4.4	0.6	26	0.7	213	8	46	0.03	0.02	0.4	15
	마늘	126	63.1	5.4	0	1.5	30	1	10	1.9	664	0	0	0.15	0.32	0.4	28
	양파	34	90.1	1	0.1	0.4	8.4	0.4	16	0.4	144	0	0	0.04	0.01	0.1	8
	당근	34	89.5	1.1	0.1	0.7	8.6	0.8	40	0.7	395	1270	7620	0.06	0.05	0.8	8
	생강	53	83.3	1.5	0.2	1.1	13.9	1.6	13	0.8	344	0	0	0.03	0.04	1	5
	도라지	96	72.2	2.4	0.3	1	24.1	4	35	4.1	453	0	0	0.1	0.14	0.4	27
	연근	67	80.2	2.1	0.1	1.2	16.4	0.8	22	0.9	377	0	0	0.11	0.01	0.3	57
	우엉	64	80.3	3.1	0.1	1	15.5	1.3	56	0.9	370	0	0	0.04	0.06	0.5	3
	비트	15	92.9	2.2	0.1	2	2.8	0.8	57	4	494	397	2379	0.01	0.52	0.2	14
과채류/화채류	고추	24	92.6	1.4	0.84	0.52	4.63	–	14	0.9	162	–	–	–	–	–	72
	파프리카	11	95.5	1	0.1	0.4	3	0.9	12	1.3	255	31	185	0.06	0.01	0.2	162
	애호박	24	91.9	1.4	0.1	0.7	5.9	0.4	13	0.4	293	255	149	0.11	0.08	0.6	8
	늙은 호박	27	91	0.9	0.1	0.5	7.5	0.8	28	0.8	334	119	712	0.07	0.08	1.5	15
	오이	11	95.9	1.1	0.3	0.6	2.3	0.5	28	0.6	312	10	56	0.04	0.02	0.3	9
	가지	19	93.3	0.9	0.1	0.4	5.3	0.8	16	0.3	210	5	32	0.04	0.03	0.4	9
	토마토	14	95.2	0.9	0.1	0.5	3.3	0.4	9	0.3	178	90	542	0.04	0.01	0.6	11
	브로콜리	28	88.6	5	0.3	1.1	5	1.4	64	1.5	307	128	766	0.12	0.26	1.1	98
	아스파라거스	12	94.6	1.9	0.1	0.6	2.8	0.9	22	0.5	220	54	321	0.12	0.13	0.8	5

–: 수치가 애매하거나 측정되지 않음

출처: 농촌진흥청 국립농업과학원(식품성분표 제7차 개정), 2006

【표 11-2】 식이섬유의 종류와 특성

분류	종류	주요급원식품	생리적인 기능
가용성 섬유소	펙틴, 검	감귤류, 사과, 해조류	· 물과의 친화력이 커서 용해, 팽윤되어 겔 형성 · 위장 통과 지연 · 소장에서 당 흡수속도 지연 · 혈청콜레스테롤 감소 · 열량: 평균 3kcal/g
	헤미셀룰로오스 일부	바나나	
	뮤실리지	보리, 귀리, 두류	
난용성 섬유소	셀룰로오스 헤미셀룰로오스 리그닌	모든 식물, 밀겨 통밀 호밀, 쌀, 채소	· 분변량 증가 · 장 통과속도 가속 · 포도당 흡수 지연

2. 채소의 분류

채소는 일반적으로 엽채류, 근채류, 과채류, 화채류, 종실류 등으로 분류한다(표 11-3).

【표 11-3】 채소의 분류

분류	종류
엽채류	상추, 시금치, 배추, 쑥갓, 아욱, 근대, 미나리, 깻잎, 갓
경채류	파, 콩나물, 죽순, 셀러리, 아스파라거스, 두릅
과채류	오이, 호박, 토마토, 가지, 고추, 아보카도
화채류	콜리플라워, 브로콜리, 원추리꽃, 아스파라거스
근채류	비트, 감자, 당근, 순무, 양파, 연근, 우엉, 마, 마늘, 생강

(1) 엽·경채류

엽·경채류에는 잎이나 줄기를 식용하는 채소류의 총칭이다. 엽·경채류는 일반적으로 수분 함량이 높아 칼로리가 낮고 아주 소량의 단백질을 가지며 지방은 거의 함유하고 있지 않다(표 11-1). 이러한 채소의 주요 영양소는 비타민과 무기질이며, 특히 철분, 비타민 A, 리보플라빈,

엽산과 비타민 C의 주요 급원이다. 녹색이 진할수록 비타민 A의 함량이 높으며 녹색 잎은 칼슘의 좋은 급원이 되지만 시금치, 근대, 녹색 비트에 존재하는 대부분의 칼슘은 수산과 결합하여 생체 이용률이 매우 낮다.

(2) 과채류

오이, 호박, 토마토, 가지, 고추, 아보카도 등이 과채류에 속한다. 일반적으로 대부분의 과채류는 비교적 수분 함량이 높고(92~94%), 탄수화물 함량이 매우 낮다. 식물학적으로 과채류는 꽃이 자란 것으로 과일에 속하지만 단맛이 나지 않기 때문에 다른 채소와 혼합하여 조리할 수 있다. 호박류는 약 85%의 수분을 함유하며 12% 정도의 탄수화물을 함유하고 있다. 오이는 특히 탄수화물의 함량이 낮고 수분 함량(약 97%)이 높은 과일형 채소이다. 토마토와 녹색 후추는 비타민 C의 주요 급원이 되며, 늙은 호박과 노란 호박, 토마토, 녹색 후추는 비타민 A의 전구체인 카로티노이드 색소를 많이 함유하고 있다.

(3) 화채류

화채류는 꽃을 먹는 것으로 콜리플라워, 브로콜리, 원추리꽃, 아스파라거스 등이 있다. 화채류도 일반적으로 수분 함량이 높고 탄수화물을 적게 포함하고 있다. 브로콜리는 비타민과 무기질, 그리고 피토케미컬의 급원으로 영양가 우수한 녹색 채소로 알려져 있다. 특히 비타민 C의 함량이 높고 비타민 A, 리보플라빈, 칼슘과 철을 함유하고 있다. 콜리프라워는 비타민 A 함량이 높고, 아스파라거스는 비타민 C의 좋은 급원이 된다.

(4) 근채류

근채류에는 비트, 당근, 무, 순무, 양파, 연근, 우엉 등이 있다. 뿌리가 비대해져 만들어진 구근채소에는 양파, 백합과 채소가 포함되며, 줄기가 비대해져 생성된 덩이줄기 채소에는 감자가 있다. 이러한 채소는 다른 채소에 비해 수분 함량이 낮고 탄수화물의 함량이 높다. 감자에 있는 대부분의 탄수화물은 전분이며 고구마도 많은 양의 전분을 함유하지만 감자와 비교

시 당 함량이 더 높다. 감자는 비타민 C의 주요 급원이며, 노란색 고구마는 비타민 A의 전구체인 베타카로틴을 함유하고 있다.

3. 신선채소의 선택

채소를 구입할 때는 크기, 모양, 광택, 색과 흠집의 유무를 고려하여 단단하고 아삭아삭하며 색이 밝은 것으로 골라야 한다. 소비자 조사에 의하면 많은 응답자가 채소를 고를 때는 신선도, 외관, 맛을 주요 선택항목으로 한다고 하였다. 좋은 채소를 고르는 요령은 표 11-4와 같다. 채소는 근교에서 제철에 나는 것을 구입하면 싼 가격으로 품질이 우수한 것을 선택할 수 있으며 먹을 양만큼을 그때그때 구입하는 것이 영양적으로나 경제적으로 좋다.

【표 11-4】 **좋은 채소 고르는 법**

분류	종류	선택기준
엽채류	배추	· 중간 정도 크기로 육질이 연하고 단맛이 많은 것 · 결구상태가 모나지 않고 둥글며 잎이 연하고 연녹색을 띠는 것 · 줄기의 흰 부분을 눌러보아 단단하고 탄력이 있는 것
	시금치	· 줄기와 잎이 진한 녹색을 띠고 신선한 것 · 한 뿌리에 잎이 많이 달리고 잎이 짧으며 뿌리의 붉은색이 진한 것
	부추	· 몸통 줄기가 통통하고 흰 부분이 긴 것 · 잎, 줄기가 연하고 색이 선명한 것
	상추	· 잎이 연하고 두꺼우며 고유의 녹색을 잘 유지하고 있는 것 · 상추 잎을 잘랐을 때 우유액이 있는 것
경채류	콩나물	· 떡잎이 녹화하지 않고 싱싱함 · 줄기가 절단된 것이 없는 것 · 흰색 줄기에 노란색 머리를 나타내는 것
	실파	· 파 고유의 모양으로 쪽수가 적고 줄기가 곧게 뻗은 것 · 선명한 녹색을 띠고 윤기가 있는 것
과채류	애호박	· 모양이 곧고 연듯빛이며 윤기가 흐르는 것 · 껍질이 연하고 육질이 치밀하며 단단한 것 · 꼭지 주변이 들어가 있는 것
	오이	· 색이 고르고 굵기가 위와 아랫부분이 동일한 것 · 육질이 단단하면서 부드러운 것 · 껍질에 돋은 가시가 날카로운 것 · 속에 씨가 생성되지 않고 수분이 많으며 향이 강한 것

분류	종류	선택기준
과채류	풋고추	· 과피가 두껍고 씨가 적으며 외관상 착색 상태가 좋은 것 · 모양이 곧고 꼭지가 싱싱하며 윤기가 나는 것
	피망	· 굵고 크며, 표피가 단단하고 짙은 녹색을 띠는 것
화채류	브로콜리	· 좁쌀만한 크기의 작은 꽃송이들이 많이 피지 않은 것
근채류	무	· 잔뿌리가 적고, 청색 부분이 1/5 정도이며, 모양이 매끈하고 광택이 있는 것
	당근	· 모양이 곧고 표면이 매끄러우며 윤기가 나는 것 · 심이 거의 없어 중심부까지 선홍색으로 착색이 된 것
	우엉	· 껍질에 흠이 없고 수염뿌리가 없이 매끈한 것 · 굵기가 균일하며 직경이 3cm 정도인 것
	통도라지	· 잔뿌리가 비교적 많고 원뿌리로 갈라진 것 · 가늘고 짧은 것
	양파	· 외피가 단단하고 적황색이며 상처가 없는 것 · 양파의 윗면과 뿌리부분을 눌러보아 단단한 것 · 껍질에 광택이 있고 싹과 뿌리가 없는 것
	마늘	· 윤기가 흐르고 알이 단단한 것 · 쪽수가 적고 겉껍질과 속껍질이 잘 부착된 것

4. 채소의 보관

채소와 과일은 살아서 호흡하는 조직으로 숙성되고 죽기 때문에 유통기간에 제한이 있다. 대부분의 채소는 저장 동안 품질이 떨어지므로 보관방법에 유의해야 한다.

일반적으로 채소는 신선도를 유지하기 위해 냉장온도에서 보관하지만 냉장 보관을 하여도 저장기간에 따라 영양가의 변화가 일어난다. 예를 들어 브로콜리는 냉장고에서 7일간 보관하여도 비타민 C 함량에 거의 변화가 없지만 완두콩은 95~100% 습도, 2℃에서 6일간 저장하였을 때 88%의 비타민 C가 손실된다.

채소는 플라스틱 저장용기에 담고 뚜껑을 덮어 냉장 보관하며, 저장 전에 세척한 경우에는 가능한 한 수분을 완전히 제거하여 보관하는 것이 좋다. 완두콩이나 리마콩은 꼬투리째로 보관하여야 신선도를 오래 유지할 수 있다. 줄기나 덩이 식물은 냉장고가 아닌 선선한 곳에 일시적으로 보관할 수 있다.

토마토는 완숙이 되기 전에 구입하여 15~24℃의 밝은 곳에 포장하지 않고 두면 품질과 비타민 함량이 더 높아지며 완숙 토마토는 포장을 하지 않고 냉장고에 보관한다.

5. 채소의 색

채소와 과일은 식물 조직 내 여러가지 색소를 가지고 있어 밝고 선명한 색을 나타내며 식욕을 촉진시켜준다. 클로로필은 녹색, 카로티노이드는 노랑과 주황(때때로 분홍이나 적색), 안토시아닌은 적색, 보라색과 파란색, 베타레인은 자주색, 안토잔틴은 크림색이나 무색을 나타낸다. 안토시아닌과 안토잔틴은 유사한 화학 구조를 가지며 이러한 색소를 플라보노이드 색소라고 한다(표 11-5). 수확 후 적절한 온도에서 저장하면 녹색 채소의 경우 12일 이상 색의 변화 없이 보관할 수 있으나 조리과정 중에 쉽게 변하므로 조리된 채소가 밝은색을 유지하는 것이 중요하다.

【표 11-5】 채소와 과일의 색소

분류	용해도	기본구조	종류
클로로필	지용성	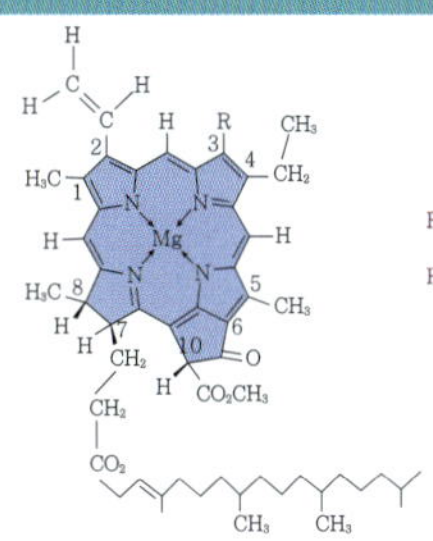 R = CH_3 (클로로필 a) R = CHO (클로로필 b)	클로로필 a,b(녹황색 채소), 클로로필 c,d(해조류)
카로티노이드	지용성	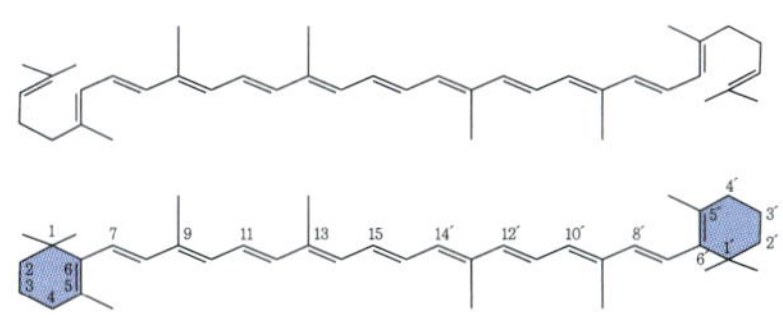	카로틴류: α-,β-,γ- 카로틴(당근), 리코펜(수박, 토마토) 잔토필류: 루테인(호박), 캡산틴(고추), 제아잔틴(옥수수, 호박, 오렌지), 아스타잔틴(새우, 게), 크립토잔틴(옥수수, 감), 비올라잔틴(자두, 파파야), 칸타잔틴(양송이, 송어), 푸코잔틴(미역, 다시마)

플라보노이드	안토시아닌	수용성	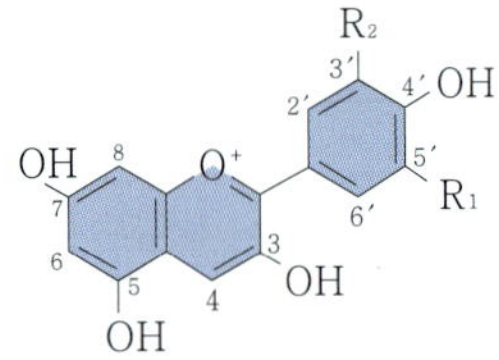	펠라고니딘계(양딸기), 시아니딘계(버찌), 델피니딘계(가지), 페오니딘계(자색 양파), 페투니딘계(포도껍질), 말비딘계(포도껍질)
	안토잔틴	수용성	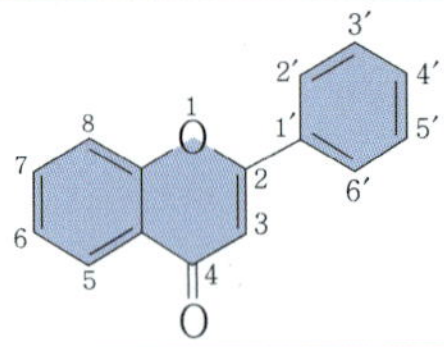	플라본(파슬리)
			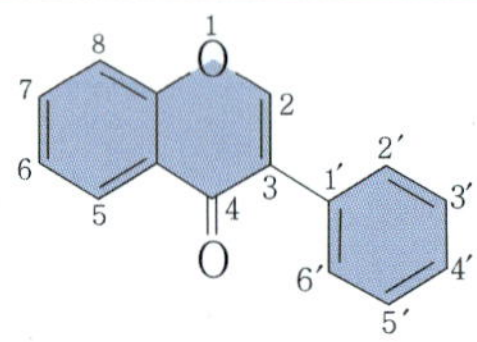	이소플라본(대두)
			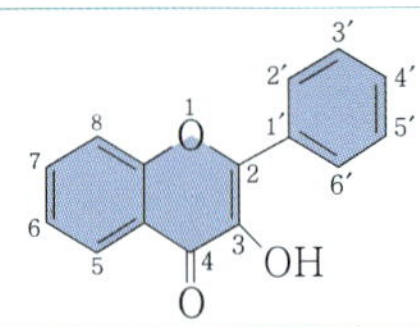	플라본올(차, 메밀)
			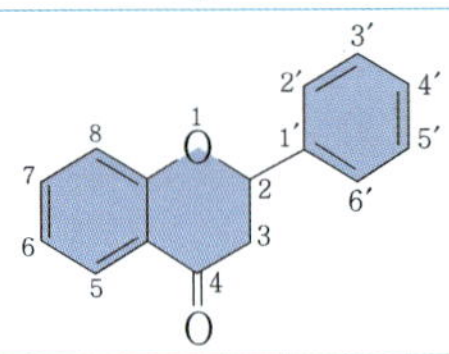	플라바논(감귤껍질)
	탄닌	수용성	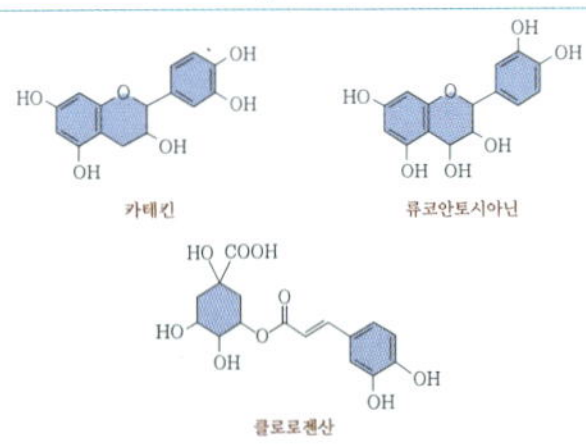	식물의 갈변 카테킨류, 류코안토시아닌류, 클로로젠산
베타레인		수용성	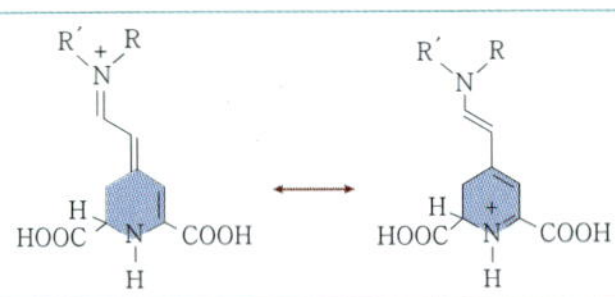	붉은 순무

(1) 클로로필

클로로필은 식물의 잎과 줄기에 널리 분포하는 녹색 색소로 엽록체에 존재하며 식물의 광합성 작용에 중요한 역할을 한다. 클로로필의 구조와 종류는 표 11-5와 같다.

클로로필은 산에 불안정한 화합물로 산과 접촉하면 화학적 변화를 일으켜 녹갈색의 페오피틴이 된다. 채소로 통조림을 만드는 경우 고온에서 장시간 가열하면 거의 모든 엽록소가 페오피틴과 페오포바이드로 분해되어 녹갈색이나 갈색으로 변한다(그림 11-1). 채소를 가열하면 조직이 손상되면서 식물조직 내 효소인 클로로필라아제의 작용에 의해 클로로필이 클로로필라이드로 변하면서 짙은 녹색이 된다. 채소를 데칠 때는 많은 물에 뚜껑을 열고 단시간에 데쳐야 휘발성 유기산이 휘발하여 채소가 선명한 녹색을 띠며 조직감이 살아 있게 된다.

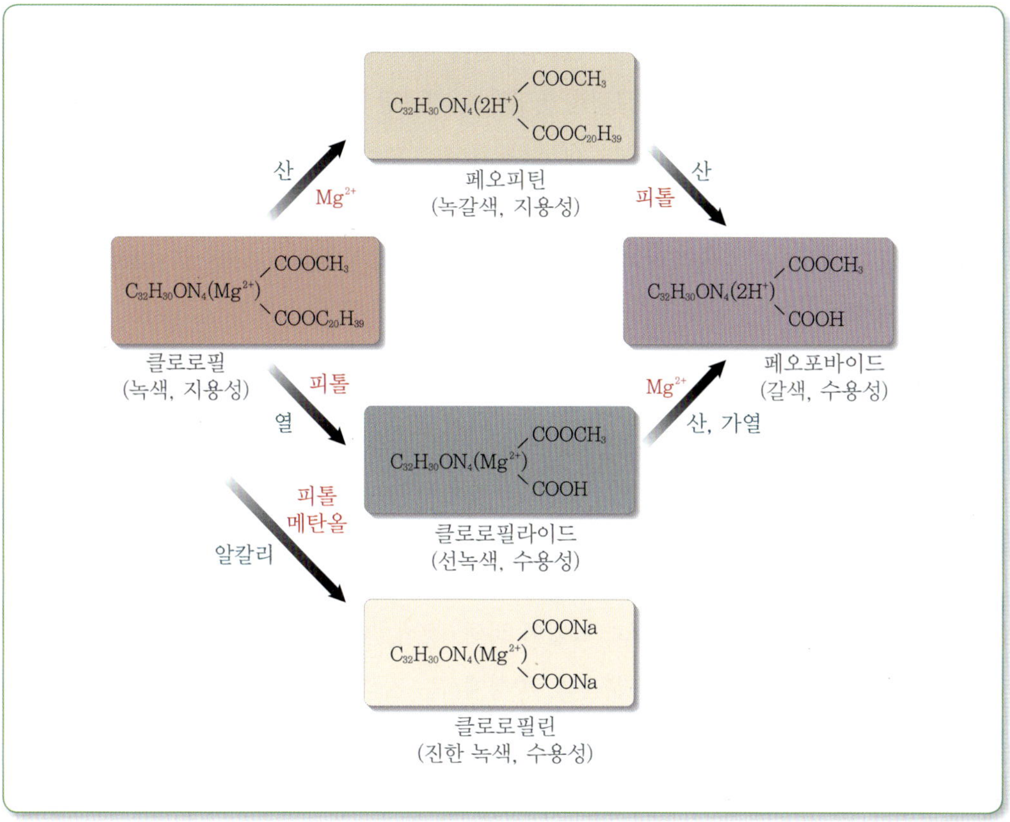

【그림 11-1】 조리 중 클로로필의 변화과정

채소를 데칠 때 알칼리성 베이킹소다를 소량 첨가하면 클로로필은 더 선명한 녹색을 띠는 수용성 색소인 클로로필린으로 변하지만 채소 특유의 향미를 저하시키고 티아민과 비타민 C를 파괴한다. 또한 섬유질이 분해되어 채소 특유의 조직감을 상실하게 한다.

조리 초기에 녹색이 진해지는 것은 채소조직 내 공기가 부분적으로 빠져나와 녹색이 가시적으로 짙어지는 현상으로 채소를 냉동 보관할 때 단시간 데치기를 하면 선명한 녹색을 유지할 수 있다. 김치나 오이지를 오래 저장했을 때 갈색을 띠는 것은 발효 과정 중 생성된 젖산이나 초산에 의해 클로로필이 페오피틴이나 페오포바이드로 변하기 때문이다.

(2) 카로티노이드

카로티노이드는 황색, 주황색, 적색 등의 색깔을 가지며, 지용성으로 녹색잎에 클로로필과 함께 존재하고 있으며 구조는 표 11-5와 같다. 초록색의 잎은 가을이 되면 엽록소가 파괴되면서 카로티노이드 색소가 많아져 노란색을 띠게 된다. 카로티노이드는 유사한 몇 가지 색소 그룹으로 이루어져 있는데, 이 중 카로틴은 α, β와 γ-카로틴으로 나누어지며, 체내에서 비타민 A로 전환된다.

탄소와 수소 이외에 산소를 포함하는 카로티노이드를 잔토필이라 하며 크립토잔틴은 노란 채소에서 많이 발견되는 대표적인 잔토필이다. 토마토의 붉은색은 리코펜으로 수박과 붉은 자몽에도 존재한다.

카로티노이드는 열, 약산, 알칼리에 비교적 안정하며 조리과정 중 손실이 거의 없지만 산화에 약해 공기에 노출되면 탈색현상이 일어나는데 이러한 현상은 당근을 건조시킬 때 볼 수 있다.

(3) 안토시아닌

플라보노이드계 안토시아닌은 꽃과 과일의 적색, 청색, 자색을 나타내는 수용성 색소로 매우 불안정하며 일반적으로 산에서 붉은색, 중성에서는 자색, 알칼리성에서는 청색으로 변하며, 가역적으로 청색이 된 색소에 산을 다시 첨가하면 적색으로 변한다. 따라서 적채를 조리할 때 소량의 식초나 사과즙을 넣으면 산에 의해 붉은색을 유지할 수 있다.

안토시아닌 색소는 금속과 반응하여 착화합물을 형성하여 색이 변하게 된다. 붉은 과일이나 채소 통조림을 가공할 때 주석을 도금한 캔을 사용하면 안토시아닌 색소가 주석과 반응하여 회색이나 자색을 띤다.

(4) 안토잔틴

안토잔틴은 플라본, 플라보놀, 플라보논을 포함하는 복합체로 안토시아닌과 더불어 플라보노이드계 색소이다(표 11-5). 본래의 색은 무색 또는 흰색으로 감자, 양파, 콜리플라워, 무 등의 색소이다. 안토잔틴은 열에는 안정하나 알칼리에는 불안정하여 조리 시 노란색으로 변하며 장시간 가열하면 색이 더욱 진해진다. 이 색소는 철과 같은 금속과 반응하여 검은색 복합체를 형성하며 알루미늄과 반응하면 밝은 노란색을 띤다.

(5) 베타레인

붉은 순무의 색소는 안토시아닌과 달리 질소를 함유한 베타레인이다(표 11-5). 이 색소는 자줏빛 빨간색이나 노란색을 띠며 색소가 물에 잘 녹기 때문에 조리 전에 순무를 깎거나 자르면 색이 엷어진다. 껍질을 벗기지 않고 3~4cm로 두껍게 조리한 후 껍질을 벗기면 색 변화 없이 조리가 가능하다.

조리과정에서 색소에 영향을 주는 요인을 표 11-6에 정리하였다.

【표 11-6】 식물색소의 용해도와 특성에 영향을 주는 요인

색소	채소	용해성	색	산		알칼리		과조리 시
				색	조직	색	조직	
엽록소	시금치, 브로콜리	지용성	녹색	녹갈색	단단함	선명한 녹색	물러진다	녹갈색
카로티노이드	당근, 고추	지용성	등황색	변화 없음	단단함	변화 없음	물러진다	색이 흐려짐
안토잔틴	콜리플라워, 양파	수용성	백색	흰색	단단함	노란색	물러진다	노란색, 회색
안토시아닌	적채	수용성	적색	붉은색	단단함	푸른색	물러진다	청록색, 탈색

(6) 효소적 산화에 의한 갈변

바나나, 사과, 복숭아 같은 과일이나 감자와 고구마 등의 채소는 절단면이 공기 중에 노출되면 갈색으로 변하게 된다. 이는 과일이나 채소에 존재하는 페놀 물질이 옥시다아제라는 산화효소의 작용으로 공기 중의 산소와 반응하여 일어나는 현상이다.

이러한 갈변반응은 레몬주스의 산, 파인애플 주스의 황 함유 화합물이 항산화제로 작용하여

억제할 수 있으며, 비타민 C나 아황산 기체도 산화적 갈변을 방지할 수 있다. 그러나 아황산염에 민감한 사람들이 있어 아황산염 대신 비타민 C 유도체와 구연산을 많이 이용하고 있다.

6. 채소의 향미

채소는 향미가 순한 것과 깻잎과 쑥갓처럼 강하고 독특한 향미를 가지고 있는 것도 있다. 당근과 고구마는 단맛을 내기에 충분한 당을 함유하고 있는 반면, 시금치는 약간 쓴맛을 낸다.

양파, 마늘, 브로콜리와 양배추는 독특한 냄새를 가진다. 대부분 소량씩 존재하는 물질이 혼합되어 채소의 독특한 냄새를 만드는데 이러한 화합물에는 알데히드류, 알코올류, 케톤, 유기산, 에스테르와 황 함유 물질 등이 있다.

(1) 십자과 채소

양배추, 콜리플라워, 브로콜리, 케일, 겨자 등이 십자과 채소에 속한다. 이들 채소는 조리하지 않은 상태에서는 비교적 냄새가 순하지만 조리방법이 적절하지 못하면 황화합물이 과도하게 분해되면서 강한 맛과 향이 난다.

양배추에는 시니그린이라는 황을 함유한 배당체가 존재하는데, 조직이 파괴되면 효소의 작용에 의해 시니그린이 겨자유로 변하면서 톡 쏘는 강한 향미를 낸다. 또한 아미노산의 일종인 S-methyl-L-cysteine sulfoxide가 조리 시 dimethyl disulfide로 변하여 조리된 채소에 향미를 부여한다.

지나치게 조리된 양배추과 식물은 휘발성 황화수소가 생성되어 강하고 톡 쏘는 황 향미를 가지며, 채소 내 유기산은 이 반응을 가속화시킨다. 따라서 채소는 많은 물에 뚜껑을 열고 단시간에 조리하여야 황화합물의 파괴를 최소화할 수 있다.

(2) 백합과 채소

백합과 채소에는 양파, 마늘과 파 등이 속한다. 이러한 채소는 향미가 매우 강하나 물을 넣고 조리하는 과정에서 강한 향미가 완화한다. 생양파에는 황 함유 아미노산인 시스테인 유도체가 있어 조직이 파괴될 때 효소와 작용하여 휘발성 황화합물을 만들게 됨에 따라 눈물이 나고 혀가 얼얼하게 느껴지게 된다. 이러한 향미 성분은 많은 물에 뚜껑을 열고 조리하면 감소하거나 사라지며 소량의 물에 뚜껑을 덮고 조리하는 경우 단맛이 증가하게 된다.

7. 채소의 조리원리

채소를 조리할 때는 채소가 가지고 있는 영양소를 가능한 유지하면서 채소 고유의 색, 향미, 질감과 외관을 유지하여 식욕을 느낄 수 있도록 조리해야 한다.

(1) 채소 조리의 목적

각종 채소를 조리하는 목적은 섭취 시 소화가 용이하면서 맛을 좋게 하기 위해서이다.

생채소는 수분 함량이 높고 전분 함량이 적으며, 대부분이 부드럽고 아삭아삭한 질감과 독특 향미를 가지고 있다. 채소를 조리한다는 것은 채소 자체가 지니는 향미 성분을 향상시키는데 그 목적이 있다.

건조 두류는 생으로 섭취하면 저작이 어렵고 소화가 되지 않는다. 또한 조리된 채소는 생채소와는 다른 향미를 가지고 있어 다양한 음식의 재료로 이용할 수 있다. 특히 대두의 경우 가열 처리하면 단백질 이용률이 증가되며 그 외에 비타민, 무기질의 이용률도 향상된다.

조리과정 중 전분은 호화되어 소화성이 증가하며, 가열 처리 과정에서 미생물이 파괴되어 위생적 안전성이 확보된다.

(2) 채소의 조리

대부분의 채소는 땅에서 자라기 때문에 흙에 존재하는 다양한 미생물에 의해 오염될 수 있다. 예를 들어, *Clostridium perfringens*이나 *Clostridium botulinum* 포자는 먼지에 떠다니다가 채소에 붙을 수 있다. 더 많은 미생물이 유통과 거래 과정에서 오염될 수 있으며 살충제에 의한 오염도 있을 수 있다. 채소와 과일에 오염된 곰팡이는 마이코톡신을 생성하기도 한다.

채소는 음용수로 씻으며 솔을 이용하여 모든 오염된 부분과 색이 변한 부분은 제거해야 한다. 엽채의 경우에는 거친 줄기와 색이 변하였거나 상한 잎들을 제거한 후 물에 여러 번 씻는다. 채소를 씻은 물에는 먼지와 여러 가지 침전물이 많으므로 물을 완전히 버리고 새로운 물에 다시 씻거나 흐르는 물에 씻는다. 샐러드는 생으로 먹기 때문에 냉장 보관해야 하나 *Listeria monocytogenes* 같은 병원균은 냉장 온도에서도 잘 자라기 때문에 오랜 시간 저장하지 않아야 하며 위생에 각별히 신경을 써야 한다.

채소는 다듬기, 가열하기, 과도한 조리에 의해 영양소 손실이 일어나며 수분이 가열에 의해 증발하면서 향기 성분이 휘발하게 된다.

채소를 데칠 때 소금을 1~2% 넣으면 데치는 물과 채소의 세포 내 염농도를 같게 만들어 수용성 성분의 용출을 적게 하므로 영양소의 손실을 줄일 수 있다.

뿌리와 덩이줄기 채소는 조리방법이나 채소 자체의 특성에 따라 껍질을 벗기거나 있는 상태 그대로 조리할 수도 있다. 비트의 붉은색은 물에 대한 용해도가 커서 소량의 물에 껍질이 있는 상태에서 조리해야 손실을 최대로 줄일 수 있다.

당근은 껍질째 요리하면 벗겨 요리했을 때보다 단맛과 영양소를 더 잘 유지할 수 있다. 채소는 껍질 가까운 부분에 영양소를 많이 함유하고 있으므로 조리 전에 껍질을 벗겨야 할 경우에는 가능한 얇게 벗겨내야 비타민과 무기질의 손실을 줄일 수 있다.

감자는 껍질이 두꺼워 조리 후 껍질을 벗기는 것이 좋으며 조리 전에 벗기는 경우에는 가능한 한 얇게 벗긴다. 브로콜리의 잎과 줄기는 연하면 식용이 가능하나 단단한 경우에는 조리과정을 거쳐도 연해지지 않아 식용이 불가능하다. 조리 시 두꺼운 줄기를 먼저 넣고 연한 부분을 나중에 넣으면 연한 부분이 지나치게 조리되어 물러지는 것을 방지할 수 있다.

(3) 채소의 조리 중 변화

1) 섬유소 성분의 변화

조리과정 중에 섬유소 손실은 크지 않으며 조리에 의해 연화된다. 중탄산나트륨을 조리수에 넣으면 헤미셀룰로오스가 분해되어 단시간 조리에도 조직이 연화된다. 반대로 산은 채소의 연화를 방해한다. 펙틴은 조리과정에서 일부 세포가 분리되면서 어느 정도 분해가 가능하나 총

펙틴 함량은 일정하게 유지된다. 염화칼슘 같은 칼슘염은 식물조직에 존재하는 펙틴과 반응하면서 불용성 칼슘염을 만들어 채소의 조직을 더 단단하게 만든다. 상업적으로 미량의 칼슘을 통조림 제조과정에 첨가하면 과일이나 채소의 질감이 단단해지고 모양이 잘 유지된다.

2) 비타민의 손실

조리과정에서 비타민은 산화되고 조리수로 용출되어 손실이 일어난다. 수용성 비타민인 비타민 B군과 비타민 C는 조리수에 용출되어 손실이 발생하며 비타민 C는 쉽게 산화되기도 한다. 채소는 뚜껑을 덮어 조리하는 것이 부적절하다고 하나 조리시간을 단축하고 공기와의 접촉을 최소화할 수 있는 방법으로 비타민 C의 파괴를 줄일 수도 있다(표 11-7).

티아민은 건조 상태보다 물에서 조리 시 더 불안정하여 온도가 증가할수록 더 쉽게 파괴되고 지용성 비타민인 비타민 A는 조리 동안 안정하게 유지된다.

조리된 채소는 냉장고에 하루만 보관하여도 상당량의 비타민 C가 손실되며, 재가열 시 더 많은 손실이 일어난다.

【표 11-7】 조리법에 따른 비타민 C의 잔존율

채소명	아스코르브산 잔존율				
	생채소 (mg/100g)	뚜껑 덮지 않은 냄비(%)	뚜껑 덮은 냄비(%)	찜솥(%)	압력솥(%)
시금치	90.2	45	63	64	78
양파	66.3	36	68	67	53
콜리플라워	52.2	37	55	71	70
브로콜리	123.0	33	67	79	82
아스파라거스	29.1	43	71	78	80

3) 그 밖의 변화

조리과정 동안 채소는 앞에서 언급한 바와 같이 색과 조직감의 변화가 일어나며 그 밖에도 수분 함량변화, 향미 성분 용출, 전분의 호화 등이 이루어진다.

8. 채소의 조리방법

채소는 삶기, 굽기, 튀기기, 찌기, 볶기와 전자레인지 등의 조리방법이 있다(표 11-8).

【표 11-8】 채소의 조리방법과 특징

조리방법	특징
삶기	· 수용성 물질의 손실이 가장 큰 조리방법 · 조리온도가 100℃를 넘지 않으므로 열에 의한 성분 파괴는 적음
찌기	· 수용성 성분의 용출이 적음 · 열에 의한 영양소 파괴도 적은 조리방법
오븐구이	· 채소를 건열에 장시간 익히는 방법 · 채소 표면에 있는 성분의 파괴가 많음
볶기	· 냄비에 소량의 기름을 넣고 채소를 볶는 방법 · 수용성 물질의 손실은 적음 · 채소의 절단면이 고온과 접하기 때문에 열에 의한 산화 촉진

채소는 조리과정을 거치면 영양적 가치가 감소하므로 생것으로 먹는 것이 좋다. 모든 영양적 가치를 보존하기 위해 껍질째 조리하거나 조리한 후 껍질을 벗기는 방법으로 조리하기도 한다.

02 과일류

1. 과일의 분류

과일은 열매로 자라는 꽃과 씨방의 수에 따라 단일과일과 집단과일로 분류된다. 단일과일은 하나의 꽃에 하나의 씨방이 자라서 맺는 과일로, 오렌지, 자몽, 레몬, 라임과 같은 밀감류와 살구, 체리, 복숭아, 자두처럼 과육 안에 씨가 있는 핵과류, 그리고 사과와 배 같이 속이 있는 인과류 등이 있다. 집단과일은 한 꽃 안에서 여러 개의 씨방이 자란 것으로 산딸기, 딸기, 나무딸기 등이 이에 속하며, 파인애플은 여러 개의 꽃이 자라 이루어진 과일이다(표 11-9).

【표 11-9】 과일의 분류와 특징

분류	특징	종류
핵과류	· 씨방이 자라서 과일이 됨 · 과육 안에 딱딱한 씨 · 얇은 껍질, 부드럽고 신선한 과육	살구, 체리, 복숭아, 매실 자두, 앵두, 서양자두 등
인과류	· 꽃받침이 발달하여 과일이 됨 · 얇은 껍질과 단단하고 신선한 과육 안에 여러 개의 작은 씨	사과, 배, 감, 감귤류 등
장과류	· 종과피와 내과피로 구성되어 있고 그 속에 즙이 많은 육질	포도, 딸기, 무화과, 바나나 등

과일은 당분과 유기산 함량이 높아 단맛과 신선한 신맛을 가지고 있으며 향기로운 냄새, 아삭아삭한 질감과 다양한 색으로 대개 생과일로 먹지만 냉동이나 잼, 젤리 등의 가공식품으로도 섭취한다.

2. 과일의 성분과 영양가

과일은 평균 85%의 수분을 포함하고 있으며 아주 소량의 단백질을 함유하고 있다. 주요 에너지원은 단순당 형태의 탄수화물이며 대부분의 과일이 적은 양의 지방을 포함하고 있으나 코코넛(약 35%)과 아보카도(약 17%)는 예외이다(표 11-10).

비타민과 무기질, 그리고 식이섬유소가 과일의 영양적인 면에서 주요 가치를 가진다. 채소와 더불어 권장량만큼을 꾸준하게 섭취하면 다양한 형태의 암을 예방하는 효과가 있는 것으로 알려져 있다. 껍질을 제거하지 않은 신선한 과일은 섬유소의 좋은 급원이지만 채소보다 당의 함량이 높아 칼로리가 높다는 것을 인식해야 한다.

과일에 따라 비타민 C 함량의 차이가 커서 감귤류는 비타민 C 함량이 높고 토마토는 감귤류의 반 정도의 비타민 C 함량을 가진다. 딸기도 비타민 C의 좋은 급원으로 상처가 나거나 껍질이 벗겨지지 않은 상태면 비타민 C가 잘 보존되어 있으나 잘게 자르거나 부수는 과정에서 비타민 C의 손실이 매우 크다. 열대과일인 구아바는 비타민 C의 함량이 매우 높아 가식부 100g당 242mg을 함유하며, 키위도 비타민 C의 좋은 급원이 된다.

과일은 비교적 비타민 B의 함량이 낮으며, 노란색 과일은 비타민 A의 전구체인 카로티노이드 색소를 가지고 있다. 과일은 품종, 기후, 햇빛과 숙성 단계에 따라 비타민 함유량에 차이가 크며 처리, 가공과정, 저장조건에 따라 50% 이상의 비타민이 손실될 수도 있다.

식물은 잎에 칼슘과 철을, 씨에는 인을 축적하려는 경향이 있으며 과육은 무기질 함량이 낮다. 그러나 딸기, 산딸기, 건살구, 서양자두, 대추야자와 무화과는 상당량의 철을 포함하고 있으며 오렌지, 그레이프프루트와 무화과는 칼슘의 좋은 급원이 된다.

3. 과일의 색과 향미

과일에는 황색-주황색의 카로티노이드와 적색-청색의 안토시아닌 색소가 주로 존재한다(표 11-5).

각 과일은 독특한 향을 가지고 있기 때문에 잘 익은 과일은 그 냄새와 맛으로 쉽게 구분할 수 있다. 과일의 향은 새콤하고, 향기롭고, 달콤함이 혼합되어 기분 좋고 신선한 향이 난다.

【표 11-10】과일의 일반성분

식품 (생과, 건과)	에너지	수분	단백질	지방	회분	탄수화물	섬유소	칼슘	철	칼륨	비타민 A	베타카로틴	비타민 B_1	비타민 B_2	니아신	비타민 C
	(kcal)	(%)	(g)	(g)	(g)	(g)	(g)	(mg)	(mg)	(mg)	(R.E.)	(μg)	(mg)	(mg)	(mg)	(mg)
사과	57	83.6	0.3	0.1	0.2	15.8	0.5	3	0.3	95	3	19	0.01	0.01	0.1	4
배	39	88.4	0.3	0.1	0.3	10.9	0.6	2	0.2	171	0	0	0.02	0.01	0.1	4
감	83	72.3	0.9	0	3.8	23	0.9	6	3.9	379	474	2845	0.06	0.14	0.6	13
감귤	38	89	0.7	0.1	0.3	9.9	0.1	13	0	173	1	5	0.13	0.04	0.4	44
복숭아	43	87	1.8	0.7	0.5	10	1.5	8	0.6	217	0	tr	0.08	0.23	1.2	9
자두	25	93.2	0.5	0.6	0.4	5.3	0.3	3	0.2	164	0	–	0.04	0.03	0.3	5
대추	94	73.6	2.2	0.1	1.3	22.8	0.7	28	1.2	357	2	13	0.04	0.05	0.6	62
살구	28	91.4	0.9	0.2	0.4	7.1	0.6	5	0.5	160	297	1784	0.03	0.02	0.3	5
포도	59	83.7	0.5	0.3	0.2	15.3	0.2	4	0.5	5	0	0	0.04	0.02	0.5	0
딸기	35	89.7	0.8	0.2	0.4	8.9	0.5	7	0.4	167	–	tr	0.03	0.17	0.5	71
참외	18	89	2.2	0.4	0.9	7.5	5.4	6	3.2	663	6	36	0.07	0.03	0.6	21
수박	24	93.2	0.8	0.4	0.3	5.3	0.2	1	0.2	133	143	856	–	0.02	0.2	14
바나나	80	76.9	1.2	0.2	0.6	21.1	0.2	4	0.7	380	2	9	0.03	0.06	1	10
파인애플	23	92.9	0.4	0.1	0.3	6.3	0.4	10	0.4	107	0	0	0.11	0.01	0.2	15
코코넛	20	94.3	0.2	0.1	0.4	5	–	11	0.1	230	0	tr	0.01	0.01	0.1	2
파파야	25	92.2	1.1	0.1	0.6	0.3	–	21	0.3	215	9	55	0.03	0.03	0.4	16
아보카도	187	71.3	2.5	18.7	1.3	6.2	–	9	0.7	720	13	75	0.1	0.21	2	15
망고	64	82	0.6	0.1	0.4	16.9	–	15	0.2	170	100	610	0.04	0.06	0.7	20
잣	665	3.4	14.7	68.2	2.1	11.6	1	18	5.8	590	0	0	0.56	0.18	3.6	0
호두	652	3.5	15.4	66.7	1.8	2.8	2.8	92	2.2	368	4	22	0.24	0.09	1.1	0
밤	162	57.8	3.2	0.6	1.3	37.1	1.3	28	1.6	573	8	45	0.25	0.08	1	12
은행	183	54.2	5.4	1.7	1.3	37.4	0.6	5	1.1	578	15	92	0.4	0.04	1.6	14

tr: trace
–: 수치가 애매하거나 측정되지 않음

출처: 농촌진흥청 국립농업과학원(식품성분표 제7차 개정), 2006

(1) 향기 성분

과일의 향미에는 에스테르, 알데히드류나 다양한 알코올류가 관여하며 여러 가지 향기 성분이 혼합되어 각 과일이 독특한 향을 지니게 한다. 부틸 에스테르는 전형적인 과일의 냄새와 향을 낸다.

1) 유기산

신맛을 내는 유기산은 과일의 향미에 기여하며, 유리형 또는 염이나 에스테르 형태로 존재한다. 유기산 중 말산과 구연산은 가장 흔하게 존재하며, 주석산은 포도에 주로 존재한다. 과일에는 여러 산이 존재하지만 일반적으로 한 가지 산이 주도적으로 존재하는 경우가 많다.

과일의 산도는 다양하며 품종과 재배조건에 따라서도 달라지는데 복숭아와 산딸기의 경우 산도가 높아지면 향미가 풍부해진다.

2) 정유

정유(essential oil)는 과일을 수증기로 증류하여 얻은 혼합물질로 레몬, 오렌지와 같은 과일은 외피에 정유를 함유하고 있다. 정유 성분은 맛과 향미가 매우 강하여 추출한 후 알코올과 혼합하여 향신료나 조미료로 이용되기도 한다.

3) 기타 성분

당류, 무기염과 탄닌이 과일의 향에 관여한다. 금속용기에서 조리된 과일은 유기산이 금속과 염을 형성하여 금속성 향과 맛을 내는데 인체에는 무해하다. 탄닌 물질의 분포는 식물조직의 부분, 성숙도에 따라 다르며 이는 색과 향미에 크게 영향을 준다. 탄닌은 식품의 절단면을 갈변시키는 요인이며 음식에 떫은맛을 부여하고 입 안에서 수렴성을 느끼게 한다.

4. 과일의 숙성 중 변화

과일은 숙성 동안 ① 녹색 색소의 감소와 황색–주황색이나 적색–청색 색소의 증가, ② 과육의 연화, ③ 특징적으로 맛있는 과일 향의 생성, ④ 당과 유기산 같은 수용성 고형물의 증가 등의 변화가 일어난다(그림 11-2).

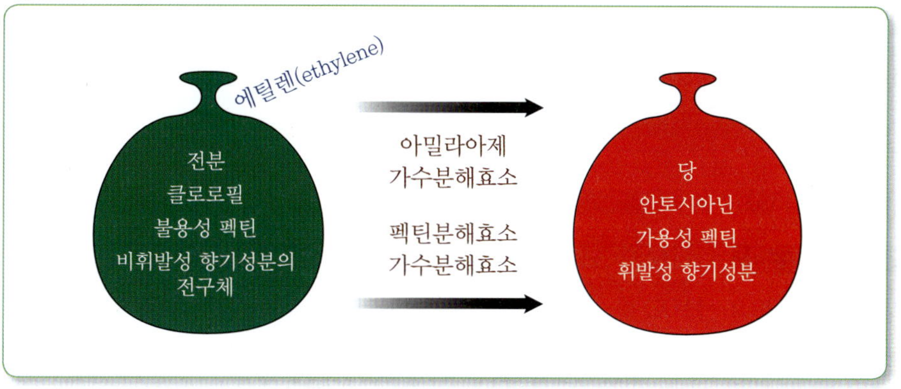

【그림 11-2】 **과일의 숙성 중 변화**

덜 익은 과일은 카로티노이드 색소를 감추고 있다가 숙성기간 동안 안토시아닌 색소가 합성되고 클로로필의 합성이 감소되면서 과일 고유의 색이 나타나게 된다.

과육의 연화는 불용성 펙틴이 숙성 중에 가용성 펙틴으로 바뀌면서 나타나는 현상으로 과일의 저장온도가 상승하면 연화가 가속화된다.

숙성 중 과일 향의 증가는 산도가 감소하면서 당 함량이 증가하고 휘발성 물질과 정유가 생성되기 때문이다. 바나나는 당이 증가하면서 전분 함량이 감소한다. 복숭아는 숙성과정에서 세포벽에 존재하는 다당류가 분해됨에 따라 당 생성이 증가하여 향미가 풍부해지고 단맛이 증가한다. 또한, 페놀 물질이 감소하여 떫은맛은 감소한다.

과일은 살아 있는 조직으로 세포호흡을 통해 성장과 숙성 등의 대사과정을 거친다. 에틸렌 기체는 과일의 숙성을 유도하는 호르몬으로 수확 직후 소량 생성되어 과일이 숙성과정을 거치게 한다. 에틸렌이 없으면 과일은 숙성이 이루어지지 않는다. 숙성 동안 단백질, 지방과 탄수화물의 조성변화는 없으며 에틸렌에 의해 숙성만 진행된다. 에틸렌의 생성은 식물조직이 손상되었을 때 더 빨라지며 일반적인 처리과정인 껍질 벗기기, 자르기, 썰기 등의 과정에 의해 에틸렌 생성이 유도된다. 과일은 수확 후 숙성기간의 유무에 따라 호흡과일와 비호흡과일로 분류한다(표 11-11).

바나나는 대표적인 후숙과일로 숙성과정을 거쳐 완숙되었을 때 비타민 C 함량이 최고에 도달한다. 숙성된 토마토의 비타민 C 함량도 푸른색이나 지나치게 숙성된 것보다 높다.

【표 11-11】 후숙 · 완숙과일

분류	수확 후	종류
후숙과일	호흡	바나나, 무화과, 멜론, 배, 복숭아, 사과, 살구, 수박, 아보카도, 키위, 토마토, 구아바, 자두 등
완숙과일	비호흡	감귤류, 딸기, 레몬, 파인애플, 포도, 블루베리, 버찌, 체리 등

5. 과일의 보관

과일은 수확 후에도 대사를 계속하기 때문에 산소를 이용하고 이산화탄소를 배출한다. 따라서 낮은 온도에서 저장 시 대사속도를 늦출 수는 있으나 완전히 멈추지는 못한다. 산업적으로는 CA 저장(controlled atmosphere storage)으로 과일의 유통기한을 늦추고 있다.

CA 저장에서는 공기 중에 존재하는 약 20%의 산소를 2~3%까지 낮추어 세포대사와 과일의 숙성속도를 현저하게 저하시킴으로써 저장기간을 연장시키는 방법이다.

가정에서는 대부분의 과일을 저온 저장하여 호흡과 증발 및 여러 가지 변화 속도를 느리게 한다. 낮은 온도뿐 아니라 상대습도를 높게 유지하는 것도 신선도 유지에 중요하다. 과일의 종류에 따라 조건은 다르지만 부드러운 과육을 가진 딸기류는 평편한 판에 펼쳐 냉장 저장한다. 감귤류는 13~15℃에 뚜껑을 덮어 저장하며 열대과일인 아보카도와 바나나는 낮은 온도에서 저장하면 변색이 되고 숙성할 수 있는 능력이 소실되는 냉해를 입기 때문에 따뜻한 온도에서 저장한다. 이 가운데 아보카도는 숙성된 후에는 냉장 저장한다. 바나나는 숙성 전에 13℃ 이하의 온도에서 보관하면 냉해를 입어 숙성이 이루지지 않고 껍질이 검게 변한다.

6. 과일의 조리원리

대부분의 과일은 숙성상태에서 가능한 한 조리하지 않고 깨끗하게 세척하여 생으로 먹는 것이 좋다. 과일은 수분이 많고 조직이 부드러워 조리과정 중 조직의 연화, 색과 향미의 변화를 초래한다.

(1) 조직의 변화

과일은 삶으면 아삭아삭한 질감이 사라지고 조직이 더 물러지게 된다. 조리과정에서 과일이나 채소 조각의 연화와 부서지는 정도는 조리수에 의해 영향을 받는다. 과일의 세포벽은 반투막으로 물만 이동할 수 있기 때문에 세포 안과 밖의 당 농도가 다르면 세포 내 물은 당의 농도를 희석시키기 위해 세포 밖으로 이동한다. 예를 들어, 딸기에 설탕을 뿌리면 설탕의 농도를 낮추기 위해 딸기 세포 내 물이 밖으로 이동하여 딸기 표면에 즙이 생성된다. 반대로 과일을 물에 담그면 과일 내 당 농도가 더 높기 때문에 물이 과일세포 내로 들어가게 된다. 따라서 과일은 원래 모양을 그대로 유지하는 것이 바람직한 경우에는 설탕시럽에서 조리하고 소스와 같이 과일이 부서지는 요리에서는 물을 조리수로 이용하여 과육이 빠르게 무르게 한다.

(2) 색의 변화

바나나와 사과는 껍질을 벗기고 자르면 갈변현상이 일어나는데 이는 효소적 갈변반응에 의한 것이다. 따라서 과일 껍질을 벗긴 후 레몬주스, 파인애플 주스나 비타민 C 용액에 담그거나 설탕시럽 또는 물에 담그면 산소와의 접촉이 감소하여 갈변이 지연된다.

과일을 가열하면 조직이 파괴되면서 과육에 함유되어 있던 유기산, 무기질, 조리수의 알칼리도 등에 의해 과일의 주 색소인 안토시아닌계 색소가 변하게 된다.

과일의 붉은색인 안토시아닌계 색소는 주석이나 철과 염을 형성하여 자주색이나 청록색으로 변한다. 또한, 안토시아닌 색소를 함유한 통조림 과일의 색은 저장용기가 주석이나 유리인 경우 탈색되며 탈색은 빛과 높은 온도에서 더 빠르게 일어난다.

(3) 향미의 변화

과일의 향미 성분은 주로 당, 휘발성 유기산과 에스테르로 과일을 오래 가열하면 유기산이 휘발되어 과일 자체의 향미를 잃게 된다.

7. 과일의 조리법

과일은 각 계절마다 신선한 상태로 이용하는 것이 가장 좋지만 과일의 가식기간을 연장하고 다양한 맛을 즐기기 위해 산저장, 통조림, 냉동과 건조 등의 방법을 이용하는데 조리과정에서 과일의 조직감과 향미 변화를 초래한다.

(1) 통조림

거의 모든 과일을 이용하여 통조림 가공을 할 수 있다. 생과일을 씻고 적당한 크기로 조각내어 용기에 담은 후 일정 시간 동안 가열처리한다. 가열 동안 부패를 일으킬 수 있는 미생물은 파괴하고 산소를 제거하여 밀봉하지만 가열은 대부분 과일의 조직을 연화시킨다. 통조림 가공에 의해 산소가 제거되기 때문에 비타민 A, B와 D의 함량에는 변화가 없다.

(2) 건조 과일

숙성된 과일을 건조하면 많은 양의 수분이 빠져나가 과일의 향미와 당 성분이 농축되어 가식기간이 현저하게 증가한다. 주로 서양자두, 포도, 살구와 무화과 같은 과일을 건조시킨다. 건조방법은 간단하여 숙성된 과일을 햇볕에 자연건조하거나 열풍건조하기도 한다.

건조 과일은 약 16~25%의 수분을 함유하고 있어 촉촉함과 부드러운 조직감을 유지하며 저장성이 증가한다. 건조 과일은 갈변을 방지하고 저장기간을 연장하기 위해 아황산가스 처리를 하기도 한다. 건조 과일은 수분 손실을 막기 위해 밀봉하여 햇빛이 들지 않는 서늘한 곳에 보관하여야 한다.

(3) 주스

주스는 과실을 으깨고 짜서 만든 것으로 영양적으로 유용한 성분이 대부분 즙으로 나오게 되므로 생과일에 가까운 풍미와 영양가를 가지나 공기와 접촉하면서 갈변되거나 비타민 C의 파괴가 일어난다.

(4) 당조림

과일에 설탕을 넣고 부패가 일어나지 않는 농도까지 농축시켜 만든다. 당은 미생물의 성장을 억제하는 것이지 파괴하는 것은 아니다. 펙틴은 모든 과일에 다양한 정도로 존재하는데 설탕과 산이 존재하는 상태에서 반고체상의 겔을 형성한다. 이러한 과일을 이용한 겔상식품은 잼, 젤리, 마멀레이드와 프리저버 등이 있다.

과일 겔은 과일, 펙틴, 산(주로 레몬)과 당이 일정 비율로 존재해야 형성된다. 표 11-12는 과일 중의 펙틴과 산의 함량 정도를 나타내고 있다. 잼의 경우에는 pH 3.10~3.46에서 겔 형성이 가장 잘 되며 최종 당 함량은 68%가 적당하다. 펙틴 함량이 낮은 과일로 겔을 형성하려면 펙틴을 첨가하거나 펙틴 함량이 높은 사과 같은 과일을 첨가한다.

【표 11-12】 과일 중 펙틴과 산의 함량

펙틴과 산의 함량	종류
펙틴과 산이 많은 것	사과, 귤, 레몬, 오렌지
펙틴이 많고 산이 적은 것	복숭아, 무화과, 바나나
펙틴이 적고 산이 많은 것	살구, 딸기
펙틴과 산이 중간 정도인 것	과숙 사과, 포도
펙틴과 산이 적은 것	감, 과숙 과일

03
감자

1. 감자의 구조

감자는 숨구멍이 분포된 주피(외피)와 후피, 싹눈이 있는 눈, 수심부로 구성되어 있다.(그림 11-3).

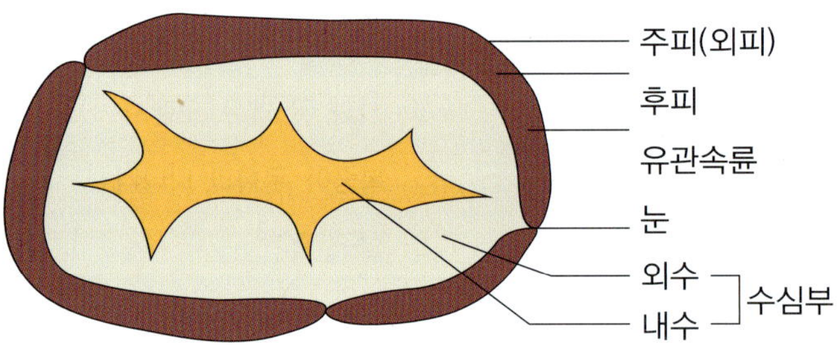

【그림 11-3】 감자의 단면 구조

2. 감자의 종류

감자는 1년생 식물로 척박한 땅에서도 잘 자라는 구황식물이다. 감자는 땅속 뿌리의 마디에 전분이 축적되어 끝이 비대해지면서 만들어진 것으로 형태와 껍질 색은 품종에 따라 다양하다.

껍질 색이나 질감 또한 다양하여 황색, 홍색, 황갈색, 적색, 자색을 띠고 있으며, 매끄러운 질감을 지닌 것과 거친 질감을 지닌 것이 있다. 또한 전분과 단백질 함량에 따라 감자의 육색이 차이가 나는데 희고 전분이 많이 함유된 분질감자와 감자의 육색이 노랗고 단백질과 회분을 많이 함유한 점질감자로 구분한다(표 11-13).

【표 11-13】 분질감자와 점질감자의 특성비교

종류	특성
분질감자	· 전분 함량이 높음, 수분 함량이 많음 · 건조한 느낌의 보슬보슬한 입자 · 굽기, 튀기기에 적당
점질감자	· 단백질과 회분 함량이 높고 수분 함량이 많음 · 입자가 더 촉촉하고 입자 간의 점착성이 큼 · 조림, 끓이기, 샐러드에 적당

감자의 전분 함량은 점질 및 분질 특성과 관련이 있는데, 전분 입자는 가열 시 많은 수분을 흡수하고 현저하게 팽창하여 식물세포를 파괴시킴으로써 분질의 특성을 가지게 된다.

3. 감자의 영양가

감자의 주요성분은 수분이 약 78%, 단백질이 2%를 차지하며 탄수화물 18.5%, 섬유질이 0.5%이고 그 밖에 펙틴이 함유되어 있다.

【표 11-14】 고구마와 감자의 일반성분

식품(생것)	에너지	수분	단백질	지방	회분	탄수화물	섬유소	칼슘	철	칼륨	비타민 A	베타카로틴	비타민 B_1	비타민 B_2	니아신	비타민 C
	(Kcal)	(%)	(g)	(g)	(g)	(g)	(g)	(mg)	(mg)	(mg)	(R.E)	(μg)	(mg)	(mg)	(mg)	(mg)
감자	66	81.4	2.8	tr.	1.1	14.6	0.2	4	0.6	485	0	0	0.11	0.06	1	36
고구마	128	66.3	1.4	0.2	0.9	31.2	0.9	24	0.5	429	19	113	0.06	0.05	0.7	25

tr: trace

출처: 농촌진흥청 국립농업과학원(식품성분표 제7차 개정), 2006

감자는 비타민 B와 C가 비교적 많이 함유되어 있으며, 주성분인 전분 함량이나 구조에 의해 조직감에 차이가 난다. 칼륨과 칼슘 등 무기질 함량이 높아 곡류를 비롯한 대부분의 탄수화물 식품이 산성식품인 것과는 달리 감자는 알칼리성 식품이다. 신선한 감자에는 100g당 약 26mg의 비타민 C를 함유하고 있으나 저장기간 중 차츰 감소하여 평균 18mg 정도가 된다. 특히 감자의 비타민 C는 조리에 매우 안정하여 껍질째 조리한 경우 40분 이상 가열하여도 3/4 이상이 잔존한다. 그러므로 감자는 겨울철 비타민 B군과 C의 좋은 급원이 된다.

감자를 4.5℃ 이하의 냉장고에 보관하면, 조직에서 대사과정이 이루어져 당의 함량이 증가하다가 상온에서 며칠간 방치하면 증가했던 당의 함량이 감소하게 된다.

감자는 재배조건이 까다롭지 않고 생산성이 좋으나 수분 함량이 높아 냉해에 약하고 발아가 쉽기 때문에 저장성이 떨어진다.

4. 감자의 조리

수확된 감자의 씨눈과 껍질은 햇빛을 받으면 녹색으로 변한다. 이러한 감자의 녹색화는 과량섭취 시 인체에 독성을 가지는 쓴맛의 알칼로이드 물질인 솔라닌(solanine)의 형성을 동반한다. 따라서 녹색 감자는 섭취하지 말아야 하며, 사용하기 전에 녹색으로 변하기 시작한 감자는 녹색 부분을 제거하고 조리한다.

감자의 일반적인 조리방법은 끓이기나 굽기로 굽기 전에 감자를 호일로 싸면 분질성이 증가하고 향미가 좋아지지만 굽는 시간이 길어지고 표면이 물러진다.

감자의 비타민 C는 조리에 안정하여 조리방법에 따라 끓이기(60%)＜찌기(67%)＜튀기기(68%)의 순서로 비타민 C의 잔존율이 크다. 따라서 감자는 조리수를 사용하지 않고 껍질째로 조리하는 것이 좋다.

감자는 티로신이나 폴리페놀류가 티로시나아제라는 갈변효소의 작용을 받아 공기 중에 노출되면 효소적 갈변이 일어나 멜라닌을 생성한다. 이를 억제하기 위해 껍질을 벗긴 감자를 물에 담가 수용성 물질인 티로신을 제거하거나 산소와의 접촉을 차단하고 환원성 물질인 비타민 C나 아황산(0.25%)을 첨가하는 등의 처리가 필요하다.

가끔 감자를 조리하였을 때 색이 어두워지는 현상이 나타나는데, 그 정도는 품종, 산지, 계절과 모양 및 화학조성에 따라 차이가 난다. 이러한 현상이 일어나는 이유는 산화철과 폴리페놀이 반응하여 검은색 복합체를 형성하기 때문이다. 가열과정에서 전분이 호화되면 소화되기 쉬운 형태로 바뀌고 호화된 전분이 비타민 C의 피막이 되어 비타민 C의 손실을 막으므로 비타민 C의 효율이 높아진다. 가열 중에 포도당 등 가용성 탄수화물은 감미를 증가시키는 작용을 하여 감자의 맛이 좋아진다.

04 고구마

고구마의 원산지는 남미이며 감자와 마찬가지로 단위면적당 수확량이 높은 구황식물로 외관, 맛, 과육의 색, 점도 등에 따라 품종이 다양하다. 고구마는 주성분이 탄수화물로 대부분 전분이며 그 외에 포도당, 과당, 서당과 덱스트린 등의 당을 함유하고 있어 감자보다 단맛이 4~5배 강하다(표 11-13). 또한 점성물질과 섬유소가 비교적 많아 장의 연동운동을 촉진하여 변비에 좋다. 무기질 중에는 칼륨 함량이 높아 알칼리성 식품이며 육질이 노란 고구마는 비타민 A의 전구체인 베타카로틴을 많이 함유하고 있다.

고구마를 자르면 단면에서 얄라핀(jalapin)이라는 유백색의 점성 물질이 분비되어 상처부위를 보호하고 부패균의 침입을 막아준다. 또한 고구마 껍질을 벗기면 단면이 공기와 접촉하여 갈변하는데 이는 폴리페놀옥시다아제의 작용에 의한 것이다.

고구마는 조리 시 전분이 호화되어 소화되기 쉬운 형태가 되는데 고구마 자체가 함유한 수분으로 충분히 호화가 이루어지기 때문에 조리 시 물은 따로 첨가하지 않아도 된다. 고구마 전분은 호화되면서 β-아밀라아제의 당화작용으로 단맛이 증가한다. 이 효소의 최적 활성온도는 50℃이며 효소의 활성이 70℃까지 유지되기 때문에 가열온도가 높아질수록 단맛이 더 증가하여 찐 고구마보다는 군고구마가 더 단맛을 낸다. 또한 조리 중 가용성 펙틴이 증가하고 섬유소가 연화되어 조직이 부드러워진다. 감자와 마찬가지로 비타민 C가 비교적 안정하여 가열조리 시 70~80%가 잔존한다. 고구마는 저장하는 동안 일반적으로 전분이 감소하고 당분이 증가하여 조직이 물러진다. 이는 β-아밀라아제가 저장 중에 전분을 분해하여 맥아당으로 만들기 때문이다.

고구마는 굽거나 쪄서 식용으로 하는 것 이외에 국수, 된장, 엿, 과자 등의 원료로 쓰이며, 고구마 전분은 분리가 용이하기 때문에 전분을 만들어 다양한 식품 제조에 이용하고 있다.

*** 한 번 더 알아보기**

1. 채소와 과일의 색소의 종류와 조리에 따른 변화를 설명하시오.
2. 과일의 호흡작용에 대하여 설명하시오.
3. 과일 잼의 제조원리에 대하여 설명하시오.
4. 점질감자와 분질감자의 차이점을 설명하시오.

CHAPTER 12

콩류

학습목표

1. 콩류의 종류와 특성을 이해할 수있다.
2. 콩류의 조리와 가공 특성을 이해하고 조리에 활용할 수 있다.

CHAPTER 12

콩류

콩은 오래 전부터 인간이 재배해온 작물로 원산지는 중국이고, 약 5000년 전에 재배가 시작되었다고 알려져 있다. 한국에서 재배가 시작된 시기는 삼국시대 초기이다. 콩은 단백질 함량이 높으면서 육류보다 가격이 낮아 전 세계인의 주요 단백질원이다. 콩에는 가용성 섬유소 함량이 높아 혈청 콜레스테롤을 낮추는 효과가 있으며 복합당류 및 단백질이 풍부하고 지방 함량이 낮아 건강에 이로운 식품으로 인식되고 있다. 우리나라에서 주로 생산되는 콩은 대두, 팥, 완두, 강낭콩과 땅콩 등이며 그중 생산량이나 소비량으로 볼 때 가장 중요한 것은 콩, 팥, 녹두 등이다.

이 장에서는 콩의 주요 영양 성분, 종류에 따른 조리 특성에 대하여 알아본다.

콩류

1. 콩류의 분류

콩류는 종실의 자엽을 식용으로 하며 대두, 팥, 녹두, 땅콩, 강낭콩, 동부, 완두 등이 있다. 저장과 운반이 편리하고 영양성분이 풍부하게 함유되어 있으며 콩에 함유되어 있는 영양소에 따라 분류할 수 있다(표 12-1). 특히 콩은 단백질과 지방을 많이 함유한 식품으로서 두부, 된장, 콩나물, 두유 등의 전통적인 콩 가공식품으로 이용되고 있다.

【표 12-1】 콩류의 종류와 특징

종류	특징
대두, 땅콩	단백질과 지방 함량이 높음
팥, 녹두, 강낭콩, 렌즈콩, 동부	단백질과 탄수화물의 함량이 높으나 지방 함량이 극히 적음
풋완두, 풋콩, 청태	수분 함량이 높고 특히 비타민 C 함량이 높아 채소로 취급함

2. 콩류의 영양가

대두나 땅콩은 단백질 함량이 높고 탄수화물의 함량이 낮은 반면 팥, 녹두, 완두, 강낭콩, 렌즈콩은 단백질 함량이 낮고 탄수화물의 함량이 높다(표 12-2).

건조 콩은 일반적으로 약 10~13% 정도의 수분, 20~40% 정도의 단백질을 함유하고 있다. 대두의 주단백질은 구상단백질인 글리시닌으로 다양한 필수아미노산이 풍부한 완전단백질이다. 특히 콩에는 쌀에 부족한 리신이 풍부하고 황함아미노산인 메티오닌이 약간 부족하여 쌀과 콩을 함께 섭취하면 단백가를 보완할 수 있다.

콩은 일반적으로 지방 함량이 낮으나 대두와 땅콩의 경우에는 각각 약 19%, 40% 정도의 지방을 함유하고 있어 채유하여 식용유로 이용하고 있다. 대두유는 필수지방산인 리놀레산이 50.7%로 가장 많이 함유되어 있는 지방산이며 땅콩기름은 올레산이 50%, 리놀레산이 20% 정도 함유되어 있다.

【표 12-2】 콩류의 성분

종류	열량	수분	단백질	지방	탄수화물	섬유소	칼슘	철	비타민 A	베타카로틴	비타민 B_1	비타민 B_2	니아신	비타민 C
	(kcal)	(%)	(g)	(g)	(g)	(g)	(mg)	(mg)	(R.E)	(μg)	(mg)	(mg)	(mg)	(mg)
대두	400	9.7	36.2	18.8	30.7	0	245	6.5	0	0	0.53	0.28	2.2	0
땅콩	559	5.3	20.3	40	29.1	6.4	24	2.8	0	0	2.04	0.07	16.5	0
붉은 팥	334	10.1	21.6	0.3	64.4	4.3	68	7.3	14	85	0.46	0.29	2.3	15
녹두	335	10.9	22.3	1.5	62	4.6	100	5.5	12	72	0.40	0.14	2.0	0
강낭콩	156	57.7	10.0	1.2	29.2	1.9	62	3.7	0	0	0.48	0.11	1.6	4
동부	155	58.5	11.2	0.3	28.4	2	28	3.3	2	11	0.32	0.41	0.8	13
완두	132	63.3	10.5	0.3	24.3	2.9	30	2.2	13	78	0.59	0.13	1.9	23

출처: 농촌진흥청 국립농업과학원(식품성분표 제7차 개정), 2006

콩은 비타민 B군의 좋은 급원이며 비타민 C는 채소콩인 완두콩, 껍질콩과 콩나물 같은 콩류 가공품 이외에는 전혀 함유되어 있지 않다. 두류는 껍질 부위에 섬유소가 많이 함유되어 있으며 소화율이 낮으나 발효과정, 껍질을 제거하는 가공과정을 거친 경우에는 흡수율이 매우 높다(표 12-3).

날콩 속에는 트립신 억제물질이나 아밀라아제 억제물질이 있어 단백질과 전분의 소화흡수를 방해하며 혈구응집소인 헤마글루티닌 등의 독소가 있다. 이러한 물질은 가열하면 파괴되므로 콩을 가열조리하면 콩의 영양성분을 더 잘 이용할 수 있다.

【표 12-3】 콩류 식품의 소화흡수율

처리방법	소화흡수율(%)	처리방법	소화흡수율(%)
두부, 두유	95	비지	78.7
청국장	92	콩	65
된장	85		

3. 콩류의 조리원리

(1) 콩류의 흡수성

콩을 물에 담그는 것은 조리시간 단축이나 조직의 연화 등 조리성을 좋게 하거나 콩의 독성 물질 또는 불순물을 제거하기 위한 것이다.

건조 콩은 건조나 숙성과정에서 잃어버린 수분을 침수와 가열과정을 통해 재흡수하게 되는데 물의 흡수속도는 콩의 저장기간, 보존상태, 수온, 용액의 종류와 양에 따라 다르다.

콩은 단단하며 셀룰로오스와 다른 섬유소 성분이 많기 때문에 조리과정 동안 부드럽게 하여야 섭취가 용이하다. 베이킹소다와 같은 알칼리는 건조 콩이 조리 동안 빨리 무르게 하지만 동시에 티아민의 파괴를 촉진하기 때문에 사용에 문제가 되고 있다. 또한 베이킹소다는 단백질의 용해도 증가와 섬유소를 분해시켜 콩의 조직감을 너무 무르게 하는 단점이 있다. 따라서 일반적으로 베이킹소다는 사용할 필요가 없으며 사용해야 될 경우에는 색이나 외형, 향에 나쁜 영향을 미치지 않도록 사용량을 조절할 필요가 있다(물 1L당 1/4 작은술). 경수를 사용하여 콩을 조리하는 경우에는 경수에 포함되어 있는 칼슘이나 마그네슘이 콩 조직 내 펙틴 물질과 결합하여 불용성 염을 형성함으로써 콩 조직의 세포 사이에 수분 침투를 방해하여 콩이 물러지지 않는다.

수화 속도는 상온보다는 뜨거운 물이 빠르나 콩은 찬물에 밤새 수침시키는 것이 좋다. 건조 콩은 끓는 물에서 1시간 동안 흡수되는 물의 양이나 찬물에서 15시간 동안 흡수되는 물의 양이 동일하다. 수용성 영양성분의 손실을 막기 위해 수침에 사용한 물로 조리하는 것을 권장한다. 콩은 조리과정에서도 수분을 더 흡수하여 조리 후 150~160%의 무게 증가를 보인다.

콩에는 소당류인 라피노오스와 스타키오스가 함유되어 있는데 이러한 소당류는 소장에서 효소의 작용을 받지 못한다. 따라서 분해되지 못한 소당류가 장내 미생물의 작용을 받아 가스를 발생시키면서 배를 더부룩하게 만든다. 이러한 소당류는 수용성이기 때문에 콩을 수침할 때 사용한 물과 조리수를 버리면 제거할 수 있으나 향미 성분도 함께 빠져나간다는 단점이 있다.

(2) 대두의 조리

대두는 우수한 식물성 단백질 급원으로 수세기 동안 중국과 일본 등에서 다양한 형태의 식품으로 섭취해 오고 있다. 대두를 이용하여 생산한 콩가루, 콩 단백질, 분리대두 단백질, 그리고 콩 섬유 등의 가공품이 식품 산업에서 이용되고 있으며 대두 레시틴은 식품의 유화제로 널리 이용되고 있다(표 12-4).

【표 12-4】 대두를 이용한 가공식품

종류	가공식품
콩	혼식, 콩자반, 콩강정, 콩가루
대두발효식품	간장, 된장, 고추장
대두가공품	두부, 두유, 식용유, 인조육, 탈지대두, 유화제(대두 레시틴)
발아	콩나물

콩 단백질을 섬유로 만들어 고기나 베이컨 대신에 이용하는데 채식주의자의 경우 콩 단백질은 주요한 단백질 공급원이 되고 있다.

두유는 우유의 대용 식품으로 이용되고 있다. 두유는 대두를 갈아 추출한 액체로 대부분 콩에 존재하는 단백질 및 지방과 다른 고용물이 존재한다. 우유와 같은 조성의 두유를 만들기 위해 칼슘을 강화시키기도 하며, 상업적으로는 콩 비린내를 없애기 위해 리폭시게나아제를 불활성화시키기도 한다.

두부는 콩 응고물로 동양에서는 2,000년 동안 주요 단백질원으로 이용된 식품이다. 두부는 소화율이 좋고 맛이 담백하여 다른 식품과 잘 어울리는 대표적인 콩 가공식품이다. 두유 내 글리시닌을 칼슘이나 마그네슘염으로 응고시킨 것으로 수분 함량이 높고 조직감이 부드러우며 맛이 온화한 겔상식품이다. 또한, 대두를 이용하여 간장과 된장, 인도의 템페(tempeh), 일본의 미소 등 다양한 발효 제품이 만들어져 이용되고 있다.

두유나 두부 같은 콩류 가공식품을 만들 때에는 건조한 대두를 무르게 하려면 장시간 가열해야 하므로 콩을 5~6시간 물에 담가 팽윤시킨 후 가열해야 콩이 푹 삶아져 고운 입자가 되고 부드러운 콩물을 만들 수 있다.

대두를 조리하기 전에 1% 정도의 소금물에 담근 후 그 용액으로 가열하면 쉽게 연화한다.

이는 대두의 주된 단백질인 글리시닌이 염용성 단백질로 잘 용해되고 가열에 의해 섬유소가 연화되기 때문이다.

가정에서 부드러운 콩자반을 만들기 위해서는 수침하여 충분히 불린 콩을 삶은 후 간장과 설탕을 2번에 나누어 넣고 조려야 질감이 부드럽고 간이 잘 배게 된다. 처음부터 간장과 설탕을 넣고 끓이면 삼투압의 영향으로 팽윤이 억제되어 가열해도 연화가 잘 안 되기 때문에 딱딱한 콩자반이 된다.

서리태나 쥐눈이콩의 껍질색은 안토시안계 색소로 철이나 주석과 결합하면 윤기가 나는 선명한 검은색을 띠기 때문에 검정콩을 볶거나 조릴 때는 무쇠솥이나 철 냄비를 이용하는 것이 좋다.

콩나물은 대두를 물에 불려 어두운 곳에서 발아시킨 것으로 단백질, 비타민, 무기질이 비교적 많이 함유되어 있다. 특히 콩이 발아하면서 숙취해소에 좋은 아스파라긴산의 생성이 증가하고 다른 콩류에는 없는 비타민 C를 함유하게 되어 채소로서의 가치가 크다.

대두에는 체내에서 여성호르몬과 같은 역할을 하는 피토에스트로겐(phytoestrogens)이라는 이소플라보노이드 물질이 존재한다. 생리적 효과는 섭취량, 나이 및 다른 요인에 따라 차이가 있으나 FDA에서는 이소플라본과 더불어 대두 단백질이 관상동맥 심장질환의 위험성을 낮춘다고 보고하고 있다.

(3) 팥의 조리

팥은 표피가 단단하며 전분 함량이 높은 두류로 팥밥을 짓거나 떡, 빵, 양갱, 과자 등의 팥고물로 이용하고 팥죽을 쑤기도 한다.

일반적인 콩류는 상온에서 수침하면 5~7시간 동안 수분 흡수가 빠르고 그 이후는 천천히 흡수되지만, 팥은 표피가 단단하여 24시간 이상 담가 두어야 수화가 되므로 물에 담그지 않고 직접 가열하는 경우가 많다. 팥밥을 지을 때도 팥을 따로 삶아서 표피를 무르게 한 후 쌀과 함께 밥을 지어야 한다. 팥을 빨리 무르도록 하기 위해서는 팥을 삶다가 중간에 찬물(shocking water)을 넣으면 팥 표피에 균열이 생겨 수분의 흡수를 빠르게 할 수 있다.

팥 껍질에는 사포닌이라는 배당체가 있어 가열하면 거품이 생기고 떫은맛을 가지며 소화를 방해한다. 따라서 팥을 삶을 때에는 한 번 끓인 후 끓인 물을 버리고 다시 찬물을 붓고 삶으면 사포닌 성분을 제거할 수 있다.

(4) 녹두의 조리

녹두는 껍질이 두꺼우므로 반으로 갈라 물에 넣어 불린 후 거피하여 사용한다. 녹두 전분은 점성이 강하여 청포묵을 만들거나 당면의 원료로 사용되고 있으며, 싹을 길러 숙주나물로 만들어 먹기도 하는데 콩나물보다 풍미가 좋고 비타민 C의 좋은 급원이 된다. 그 밖에도 떡고물, 녹두죽, 빈대떡 등 오랜 세월 조리에 유용하게 이용되고 있다.

*** 한 번 더 알아보기**

1. 콩류의 영양가에 대하여 설명하시오.
2. 콩류의 가열에 의한 변화를 설명하시오.
3. 대두와 팥의 조리방법에 대하여 설명하시오.
4. 콩류를 이용한 가공식품에 대하여 설명하시오.

CHAPTER 13

당류

학습목표

1. 당류의 종류와 특성을 이해할 수 있다.
2. 당류의 조리 특성을 이해하고 가공에 활용할 수 있다.

CHAPTER 13

당류

당류는 꿀이 발견된 역사 이전부터 사용되어 온 식품으로 옛날에 당류는 부유하고 권력이 있는 사람들만 먹을 수 있는 것이었지만, 오늘날은 여러 가지 당류가 일반 사람들의 식사에서 다양한 용도로 사용되고 있다.

이 장에서는 당류의 종류와 조리 특성에 대하여 알아본다.

당류

1. 영양가

당은 체내 열량을 공급해주며 건조 상태의 것은 거의 100%가 탄수화물로 당 함량이 높은 식품의 섭취가 증가하면 비례적으로 단백질, 무기질과 비타민의 섭취가 감소하기 때문에 영양적 불균형을 초래한다. 또한 식품에 첨가되는 당이 증가하면서 식품 원래의 맛과 다양성이 상실된다. 당은 음식의 조리에서 단맛을 부여하여 음식의 맛을 다양하게 하지만 식사에서 당 함량이 높은 음식을 첨가할 때는 단백질, 비타민 및 무기질의 요구량과 전체 열량 등을 신중히 고려해야 한다.

2. 당의 종류와 특성

(1) 설탕

설탕은 결정성 당으로 사탕수수와 사탕무를 정제하여 만든다. 이 당은 식품에서 다양한 역할을 하여 제빵 제품의 조직감에 영향을 주며, 아이스크림의 질감과 감촉을 개선시킨다. 또한 효모 발효의 영양분으로 이산화탄소를 생성하여 팽창제 역할을 하며, 잼과 젤리 같은 저장식품에서 미생물 번식을 늦추는 역할도 한다.

(2) 결정성 단당류

결정포도당은 서당의 75~80% 정도의 단맛을 가지며, 옥수수 전분을 완전히 분해하여 만든다. 식품산업에 주로 쓰이며 입자의 크기는 다양하여 분말 형태의 크기도 있다. 가끔 꿀에 결정이 형성되는 것은 대부분이 포도당이며 과당은 액체시럽에 남아 있다.

결정과당은 설탕과 섞으면 같은 양의 설탕보다 단맛이 커서 당의 사용량을 줄일 수 있으며 결정유당은 서당의 1/6의 단맛을 가진다.

(3) 분당

분당은 사탕수수와 사탕무에서 만든 백설탕을 기계적으로 분말화시킨 것이다.

(4) 황설탕

황설탕은 설탕 정제의 마지막 단계에서 얻은 결정성 당에 당밀을 코팅한 것으로 칼슘, 철, 인 등의 무기질 함량이 높다. 당밀은 설탕의 원액에서 설탕을 추출하고 남은 것으로 갈색의 시럽 상태로 감미도가 높아 제과제빵에 많이 이용되고 있다. 설탕에는 전화당이 존재하기 때문에 황설탕에도 전화당이 소량 함유되어 있다. 황설탕은 회분, 유기산과 향미 성분이 함유되어 맛있는 캐러멜 향미를 가지며, 용도에 따라 다양한 갈색을 가진 황설탕을 만들 수 있다.

(5) 꿀

꿀은 약 17%의 수분, 82.5%의 탄수화물, 소량의 무기질과 비타민, 그리고 효소를 함유하고 있다. 꿀의 당류는 과당(38%), 포도당(31%), 맥아당(7%)과 서당(2%)으로 구성되어 있다. 미국 FDA에서는 꿀은 8% 이상의 서당을 함유해서는 안 되는 것으로 규정하고 있다. 꿀의 향미는 채집하는 곳에 따라 다른데, 시판되는 꿀은 여러 곳에서 채집된 꿀이 혼합된 것이다. 꿀의 색은 흰색에서 진한 황색까지 다양하다. 신선한 꿀의 색은 무기질 함량과 꿀을 채집한 곳에 따라 영향을 받으며, 꿀의 등급은 색과 상관없으나 진한 색의 꿀은 색이 옅은 꿀보다 향이 강하다.

꿀은 과포화용액으로 저장하면 포도당 결정이 형성되며 열을 가하면 다시 녹는다.

(6) 시럽

옥수수시럽은 약 75%의 탄수화물과 25%의 수분을 함유하고 있지만 용도에 따라 당류의 비율이 다양한 시럽을 만들 수 있다. 옥수수 시럽은 옥수수 전분을 고온에서 가수분해하여 만드는데 최종적으로 만들어진 옥수수시럽에는 10~36%의 포도당, 9~20%의 맥아당, 나머지는 분자량이 더 큰 소당과 덱스트린으로 구성되어 있다. 사용하는 효소에 따라 포도당이나 맥아당의 비율이 다른 옥수수시럽을 제조할 수 있다. 글루코아밀라아제를 이용하면 더 많은 포도당을 함유한 옥수수시럽을 만들 수 있는 반면, β-아밀라아제로는 더 많은 맥아당을 함유한 옥수수시럽을 만들 수 있다.

고과당시럽은 고포도당시럽에 포도당이성화효소(glucose isomerase)를 처리하여 포도당의 반을 과당으로 전환시켜 제조한다. 고과당시럽은 약 42%의 과당을 함유하는데, 이 용액으로부터 포도당을 제거하는 공정을 통해 90% 과당을 함유하는 고과당시럽을 만들 수 있다.

고과당시럽은 점도가 낮으면서 포도당보다 단맛이 강하고 결정을 형성하지 않아 탄산음료, 시리얼 제품, 초콜릿, 아이스류나 냉동후식의 제조에도 이용된다.

(7) 당밀

당밀(molasses)은 농축된 사탕무 용액에서 결정당을 분리해 낸 후 남는 용액으로 25% 이상의 수분과 5% 이상의 회분을 함유한다. 서당뿐 아니라 포도당, 과당이 혼합된 형태로 당이 70% 정도 함유되어 있다. 당밀은 결정화 단계에 따라 당과 무기질 함량이 달라 서당의 첫 번째 결정 후의 당밀은 당의 함량이 높고 색이 밝으나 마지막 결정화 단계 후에는 색이 진하고 무기질 함량이 많은 쓴맛의 당밀을 얻게 된다. 시판되는 대부분의 당밀은 여러 단계의 당밀을 혼합하여 다양한 형태의 당밀로 만든 것이다.

(8) 단풍시럽

단풍나무수액을 농축하여 만든 시럽으로 붉은색의 독특한 향기가 있어 고급 요리에 이용된다.

(9) 당알코올

솔비톨, 만니톨과 자일리톨은 대표적인 당알코올로 청량한 단맛을 가진다. 과량 섭취하면 설사를 유발하기 때문에 일반적으로 다이어트용 캔디나 껌에 이용된다. 당알코올은 4kcal/g의 열량을 내어 칼로리에는 이득이 없으나 미생물에 의해 발효되지 않아 충치예방 효과를 가진다.

락티톨은 유당을 수소화하여 만든 당알코올로 단맛이 서당의 0.3~0.4배이며 열량은 서당의 반 정도이다. 만니톨은 맥아당을 수소화시켜 만든 당알코올로 단맛은 서당의 0.8배이다(표 13-1). 솔비톨은 단맛이 서당의 반 정도로 오랫동안 쿠키나 캔디의 제조에 사용되어 왔다. 솔비톨은 일반 당보다 소화관에서 흡수가 느려 혈당 상승이 서서히 이루어지는 특징이 있으며, 자일리톨은 서당과 비슷한 정도의 단맛을 가지면서 충치예방 효과가 큰 당알코올이다.

3. 대체 감미료

대체 감미료는 설탕 대신에 사용하는 감미료로서 화학적으로 합성된 것이며 종류와 특성은 표 13-1과 같다. 가장 오래된 대체 감미료는 사카린으로 1879년에 최초로 생산되기 시작하여 당뇨병치료제와 다이어트 식품으로 널리 이용되고 있으며 설탕의 300배의 단맛을 가지나 뒷맛이 써서 사용이 제한된다.

아스파탐은 아미노산인 페닐알라닌과 아스파르트산이 결합된 형태의 영양감미료이다. 서당과 마찬가지로 4kcal/g의 열량을 가지지만 단맛이 서당의 200배로 소량 사용하여도 단맛을 낼 수 있다. 또한 아스파탐은 과일의 향을 상승시키는 작용도 한다. 사카린과 같은 쓴 뒷맛이 없어 거의 모든 식품에 광범위하게 이용되고 있지만 아미노산이기 때문에 가열하면 변성되기 쉬우므로 가열하는 음식에는 이용이 제한된다.

스테비오사이드는 남미에서 자라는 스테비아라는 나무의 잎에서 추출한 물질로 설탕의 300배 정도의 단맛을 가지며 사카린처럼 쓴 뒷맛이 있다. 아세설팜은 1988년 FDA 승인을 얻은 대체 감미료로 40여 개국 이상에서 사용되고 있다. 이 물질은 체내에서 소화되지 않아 열량을 내지 않으며, 충치를 유발시키지 않는다. 또한 가열에 의해 단맛을 잃지 않기 때문에 제빵류에 많이 이용된다.

【표 13-1】 각종 당류와 대체 감미료의 당도 비교

종류		상대당도(서당=1)	주요 식품
당류	유당	0.2	유제품
	맥아당	0.4	싹 틔운 종자
	포도당	0.7	옥수수시럽
	서당	1	당이 첨가된 대부분의 식품
	전화당	1.3	사탕, 꿀
	과당	1.2~1.8	과일, 꿀, 탄산음료
당알코올류	솔비톨	0.6	다이어트 사탕, 무설탕 껌
	만니톨	0.7	다이어트 사탕
	자일리톨	0.9	무설탕 껌
대체 감미료	사이클라메이트	30	미국에서는 최근에 이용되지 않음
	아스파탐	200	다이어트 탄산음료, 다이어트 과일음료, 무설탕 껌, 가루 형태의 다이어트 대체 감미료
	아세설팜	200	무설탕 껌, 다이어트 혼합음료, 가루 형태의 다이어트 대체 감미료, 푸딩, 젤라틴 디저트
	사카린	300	다이어트 탄산음료

4. 당의 특성

(1) 용해도

당은 식품에서 용액으로 존재한다. 당의 결정화는 당 용액이 충분히 농축되었을 때 나타나는 현상이다. 당은 용해도가 각각 다른데, 서당은 용해도가 가장 큰 이당류이며, 유당은 용해도가 가장 낮다. 상온에서 당류의 상대적 용해도는 과당이 가장 크며 서당, 포도당, 맥아당과 유당의 순서이다.

특정 온도에서 녹을 수 있는 당이 모두 녹아 있는 용액을 포화용액이라 한다. 과포화용액은 특정 온도에서 녹을 수 있는 당보다 많은 양의 당이 녹아 있는 용액이다. 과포화용액은 상온에서 녹을 수 있는 당의 양보다 많은 당을 넣은 후 용액을 끓여 모든 당이 녹게 만든다. 이 용액에 물리적인 충격을 가하지 않고 냉각시키면 포화된 후 과포화된다. 주의 깊게 냉각시키고 결정화를 일으키는 요인이 없을 때 과포화상태가 이루어질 수 있다. 과포화는 불안정한 상태로 과도의 용질이 존재하면 자연적으로 침전하여 결정을 형성하게 된다(그림 13-1). 과당 같은 당은 용해도가 커서 결정화가 잘 이루어지지 않지만 유당 같은 용해성이 낮은 당은 쉽게 결정을 형성한다.

【그림 13-1】 서당의 결정구조

(2) 융점과 열분해

건조 당에 열을 가하면 녹아 액체 상태가 되며 계속 가열하면 분해가 일어난다. 서당은 약 160℃에서 녹으며, 계속 가열하면 점차 갈색으로 변하다가 약 170℃가 되면 캐러멜화가 일어나 갈색으로 변하면서 특징적인 캐러멜 향이 나게 된다. 캐러멜화는 효소가 작용하지 않는 비효소적 갈변화 반응이다. 당의 캐러멜 반응은 수분이 빠지면서 중합이 일어나 종종 쓴맛과 자극적인 맛을 가지며 원료당보다는 단맛이 덜하다. 캐러멜 반응의 정도와 반응속도는 당의 형태에 따라 차이가 있어 갈락토오스와 포도당은 서당과 거의 같은 온도에서 캐러멜화되지만 과당은 110℃, 맥아당은 180℃에서 캐러멜화한다.

설탕을 두꺼운 팬에 넣고 캐러멜화한 후 뜨거운 물을 넣어 캐러멜화된 당을 녹인 것이 푸딩, 아이스크림, 빙수나 소스의 향미 성분으로 이용된다.

(3) 흡습성

당은 건조한 곳에 보관하지 않으면 수분을 흡수하여 덩어리지며 당 함량이 높은 구운 빵을 밀폐용기에 보관하면 용기 내 공기 중의 수분을 흡수한다.

과당은 다른 당보다 흡습성이 커서 과당 함량이 높은 꿀, 당밀과 결정과당을 넣은 케이크나 쿠키는 수분 보유력이 좋기 때문에 서당을 넣은 제품보다 오랫동안 촉촉함을 유지할 수 있다. 식품 내에서 당이 수분과 정확하게 어떻게 반응하는지는 모르지만 용해된 당을 수분이 둘러싸고 있다.

(4) 발효

유당을 제외한 대부분의 당은 효모에 의해 발효되어 이산화탄소와 알코올을 생산한다. 발효는 제과 제빵에서 매우 중요한 반응으로 이산화탄소는 팽창제 역할을 하며 생성된 알코올은 굽는 과정에서 휘발된다.

(5) 산 가수분해

이당류는 약산에 의해 분해되어 단당을 생성한다. 서당은 쉽게 산 가수분해되며 맥아당과 유당은 매우 느리게 가수분해가 일어난다. 서당 가수분해물은 과당과 포도당의 혼합물로 전화당이라 한다.

당의 산 가수분해는 가열온도, 사용되는 산의 종류와 농도, 가열시간과 속도 등에 의해 영향을 받는다. 열은 반응을 가속화시키며, 서서히 오래 가열하는 것이 빠르게 단시간 가열하는 경우보다 가수분해가 더 많이 일어나며 산도가 높을수록 분해 속도와 정도가 커진다. 산 가수분해는 과일과 당을 함께 조리할 때 자연스럽게 일어나는 반응이다. 폰단트 같은 당제품의 조직감과 조점도를 개선하기 위해 산 물질인 타르타르 크림을 첨가하기도 한다.

(6) 효소 가수분해

이당류는 효소에 의해서도 가수분해된다. 수크라아제는 전화효소라 하여 캔디 제조에 이용되는데, 폰단트에 존재하는 일부 서당을 포도당과 과당으로 분해하면 조직감이 부드러워지며 중앙부분이 반고체 상태인 폰단트를 만들 수 있다.

(7) 알칼리 분해

끓인 당 용액에 알칼리를 넣으면 당이 일부 분해된다. 단당류는 산에 의해 거의 영향을 받지 않으나 알칼리에는 크게 영향을 받는다. 따라서 과당과 포도당도 알칼리 처리에 의해 분해되어 여러 가지 분해산물을 만든다.

서당은 알칼리에 의해 거의 영향을 받지 않으나 서당이 가수분해된 전화당은 쉽게 분해되어 갈색을 띠게 되며 반응이 과도하게 진행되면 향이 강해지고 쓴맛이 난다.

(8) 단맛

당류는 단맛을 가지며 감미의 정도는 당의 종류, 온도에 따라 달라진다. 과당이 가장 단맛이 크며 그 다음이 서당, 포도당, 맥아당, 갈락토오스, 유당의 순서로 유당의 단맛이 가장 낮다(표 13-1). 서당이 가수분해된 전화당은 서당보다 단맛이 크다. 당류의 단맛은 0~20℃에서는 단맛의 변화가 거의 없으나 0℃ 이하나 50℃ 이상에서는 단맛이 저하된다.

5. 당의 조리원리

서당은 전 세계적으로 당류 제과 산업에 널리 이용되고 있다. 캔디와 같은 농축된 당 제품을 만들 때에 당의 화학적 · 물리적 특성이 중요하게 작용하기 때문에 캔디류를 만들 때에 고려해야 할 당 용액의 특성에 대해 살펴본다.

(1) 당의 농도와 끓는점

순수한 물은 100℃에서 끓지만 당이나 염분과 같은 물질이 첨가되면 액체의 증기압이 감소하여 끓는점이 상승하게 된다. 이러한 끓는점 오름은 액체 표면에 있던 물분자가 첨가된 당이나 염분으로 대체되기 때문이다. 따라서 낮아진 증기압을 상승시키기 위해 더 많은 열이 필요하여 끓는점은 올라가게 된다. 첨가된 물질이 이온화되면 증기압이 감소하게 되고 물의 끓는점은 상승하게 된다. 끓는점이 오르는 정도는 형성된 이온이나 입자의 수에 따라 달라진다. 용액 내의 용질 입자의 수가 증가하면 증기압이 낮아져 끓는 온도는 높아지게 된다(표 13-2).

【표 13-2】 설탕 농도에 따른 용액의 끓는점 변화

설탕 농도(%)	끓는점(℃)	설탕 농도(%)	끓는점(℃)
10	100.4	60	103.0
20	100.6	70	106.5
30	101.0	80	112.0
40	101.5	90.8	130.0
50	102.0		

끓고 있는 당 용액은 순수한 물처럼 일정한 끓는점에 도달하지 않으며 수분이 증발하고 남은 용액은 더 농축되기 때문에 끓는 온도는 계속 상승하게 된다. 이 과정은 물이 모두 증발하거나 당의 용해도를 넘어설 때까지 계속된다.

(2) 서당의 전화

서당은 가수분해되면 동량의 포도당과 과당이 혼합된 전화당이 된다. 이 당은 캔디를 만들 때 당의 결정화를 조절하는 역할을 한다. 전화당과 서당의 혼합물은 서당만 있는 경우보다 용해성이 더 좋아 쉽게 결정화되지 않기 때문에 결정화 과정을 더 쉽게 조절할 수 있다.

폰단트, 퍼지 같은 결정성 캔디에서는 당의 결정이 작을수록 좋은 질감을 가진다. 그러나 서당 용액을 오래 서서히 가열하여도 전화당은 아주 소량만 생성하기 때문에 전화당 생성을 늘리기 위해 타르타르 크림 같은 약산의 염을 첨가하여 전화당의 생성량을 조절함으로써 당 결정의 크기를 조절할 수 있다.

지나치게 많은 산을 사용하거나 가열시간이 너무 길어지면 당의 전화가 너무 많이 일어나 폰단트가 지나치게 부드럽거나 결정 형성이 되지 않는다.

6. 당의 조리

캔디는 결정성 캔디와 비결정성 캔디로 분류된다. 결정성 캔디는 설탕 결정이 아주 작아 매우 미세구조를 가지기 때문에 아주 부드럽고 크림 같으며 폰단트, 퍼지, 파노차 등이 이에 속한다.

비결정성 캔디는 때때로 무정형 또는 형태가 없다는 뜻의 '무정형 캔디'라 불리기도 한다. 이 캔디를 제조할 때에는 당의 결정을 방해하기 위해서 다양한 성분과 기술이 이용된다. 비결정성 캔디에는 캐러멜처럼 씹는 캔디와 버터스카치, 토페와 브리틀 같은 단단한 물성의 것도 있다.

(1) 결정성 캔디

가장 대표적인 결정성 캔디는 폰단트이다. 이 캔디는 설탕 용액을 일정 온도까지 가열하고 냉각시킨 후 결정화가 이루어질 때까지 교반하여 만드는 연하고 부드러운 캔디이다. 질감이 좋은 캔디를 만들기 위해 당의 전화를 촉진시키는 산을 첨가하거나 전화당, 포도당이나 옥수수시럽을 첨가하기도 한다. 우유나 크림을 사용하면 폰단트의 크림 특성이 증가한다.

퍼지의 기본재료는 폰단트와 같으나 만들 때 버터나 마가린을 넣고 물 대신에 우유를 사용한다. 그리고 설탕, 우유, 초콜릿, 옥수수시럽을 함께 섞어 설탕이 녹을 때까지 가열한 다음 설탕 용액의 온도가 117℃에 도달하면 버터와 바닐라를 넣는다. 조리된 당 용액을 식혀 교반하면 공기가 들어가 색이 연해진다. 황설탕을 넣어 만든 것을 파노차라 한다.

(2) 비결정성 캔디

당이 결정화되지 않은 캔디로 ① 당 용액을 아주 높은 온도에서 가열하여 결정이 형성되기 전에 빨리 고체화시키거나 ② 결정이 만들어질 수 없도록 방해하는 물질을 과량 첨가함으로써 결정화를 방해하여 만든 캔디이다.

브리틀은 당 용액을 아주 높은 온도에서 가열하여 결정이 만들어지기 전에 고체화시킨 단단하고 바삭바삭한 캔디이다. 이 캔디의 갈색과 특징적인 향미는 마이야르 반응과 캐러멜화 반응의 비효소적 갈변반응 결과이다. 캐러멜의 생성은 당의 결정화를 방해한다.

캐러멜은 결정화를 방해하는 물질을 많이 포함하는 단단한 비결정성 캔디이다. 이 캔디의 당 용액은 결정성 캔디와 브리틀 사이의 온도에서 가열하는데 버터나 마가린과 포도당, 과당이나 전화당을 함유하고 있는 옥수수시럽이나 당밀을 첨가하여 결정화를 방해한다. 옥수수시럽은 결정화되지 않는 덱스트린을 함유하고 있다. 우유나 크림에 있는 단백질과 지방도 결정화되는 것을 방해하며 최종 조리온도는 성분의 비율과 종류에 따라 달라진다. 캐러멜의 갈색은 주로 마이야르 반응에 의한 것으로 캐러멜의 색과 향미는 빨리 조리하는 것보다 서서히 오래 조리하였을 때 더 풍부하다.

타피는 단순한 서당시럽에 타르타르 크림, 식초나 레몬주스를 첨가하여 만드는 캔디로 포도당 옥수수시럽이나 당밀을 산 대신에 사용할 수도 있다. 이 캔디는 캐러멜보다 단단하기 때문에 더 높은 온도에서 가열하여 만든다.

* 한 번 더 알아보기

1. 당의 종류와 그 특성에 대하여 설명하시오.
2. 대체 감미료에는 어떠한 것들이 있는가?
3. 당의 캐러멜화 반응에 대하여 설명하시오.
4. 결정성 캔디와 비결정성 캔디의 제조법에 대하여 설명하시오.

CHAPTER 14

젤라틴과 한천

학습목표

1. 젤라틴과 한천의 특성을 이해할 수 있다.
2. 젤라틴과 한천을 조리에서 적절하게 활용할 수 있다.

CHAPTER 14

젤라틴과 한천

젤라틴과 한천은 뜨거운 물이나 미지근한 물에 용해되면 졸 상태의 콜로이드 용액이 되고 이것을 냉각시키면 고체와 액체 간에 독특한 입체적 망상구조를 만들어 겔을 형성한다. 푸딩과 파이 충진물, 달걀 커스터드, 과일 젤리 등의 겔 식품제조에 이용되어 샐러드나 후식의 모양을 형성하며 독특한 질감을 가지게 한다.

이 장에서는 젤라틴과 한천의 겔 특성과 식품에서의 활용방법에 대하여 알아본다.

젤라틴과 한천

1. 겔의 구조와 특성

겔은 주로 액체로 구성되어 있지만 단단한 고체와 같이 행동한다. 이러한 특성은 겔의 독특한 구조에 기인한다. 겔은 길고 얇은 사슬 같은 구조의 중합체들이 서로 연결되어 삼차원적 망상구조를 형성한다.

식품에서 겔을 형성할 수 있는 성분은 ① 전분 내 아밀로오스 부분 ② 달걀의 거대 단백질 분자, ③ 젤라틴의 직선모양 단백질 분자, ④ 갈락투론 산과 메틸에스테르가 길게 연결된 펙틴 분자 등이다.

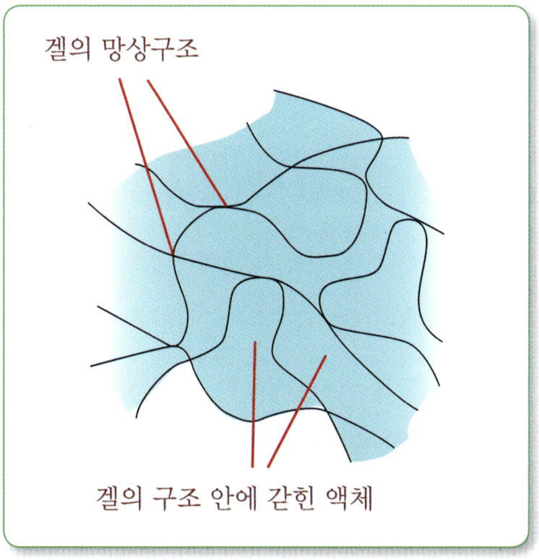

【그림 14-1】 **겔의 구조**

중합체는 수분이 존재하면 서로 연결되어 겔이라는 망상구조를 형성한다. 즉, 사슬 같은 망상구조에 수분을 가두어 액체와 중합체 간의 망상구조가 함께 행동하므로, 힘을 가하여도 망상구조 내 수분이 빠져 나가지 않는다(그림 14-1).

겔의 형태는 부드러운 것부터 아주 단단한 것까지 매우 다양하다. 환경적 요인이 겔 특성에 많은 영향을 주어 온도에 따라 팽창하거나 수축된다. 식품 중의 겔은 비교적 좁은 온도 범위에서 액화되거나 녹아버리기도 한다. 젤라틴 혼합물처럼 액화되거나 고체화되는 것이 가역적인 경우도 있다. 또한 겔은 pH에 영향을 받아 산도가 증가하면 부드러워진다. 달걀을 지나치게 가열하거나 전분과 젤라틴 겔을 냉장온도에서 보관하면 이장현상(syneresis)이 나타난다.

2. 젤라틴

(1) 젤라틴의 제조

젤라틴은 동물의 결합조직에 존재하는 콜라겐을 가수분해하여 얻을 수 있다. 조리과정에서 콜라겐이 젤라틴으로 전환되는 것은 일반적인 현상으로 조리된 고기를 냉각시키면 젤라틴이 겔을 형성하는 것을 눈으로 볼 수 있다.

젤라틴은 분말상, 판상, 입상 등이 있으며 좋은 품질의 젤라틴은 거의 무향, 무색이다.

(2) 젤라틴의 이용

식용 젤라틴은 과일, 채소, 치즈, 고기, 휘핑크림, 견과류와 같은 식품에 기본적인 겔 구조를 형성하는 데 이용된다. 또한 기포안정제나 푸딩, 파이의 증점제로도 이용된다. 또한, 마시멜로 같은 캔디의 결정크기 조절이나 냉동 디저트의 제조에도 이용된다.

(3) 영양가

젤라틴은 동물성 원료로 만드는 단백질 식품이나, 생물가는 매우 낮은 단백질로 필수아미노산 중 트립토판과 이소류신 함량이 적다.

단백질의 질과 관계없이 젤라틴은 겔을 형성하는 데 소량 필요하기 때문에 영양적 기여도는 중요하지 않다. 젤라틴 디저트나 샐러드 등과 같이 젤라틴이 첨가되는 음식은 영양적 가치보다는 식사에서 신선한 과일과 채소를 함께 섭취할 수 있게 해준다는 데 의미가 있다.

(4) 젤라틴의 조리 특성

건조 젤라틴을 찬물에 담그면 수화되고 팽창하게 되는데 이는 물 분자가 젤라틴 분자에 접근하여 둘러싸서 수분층을 형성하기 때문이다.

수화된 젤라틴을 35~40℃로 가열하면 젤라틴 분자가 용해된다. 이것을 다시 냉각시키면 겔을 형성하고 저어주면 기포를 형성한다. 젤라틴의 분산을 용이하게 하기 위해 뜨거운 물을 이용하지만 나머지 액체는 찬 상태로 첨가한다. 이렇게 나머지 액체를 찬 상태로 넣는 이유는 혼합물을 식히는 데 시간이 걸리고, 일부 휘발성 향기 성분이 고온에서 손실될 수 있기 때문이다.

젤라틴을 용해시킨 후 걸쭉한 상태에서 저으면 기포를 형성하면서 스펀지처럼 되어 부피가 팽창하지만 겔의 강도는 상당히 감소된다. 따라서 단단한 겔상의 거품 제품을 만들기 위해서는 젤라틴 농도가 더 높아야 한다. 아이스크림에서 젤라틴 용액은 얼음 결정을 미세하게 하여 오랫동안 아이스크림의 검성을 유지시켜 주는 역할을 한다.

(5) 겔의 형성

겔화는 졸 상태의 젤라틴 분산액이 굳어지는 현상을 의미한다. 이러한 겔화는 점차적인 과정으로 여러 부분에서 젤라틴 분자가 연결되어 망상구조를 형성하는 과정으로 젤라틴 겔 형성에 영향을 주는 요인과 특성은 표 14-1과 같다.

【표 14-1】 젤라틴 겔의 형성에 영향을 주는 요인

종류	특성
온도	· 젤라틴의 종류와 농도에 따라 겔의 형성 온도 차이 · 일반적으로 10℃ 이하에서 응고 · 젤라틴은 낮은 온도에서 빨리 응고, 상온에서는 쉽게 액체화
농도	· 젤라틴 농도가 높을수록 겔 형성이 빠르고 단단한 겔을 형성 · 겔 형성을 위한 일반적인 젤라틴의 농도는 1.5~2%
산	· 과일주스, 식초, 레몬주스, 토마토주스 등의 산은 겔 형성 방해 · 잘게 썬 과일이나 채소는 젤라틴의 겔 형성을 물리적으로 방해 · 산이 첨가된 젤라틴 겔은 첨가하지 않은 것보다 응고시간이 오래 걸림
염류	· 염류가 젤라틴의 물 흡수를 막아 겔을 단단하게 만듦 · 우유에 존재하는 염에 의해 겔 강도가 증가 · 무기질을 포함하는 경수를 사용하는 경우 단단한 겔 형성
당	· 젤라틴 겔의 강도 약화 · 겔의 형성 시간 지연
효소	· 파인애플의 브로멜린과 그 외 키위, 파파야 같은 열대과일에 존재하는 단백질 분해효소가 젤라틴을 분해하여 겔 형성 방해 · 파인애플 통조림이나 주스는 열처리 과정에서 이러한 효소가 파괴되어 젤라틴 겔 형성에 영향을 주지 않음

3. 한천

(1) 한천의 제조

한천은 우뭇가사리 등의 홍조류에서 추출한 한천용액을 식혀서 고형화하여 동결시킨 후 해동·건조시켜 만든 것으로 갈락토오스와 그 유도체로 구성되는 복합다당류이다. 한천은 약 70%의 아가로오스와 약 30%의 아가로펙틴으로 구성되어 있으며 식물성 젤라틴이라고도 부른다. 한천은 식물성이면서 주로 탄수화물 성분이나 인체 내에서 소화되지 않는 난소화성 다당류로 다이어트 또는 정장작용 식품으로 이용되고 있다.

(2) 한천의 용해성

젤라틴보다 높은 온도에서 녹는 성질이 있으며 사용 시에는 물에서 팽윤시킨 후 80℃ 전후로 가열하면 졸 상태의 콜로이드가 된다.

설탕을 첨가할 경우 한천이 용해된 후에 넣어야 되며, 한천이 녹기 전에 설탕을 넣게 되면 한천을 녹이는 데 필요한 물이 설탕을 녹이는 데 이용되어 한천이 잘 녹지 않는다.

(3) 한천의 이용

한천은 소화가 되지 않는 복합다당류이므로 다이어트 식품 제조에 이용되며, 유제품, 청량음료, 과자류 및 빵의 안정제로 사용되고 과일젤리, 양갱 등의 재료로도 사용된다.

(4) 한천의 응고성

한천은 물에 담그면 흡수·팽윤하며, 물이 80% 정도 흡수되면 가열한다. 조리에 쓰이는 한천의 농도는 0.8~1.5% 정도이다. 한천의 응고는 온도, 농도, 설탕이나 산과 같은 첨가물질의 영향을 받는다(표 14-2).

【표 14-2】 한천 겔의 형성에 영향을 주는 요인

종류	특성
온도	· 한천은 젤라틴보다 높은 온도에서 굳는 성질이 있어 보통 25~35℃에서 겔 형성 · 한 번 겔화되면 잘 녹지 않는 성질이 있으므로 상온에서 젤라틴 이용 식품보다는 안정
농도	· 한천의 사용 농도는 0.5~1.5% 정도가 적당 · 설탕과 한천의 농도가 증가할수록 응고 온도 상승 · 설탕을 첨가하지 않아도 한천 농도가 증가할수록 응고온도가 높아지며 더 단단하고 투명한 겔 형성
시간	· 가열하는 시간에 따라 겔의 강도에 차이 · 한천액은 약 1시간 가열한 것이 강도가 높고 그 이상으로 가열하게 되면 겔의 강도가 떨어짐 · 가열 시에는 눋지 않을 만큼만 최소한으로 교반하여 용액의 점성 저하를 막음
당	· 8~10% 정도 첨가하면 겔 강도를 높이는 작용을 하고, 그 이상이 되면 오히려 점탄성을 약화시키는 작용
산	· 보통 pH 5.4 정도에서 가장 강한 겔 강도 · 과즙이나 과일을 첨가하면 산에 의해 한천이 가수분해되어 겔 형성능력 감소 · 과즙은 가열 후 약간 식힌 다음에 첨가해야 겔 형성 가능
우유	· 우유 중의 단백질이나 지방이 겔 강도 약화

【그림 14-2】 젤라틴 겔과 한천 겔

*** 한 번 더 알아보기**

1. 젤라틴 겔과 한천 겔의 차이점에 대하여 설명하시오.
2. 젤라틴 겔과 한천 겔을 이용한 식품을 나열하시오.

CHAPTER 15

조미료와 향신료

학습목표

1. 조미료의 종류와 조리용도를 이해할 수 있다.
2. 향신료의 종류와 특징을 이해할 수 있다.
3. 조리에 조리료와 향신료를 적절하게 사용할 수 있다.

CHAPTER 15

조미료와 향신료

음식은 천연의 향기와 색만으로도 충분히 먹음직스럽지만 조리과정에서 조미료와 향신료의 적절한 사용은 음식의 향미를 크게 향상시킬 수 있으며, 식품이 가지고 있는 독특한 향과 좋지 않은 맛을 감소시키는 작용도 한다.

조미료는 음식의 향미와 조화를 이루어 맛을 상승시키는 물질로 소금과 후추 같은 기본 조미료는 식품에 첨가할 때 인지되지 않을 정도의 양으로도 음식의 향미를 충분히 향상시킬 수 있다.

향신료는 레몬이나 페퍼민트 오일처럼 자체의 독특한 향미를 음식에 더하는 것이다. 조리과정 초기에 넣어 음식의 향을 증가시키거나 향신료를 혼합하여 개별 향미가 아닌 조화된 전체의 향미를 가지게 하기도 한다.

이 장에서는 조미료와 향신료의 종류와 특성에 대하여 알아보고 조리과정 중 이들의 사용법에 대하여 학습한다.

01 조미료

1. 기본 조미료

조미료는 짠맛, 단맛, 신맛, 매운맛과 감칠맛, 고소한 맛을 내기 위해 사용되며 식품자체의 맛을 강조하거나 약화시키기 위한 목적으로 사용한다. 따라서 조미료도 짠맛, 단맛, 신맛, 매운맛, 감칠맛, 고소한 맛의 6가지 맛을 내는 조미료가 있다(표 15-1).

【표 15-1】 여섯 가지 맛과 조미료의 종류

맛의 종류	조미료의 예
짠맛	소금, 간장, 된장, 고추장
단맛	설탕, 시럽, 꿀, 조청, 물엿, 올리고당
신맛	식초
매운맛	고춧가루, 고추장, 후춧가루
감칠맛	핵산 관련 물질(MSG, IMP, GMP)을 함유한 조미료
고소한 맛	참기름, 들기름

(1) 소금

짠맛은 음식의 가장 기본 맛으로 짠맛을 내는 조미료는 소금이 대표적이다. 소금의 주성분은 염화나트륨으로 암염이나 바닷물을 증발시켜 얻을 수 있으며 식품에 이용하기 위해 정제과정을 거친다. 소금은 음식에서 짠맛뿐 아니라 미생물의 작용을 억제하는 방부작용, 탈수작용, 색의 보존 등의 역할을 한다(표 15-2).

【표 15-2】 소금의 종류와 특징 및 용도

종류	특징 및 용도
천일염 (굵은 소금)	· 염화나트륨의 함량이 80%이고 정제가 되지 않은 소금으로 불순물이 포함 · 채소와 생선 절임, 젓갈에 사용 · 염화나트륨 이외에 칼슘, 마그네슘 등의 2가 양이온의 함유량이 높아 채소의 조직을 단단하게 함
재제염 (꽃소금)	· 천일염을 정제하여 만든 것으로 염화나트륨 함량이 90%이고 꽃소금이라고도 함 · 음식의 간을 맞출 때 주로 사용
정제염 (식탁염)	· 염화나트륨의 함량이 99.9%로, 정제한 소금 · 김을 굽거나 식탁에서 음식의 간을 맞출 때 사용
가공소금	· 죽염, 구운 소금, 맛소금 등이 포함 · 죽염은 천일염을 대나무 속에 넣고 구운 소금 · 맛소금은 정제염에 MSG를 첨가하여 만든 소금

(2) 간장과 된장

1) 간장

간장과 된장은 짠맛을 낼 뿐 아니라 발효 중 독특한 냄새와 구수한 맛을 내는 조미료이다. 간장은 약 17~20%의 소금을 함유하고 있다. 간장의 종류에는 국간장과 진간장이 있는데 국간장은 진간장에 비해 색이 흐리고 짠맛이 강하나 향이 약하여 주로 국을 끓일 때 사용된다. 진간장은 국간장에 비해 짠맛이 약하고 색이 진하며 특유의 강한 냄새가 난다. 생선 비린내를 억제하는 작용이 있어 생선조림 등에 사용되고 음식의 색을 낼 때 이용되기도 한다.

2) 된장

된장은 10~13%의 식염을 함유하고 있으며 재래간장을 거르고 남은 건더기를 숙성시킨 재래된장과 콩에 밀이나 보리를 섞은 후 종국으로 발효한 개량된장이 있다. 단백질 분해물은 콜로이드 분산액으로 생선 비린내, 돼지고기 누린내 등 좋지 않은 맛이나 냄새를 흡착하여 제거하므로 생선조림을 하거나 제육볶음을 만들 때 처음부터 넣으면 냄새를 흡착하여 비린내가 줄어든다. 재래된장은 오래 끓일수록 맛있으나 개량된장은 오래 끓이면 방향성분이 분해되어 맛이 없어지고 쓴맛이 강해지므로 단시간 조리하는 것이 좋다.

3) 당

설탕에는 백설탕, 황설탕, 분당이 있다. 설탕은 신맛, 쓴맛, 짠맛 등을 약하고 부드럽게 해준다. 즉, 미역 초무침에 설탕을 넣으면 신맛이 약해진다. 설탕은 소금과 달리 비교적 높은 농도에서 쾌적한 맛을 느낄 수 있어 많은 양의 설탕을 사용하기도 한다. 설탕은 음식에 단맛을 낼 뿐 아니라 윤기를 주고 빵이나 케이크를 오랫동안 촉촉하게 유지시키며 캐러멜화하여 독특한 향기를 내기도 한다.

(3) 식초

식초에는 3~5%의 초산이 함유되어 있으며, 생채, 겨자채 등에 식초를 사용하면 신맛에 식초 특유의 향미가 가해져 상쾌하고 산뜻한 맛으로 식욕을 돋우어 준다. 따라서 식초는 식초 고유의 향미를 최대한 살릴 수 있도록 식탁에 내기 직전 또는 먹기 직전에 사용하는 것이 좋다. 식초는 신맛 내는 것 이외에 생선 비린내를 없애주고 생선뼈를 부드럽게 하며, 데친 연근의 색을 희게 하거나 적색 양배추가 선명한 붉은색을 띠도록 도와준다. 또한 식초는 단백질 응고를 도와주므로 달걀 삶은 물에 식초를 조금 넣어주면 달걀에 금이 가지 않게 삶을 수 있다.

2. 화학조미료

(1) 글루탐산나트륨

글루탐산나트륨(monosodium glutamate: MSG)은 보기에는 소금 같은 결정 물질이지만 아미노산인 글루탐산의 나트륨 염이다. 글루탐산은 토마토와 버섯 같은 다양한 천연식품에 존재하며 육류, 생선류, 가금류, 콩류 및 곡류와 같은 식품 단백질의 구성성분이기도 하다. 과거에는 MSG를 밀가루의 글루텐이나 옥수수 단백질로부터 제조하였으나 오늘날에는 당밀이나 다른 탄수화물을 발효시켜 만들고 있다.

MSG는 일반적으로 음식의 향미를 끌어내는 향미 증진제나 강화제로 사용된다. MSG와 핵산의 독특한 맛은 특히 고기, 생선, 가금류를 이용한 요리에서 잘 느껴지는데 이를 '우마미

(umami)'라 한다. 이 말은 일본어에서 나온 것으로 '맛이 있는' 또는 '풍미 있는'의 의미를 가진다. MSG와 핵산은 4원미와는 달라 미뢰를 통해 향미 물질과 결합하여 향미 물질의 효과를 강화시킨다. 조리에 일반적으로 쓰이는 농도에서 MSG는 자신의 맛을 가지지 않는다. MSG는 신맛이 적은 채소, 육류, 가금류와 생선류 요리에서 향미 증진 효과가 크지만 신맛이 강한 과일이나 과일 주스에서는 향미 증진 효과가 크지 않다.

FAO에서는 MSG를 첨가한 식품에 대하여 표기를 하도록 하여 소비자가 식품을 선택할 때 정보를 제공해 주도록 하고 있다. MSG는 많은 가공품에 일반적으로 이용되지만 유아나 어린이용 가공식품에서는 사용을 금지하고 있다.

(2) 핵산

핵산은 쇠고기, 닭고기, 생선과 버섯 같은 식품에 천연으로 존재한다. 핵산은 MSG와 함께 존재 시 향미 증진제로 작용하여 우마미를 낸다. MSG와 핵산과의 작용을 맛의 상승작용이라 하는데 상승작용은 2개 이상의 물질이 함께 작용하여 개개의 효과의 합보다 큰 것으로 아주 소량의 핵산이 MSG의 향미 증진 특성을 향상시킨다. 효소 추출물이나 효모 가수분해물로부터 제조한 결정형태로 스낵이나 요리에 사용되고 있으며, 일본에서는 디소디움 5'-이노시네이트와 디소디움 5'-구아닐레이트를 50:50의 비율로 혼합한 것과 같이 핵산 물질을 혼합하여 식품에 광범위하게 이용하고 있다.

3. 천연조미료

인공적인 첨가물과 조미료 없이 천연 식품재료로만 구성되어 있는 조미료이다. 그 종류와 특징은 다음과 같다(표 15-3).

【표 15-3】 천연조미료의 종류 및 특징

종류	특징
다시마	· 다시마 표면의 불순물을 잘 제거한 후 잘 건조시킴 · 조림, 찌개, 탕 등에 사용
멸치	· 멸치는 내장을 제거한 후 분쇄하여 가루로 만들어 사용
새우	· 마른 보리새우의 수염을 제거한 후 분쇄하여 가루로 제조 · 나물, 찌개, 고추장 양념 등에 사용
버섯	· 표고버섯을 완전히 건조시킨 후 가루로 만들어 사용 · 찌개, 탕, 전골에 사용

4. 조미료의 혼합효과

조리할 때는 보통 두 가지 이상의 조미료를 혼합하면 특정한 맛이 강해지거나 약해지는 효과가 있다.

같은 맛을 내는 두 조미료를 혼합했을 때 맛이 매우 강해지는 것을 맛의 상승효과라 하는데 다시마 끓인 물과 화학조미료를 혼합했을 때 구수한 맛이 매우 강해지는 것이 상승효과의 한 예이다. 맛의 대비효과는 단팥죽을 만들 때 설탕에 소량의 소금을 섞어주면 설탕만 사용할 때보다 강한 단맛을 낸다. 억제효과는 다른 맛을 내는 두 종류의 조미료를 혼합했을 때 주된 맛이 약해지는 것으로 김치가 익으면서 생성되는 유기산에 의해 김치의 짠맛이 약해지는 경우이다.

5. 조미순서

조리 시 설탕, 소금, 식초, 간장, 된장과 같은 조미료의 조미순서는 음식의 맛을 좌우하는 중요한 요인이 된다. 생선조림과 같이 조미료의 맛을 식품 내부까지 스며들게 하기 위해서는 설탕, 소금, 식초, 간장의 순으로 첨가하는 것이 좋다. 소금은 설탕에 비해 분자량이 적어 침투속도가 빠르기 때문에 수분이 빠져 나오면서 조직이 수축되어 설탕의 단맛이 배어들기 어려운 상태로 만든다. 따라서 단맛과 짠맛이 잘 어우러지게 하려면 분자량이 큰 설탕을 소금보다 먼저 넣어주는 것이 좋다. 또한 식초와 간장은 가열하면 향이 달아나므로 조리가 거의 끝날 때 첨가하는 것이 좋으나 식품 표면만 맛이 들게 하기 위해 단시간 가열하는 경우에는 처음부터 조미료를 모두 섞어서 조리한다.

02

향신료와 허브

오래전부터 향신료는 음식에 향기를 불어넣는 신비로움 외에도 향료, 향수, 화장품 및 방부제와 의약품으로서의 가치도 가지고 있었다. 1세기 이후부터 향신료는 음식의 질을 향상시킬 목적으로 쓰이기 시작하면서 그 사용량이 점점 증가하였다. 고대 그리스는 빵에 캐러웨이와 양귀비 씨, 식초에 회향 씨, 고기 소스에 민트 등을 사용하여 음식의 향미를 증진시켰다. 향신료는 인도, 중국과 서아시아에서 생산되는 중요한 물품으로 13세기까지 아주 귀하고 값비싸며 희귀한 것으로 여겨졌다. 현대에는 전 세계적으로 향신료와 허브가 다양하게 널리 이용되고 있다.

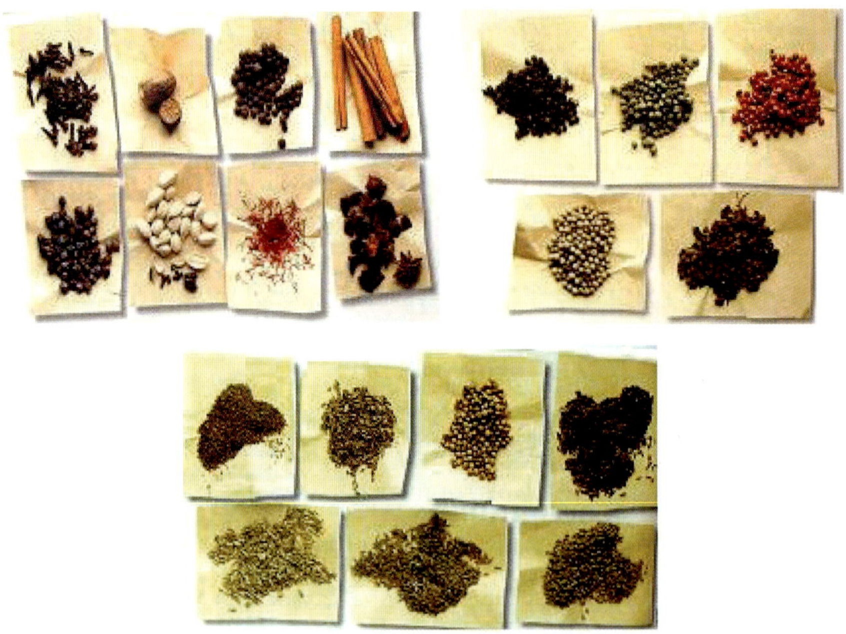

【그림 15-1】 각종 향신료

1. 분류와 용도

향신료(spices)는 조리 음식의 향미를 내기 위해 사용되는 건조된 여러 가지 향기 채소를 말하는 것으로 껍질, 뿌리, 새싹, 꽃, 열매, 씨앗과 같은 올스파이스, 아니스, 카더몬, 카옌 페퍼(고춧가루), 시나몬(계피), 후추, 정향, 커민, 생강, 너트메그(육두구), 파프리카, 심황 등이 모두 그 범위에 속한다. 어떤 향신료는 단맛이 나며 어떤 향신료는 단맛을 지니면서 매운 것도 있다(그림 15-1).

허브(herbs)는 일반적으로 온화한 기후에서 자라는 부드러운 식물의 줄기나 잎을 말하지만 일부 세이지 같은 목질 식물도 조리용 허브로 사용된다. 월계수 잎은 상록수인 월계수 나무의 잎이며, 바질, 마조람, 민트, 오레가노, 로즈마리, 차이브, 타라곤과 타임(사양초) 등도 허브에 포함된다(그림 15-2).

【그림 15-2】 조리에 자주 쓰이는 허브

조리에 사용되는 향신료는 생것과 마른 것을 사용하고 허브의 종류에 따라 다양한 음식에 사용된다. 마른 향신료는 통후추, 월계수 잎과 같이 통째로 사용하는 종류와 파프리카, 올스파이스와 같이 가루 상태로 분쇄하여 사용하는 종류로 나뉜다(표 15-4).

【표 15-4】 향신료와 허브의 조리에서 용도 및 사용법

명칭	용도 및 사용법	향신료 부위
올스파이스	가루로 사용, 유럽, 미국요리, 육류 요리, 스톡, 소스	건조품
바질	다져서 사용하거나 허브오일로 사용, 샐러드, 소스	잎
베이 리프	통으로 쓰거나 갈아서 사용, 소스, 샐러드, 절임류, 수프	잎
캐러웨이	향료, 리큐어, 빵, 과자	과일의 건조품
셀러리	용도에 따라 갈거나 생으로 사용	줄기, 잎
치빌	다져서 사용하거나 허브오일로 사용, 샐러드, 소스	잎
시나몬	과자, 빵, 잼, 음료	나무껍질
정향	조미향료	꽃봉오리
코리앤더	용도에 따라 갈거나 생으로 사용	줄기 건조품
커민	카레가루, 치즈, 소스, 스톡, 소시지	열매
딜	다져서 사용하거나 허브오일로 사용, 샐러드, 소스	잎
회향	피클, 생선요리	씨
생강	각종 요리, 절임류, 음료, 과자	뿌리
마조람	생으로 사용, 육류요리, 스톡, 수트, 소스	잎
겨자씨	샐러드, 소스, 육류요리	씨
너트메그	과자, 육류요리, 소스	씨
오레가노	스톡, 스프에 사용	잎
파프리카	향미, 생으로 사용	열매
페퍼	절임류, 방부제, 카레요리 등	숙과
로즈마리	생으로 사용하거나 다져서 사용, 소스, 육류요리	잎
샤프란	절임류, 향미	꽃
세이지	육류요리, 소스, 음료	잎 건조물
타임	햄, 소시지, 향미, 음료	잎 건조물
터머릭	카레가루, 착색료, 방부제	뿌리 건조물

향신료는 통째로 또는 갈아서 사용하며 향신료 추출물도 식품 조리 시 사용할 수 있다. 정유는 향신료를 분별 증류한 휘발성 성분이며 올레오레진은 향신료를 용매 추출한 것으로 휘발성과 비휘발성 성분을 모두 포함한다. 가루 형태의 향신료는 표면적이 넓어 음식에 고르게 분포되므로 향이 더 빨리 발산된다. 허브 혼합 술이나 거즈에 싼 'bouquet garni' 등이 음식의 향미를 증진시키기 위해 조리에 이용된다(그림 15-3).

【그림 15-3】 허브의 이용방식

2. 저장

향신료의 저장기간은 저장조건, 향신료의 원료, 형태와 수확시기에 따라 영향을 받는다. 통 향신료는 향미의 강도를 잘 유지할 수 있으나 품질은 저장기간이 길어짐에 따라 점차 저하된다. 가루 상태의 향신료와 허브는 표면적이 증가하여 향미의 감소가 매우 빠르다.

향신료나 허브가 혼합된 조미료는 차고 건조한 장소에 보관해야 한다. 파프리카, 파슬리, 산파와 초록색 허브 등 빛에 예민한 허브는 직사광선에 노출하지 말아야 한다. 보관이 잘된 경우에는 몇 달 동안 향을 유지할 수 있으며 냉장고나 냉동실에 보관하는 경우 저장기간을 늘릴 수 있다. 가루 상태의 향신료는 음식에 넣자마자 향미가 즉시 휘발하기 때문에 조리의 마지막 단계에 첨가하도록 하며 통 향신료의 경우에는 조리 초기에 넣어 조리과정 동안 풍부한 향미가 나올 수 있도록 한다. 통 허브를 부수어서 이용할 때는 사용하기 직전에 부수어야 향미 유지가 잘된다. 씨앗의 향미는 볶는 과정 동안 증가하게 된다(표 15-5).

【표 15-5】 조리 시 향신료 및 허브의 사용법

형태		종류	사용 시 주의점	음식
생것		바질, 딜, 치빌	사용하기 직전에 다져서 사용하거나 올리브오일과 함께 사용하기도 함	샐러드, 수프, 스프레드, 소스, 허브오일 등
마른 것	통째 사용	타임, 통후추, 계피, 바질, 월계수 잎	사용 용도에 따라 통으로 쓰거나 갈아서 사용함	스톡, 소스, 샐러드 등
	가루 상태	흑후추, 오레가노, 파프리카, 너트메그, 올스파이스	조리 마지막 단계에서 주로 사용하고 생것 사용량의 1/6정도만 사용함	스톡, 소스, 수프 등

3. 신선 허브

많은 허브는 집에 있는 정원에서 잘 자라므로 여름에 신선한 것을 수확하여 고기와 생선 요리, 디저트와 음료의 향미 증진 등에 사용할 수 있다. 또한 건조시키거나 냉동한 허브를 가을이나 겨울에 사용하기도 한다. 조리할 때 다진 신선 허브는 건조된 것보다 약 2배를 더 사용해야 같은 정도의 향미를 낼 수 있다. 재배에 적당한 허브에는 민트, 타라곤과 바질, 로즈마리, 산파, 오레가노, 파슬리와 실란트로 등이 있다.

신선 허브는 여러 가지 용도로 사용되며 적포도주에 신선한 타라곤의 어린 가지를 넣어 따뜻한 곳에 몇 개월 간 두면 타라곤 식초가 되는데, 이는 샐러드 드레싱에 이용할 수 있다. 신선한 바질은 토마토 요리에 적합하여, 스파게티 소스에 첨가하면 매력적인 향이 부여된다. 세이지, 타임과 오레가노 같은 신선 허브는 가금류의 배 속에 넣어서 조리하면 가금류 특유의 누린내가 없어지고 향미가 증진된다. 신선한 마조람, 오레가노, 실란트로, 차이브 등의 허브는 신선한 채소와 토마토 샐러드 등에 기분 좋은 향미를 내며 장식용으로도 이용할 수 있다.

03

향기 추출물과 술

향기 추출물에서는 향기 채소를 알코올에 녹여 향기 성분을 추출한 정유나 진액(extracts)이 제과, 제빵, 푸딩이나 소스 제조에 자주 이용된다. 바닐라, 레몬, 오렌지, 아몬드 등의 추출물과 페퍼민트, 윈터 그린 같은 정유가 이에 속하는데, 아주 소량 첨가 시 제품에 특유한 향을 부여한다.

추출 용매로 휘발성이 강한 알코올이 이용되기 때문에 밀폐용기에 넣어 서늘한 곳에 보관해야 한다. 따라서 향기 성분의 첨가는 주로 조리 마지막 단계에 이루어지며 제빵이나 제과의 경우 휘발하는 것을 막아주기 위해 반죽 시 지방을 첨가하는 단계에서 향기 성분을 첨가한다.

술은 주요리, 소스, 후식에 새로운 향미를 부여하기 위해 와인, 리큐어와 증류주가 이용된다. 술은 끓는점이 낮기 때문에 조리과정 중 쉽게 휘발하기는 하지만 조리 후에도 소량 잔존하는 경우가 있다. 조리시간이 길어짐에 따라 잔존하는 알코올의 양은 감소한다.

* 한 번 더 알아보기

1. 소금의 종류와 용도를 설명하시오.
2. 설탕, 간장, 소금의 조미순서를 차례로 나열하고 이유를 설명하시오.
3. 화학적 조미료인 MSG와 핵산계 조미료의 조리 특성을 각각 설명하시오.

참고문헌

강옥주 · 이미경 · 이영옥 · 고대휘, 조리원리, 삼광출판사, 2001

계수경 · 곽희진, 조리원리 및 실험조리, 도서출판 효일, 2000

고무석 · 김강화 · 김경애 · 신말식 · 오승호 · 임현숙 · 전덕영 · 홍윤호, 식품과 영양, 도서출판 효일, 1996

김미향 · 허성미 · 김명선 · 신영자 · 이연정, 조리원리, 형설출판사, 2000

김완수 · 신말식 · 이경애 · 김미정, 조리과학 및 원리, 라이프사이언스, 2004

김우정 · 최희숙, 천연향신료, 도서출판 효일, 2003

김혜영 · 고봉경, 식품 조리과학, 도서출판 효일, 2004

모수미 · 이혜수 · 현기순 · 홍성야, 조리학, 교문사, 2000

박춘란 · 이영옥 · 김윤선 · 이상아, 실험조리, 삼광출판사, 2002

배영희 · 박혜원 · 박희옥 · 정혜정 · 최은정 · 채인숙, 조리응용을 위한 식품과 조리과학, 교문사, 2006

변현송 · 진영주 · 윤희은, 최신 조리원리, 백산출판사, 2001

서정숙 · 정은자 · 김옥경, 개정판 실험조리, 도서출판 효일, 1996

손경희 · 민성희 · 정혜정 · 박현경 · 김지향 · 최희선 · 이미숙 · 전형주 · 박진 · 박옥진, 한국음식의 조리과학, 교문사, 2001

손정우 · 송태희 · 신승미 · 오세인 · 우인애, 조리과학, 교문사, 2007

식품재료사전 편찬 위원회, 식품 재료사전, 한국사전연구사, 2004

신민자 · 정재홍 · 김정숙 · 정두례 · 강명수, 식품 조리 원리, 광문각, 2001

안명수, 식품과 조리원리(조리과학), 신광출판사, 1992

유영상 · 이윤희, 식품 및 조리원리, 광문각, 1997

윤옥현 · 최순남 · 손정우 · 신동주 · 권경순 · 정두례, 최신 조리원리, 도서출판 효일, 1998

이영은 · 홍승헌, 한방 식품재료학, 교문사, 2003

이정숙 · 박영선, 조리과학, 도서출판 효일, 2000

이진순 · 정은자 · 김동희 · 최진영, 새로운 조리원리, 지구문화사, 2000

장명숙, 식품과 조리원리, 효일문화사, 1999

정현숙 · 이난희 · 김은정 · 박경숙 · 송준희 · 임정교, 조리원리, 교문사, 2006

진양호 · 김숙희, 이론과 실무 식품조리과학, 지구문화사, 2007

하귀현 · 이진순 · 김미경 · 김영순 · 김정숙, 새로운 실험조리, 지구문화사, 1997

하순용 · 김복자 · 최옥수 · 서봉순 · 이진순 · 정현숙, 개정판 한국조리, 지구문화사, 2001

한경선 · 김영인 · 정낙원, 조리과학 실험, 도서출판 효일, 2003

한국식품영양학회 감수, 식품재료사전, 한국사전연구사, 1999
한국식품조리과학회, 식품조리과학 용어사전, 교문사, 2007
한국영양학회, 한국인의 영양섭취기준, 2010
한재숙 · 박금순 · 허성미 · 송주은, 실험조리, 형설출판사, 1978
박태선 · 김은경, 현대인의 생활영양, 교문사, 2010
이숙영 외 5인, 식품화학, 파워북, 2009
이주희 외 8인, 과학으로 풀어 쓴 식품과 조리원리, 교문사, 2008
조미자 외 8인, 조리원리, 교문사, 2010
현영희 · 구본순 · 송주은 · 김덕순, 식품재료학, 형설출판사, 2000
홍태희 · 김기연 · 최옥수 · 김대현 · 정의숙 · 김순희 · 조효현, 현대 식품재료학, 지구문화사, 2000
농림수산식품부, 쇠고기 · 돼지고기 · 닭고기 부위 및 특징, 2007
한국생명과학 연구소, 생선의 구조, 2009
손정우 · 송태희 · 신승미 · 오세인 · 우인애, 조리과학, 교문사, 2007
홍진숙 · 박혜원 · 박란숙 · 명춘옥 · 신미혜 · 최은정 · 정혜정, 식품재료학, 교문사, 2004
신말식 · 이경애 · 김미정 · 김재숙 · 황자영, 조리과학, 파워북, 2009
Christine ingram, Cooking ingredients, Anness Publishing Ltd. USA, 2009
D. R. lineback, G.E. Inglett, Food Carbohydrates, Avi Publishing Company, Inc., 1982
H.D. Belitz, W. Grosch, Food Chemistry, Springer-Verlag, 1987
http://en.wikipedia.org
J. Bowers, Food Theory and Applications 2nd ed., Macmillan, 1992
L. Goldberg, Functional Foods, Champman & Hall, 1994
M. Bennion, B. Scheule, Introductory Foods 11th ed., Prentice Hall, 2000
N. A. Michael Eskin, Biochemistry 2nd ed., Academic Press, 1990
N. N. Porter, Food Science 3rd ed., Avi Publishing Company Inc., 1978
P. Harris, Food Gel, Elsevier Applied Science, 1990
R. H. Haschemeyer, A. E. Haschemeyer, Proteins, Wiley-Interscience Publication, 1975
S. R. Labensky, A. M. Hause, On Cooking 3rd ed., Pearson Education, 2003
W. Glsslen, Professional Cooking 5th ed., Wiley, 2003
Y. Pomeranz, Functional Properties of Food Components 2nd ed., Academic Press, 1991
[그림 2–1] http://www.decuisine.co.uk, http://www.centralchef.com, http://www.measuringcupsbestprices.co.cc
[그림 5–3] http://www.aaccnet.org/GRAINBIN/Osborne/Images/img19.htm
[그림 9–3] http://www.love4myplanet.com/candling-eggs.html, http://www.buzzle.com/articles/candling-eggs.html
[그림 9–4] http://caperberry.blogspot.com/2009/04/egg-freshness-guide.html
[그림 13–1] http://chemistry.about.com/od/growingcrystals/ig/Crystal-Photo-Gallery/Sugar-Crystals-Close-Up.htm
[그림 15–3] http://www.preserveshop.co.uk

찾아보기

ㄱ

ㄴ

ㄷ

ㄹ

ㅁ

ㅂ

ㅅ

ㅇ

ㅈ

ㅊ

ㅋ

ㅌ

영문

기호

■ 저자약력

한진숙

서울대학교 식품영양학과(학사, 석사, 박사)
일본산업기술총합연구소 STA fellow
현 동의과학대학 식품과학계열 교수

강희진

서울대학교 식품영양학과(학사, 석사, 박사)
일본산업기술총합연구소 JSPS fellow
동경대학교 식품공학과 특임조교수
현 서울대학교 외래강사

최신 식품조리원리

2011년 9월 5일 초판 인쇄
2011년 9월 14일 초판 발행
2014년 2월 28일 개정판 발행

지은이 | 한진숙 · 강희진
발행인 | 김홍용
펴낸곳 | 도서출판 효일
디자인 | 에스디엠
주소 | 서울시 동대문구 용두동 102-201
전화 | 02-928-6644
팩스 | 02-927-7703
홈페이지 | www.hyoilbooks.com
e-mail | hyoilbooks@hyoilbooks.com
등록 | 1987년 11월 18일 제6-0045호

값 24,000원
ISBN 978-89-8489-318-4